Méziane Boudellal

COGÉNÉRATION ET MICRO-COGÉNÉRATION

Solutions pour améliorer l'efficacité énergétique

2e édition

DUNOD

Illustration de couverture : © SenerTec

Le pictogramme qui figure ci-contre mérite une explication. Son objet est d'alerter le lecteur sur la menace que représente pour l'avenir de l'écrit, particulièrement dans le domaine de l'édition technique et universitaire, le développement massif du photocopillage.
Le Code de la propriété intellectuelle du 1er juillet 1992 interdit en effet expressément la photocopie à usage collectif sans autorisation des ayants droit. Or, cette pratique s'est généralisée dans les établissements d'enseignement supérieur, provoquant une baisse brutale des achats de livres et de revues, au point que la possibilité même pour les auteurs de créer des œuvres nouvelles et de les faire éditer correctement est aujourd'hui menacée.
Nous rappelons donc que toute reproduction, partielle ou totale, de la présente publication est interdite sans autorisation de l'auteur, de son éditeur ou du Centre français d'exploitation du droit de copie (CFC, 20, rue des Grands-Augustins, 75006 Paris).

DANGER

LE PHOTOCOPILLAGE TUE LE LIVRE

© Dunod, Paris, 2013
ISBN 978-2-10-058784-1

Le Code de la propriété intellectuelle n'autorisant, aux termes de l'article L. 122-5, 2° et 3° a), d'une part, que les « copies ou reproductions strictement réservées à l'usage privé du copiste et non destinées à une utilisation collective » et, d'autre part, que les analyses et les courtes citations dans un but d'exemple et d'illustration, « toute représentation ou reproduction intégrale ou partielle faite sans le consentement de l'auteur ou de ses ayants droit ou ayants cause est illicite » (art. L. 122-4).
Cette représentation ou reproduction, par quelque procédé que ce soit, constituerait donc une contrefaçon sanctionnée par les articles L. 335-2 et suivants du Code de la propriété intellectuelle.

Préface

Le changement climatique ainsi que la vulnérabilité énergétique sont devenus une réalité qui n'est quasiment plus contestée par personne. Enrayer ces phénomènes et éviter leurs conséquences dramatiques sont des défis cruciaux de notre siècle. Ils nécessitent une vision à long terme et les actions à entreprendre doivent s'inscrire dans des politiques ambitieuses.

Pour atteindre les objectifs énergétiques et climatiques établis pour 2020 – et très au-delà –, et sans négliger la sécurité d'approvisionnement, le marché énergétique doit se transformer, notamment – mais pas seulement – au niveau de la production d'électricité. Les éléments clés d'une telle mutation sont le renforcement des énergies renouvelables, la réduction drastique de la consommation grâce à plus d'efficacité, l'extension de la part de la cogénération et la substitution vers l'utilisation de combustibles moins émetteurs en CO_2, comme peut l'être – à court terme – le gaz. Mais à plus long terme ce sont les énergies renouvelables qui devront assurer une part très significative de la production d'électricité. Le potentiel existe, en France, en Europe et dans le monde.

La cogénération est un moyen prometteur pour atteindre les objectifs ambitieux de réduction d'émission de gaz à effet de serre. Par son rendement le plus élevé de toutes les technologies de production d'énergie, sa flexibilité au niveau des combustibles utilisables, la gamme de tailles qui va d'une maison individuelle au chauffage urbain, et sa production locale proche des consommateurs, elle est destinée à devenir un pilier central dans l'approvisionnement énergétique de cette première moitié de siècle.

Malgré un contexte plutôt favorable (par exemple la Directive Efficacité Énergétique – EED), la cogénération et notamment la micro-cogénération ne réussit pas encore – sauf exceptions – à conquérir une part significative du marché en Europe. Habitués à un paradigme plus centralisé, les états et les grandes compagnies énergétiques font de la résistance. Or, l'avenir est du côté d'un système énergétique plus décentralisé, basé sur la demande finale, où production et consommation s'interpénètrent. C'est là que le rôle des autorités locales est irremplaçable.

Ce livre montre bien que la technologie a fait les preuves de sa fiabilité et de la diversité de ses possibilités d'utilisation. Le nombre d'emplois créés par un approvisionnement énergétique décentralisé (où la cogénération prendrait toute sa place) est largement supérieur à un système de type centralisé. Si nous prenions en compte l'intégralité des coûts de production, la cogénération et certaines technologies de micro-cogénération pourraient rivaliser avec les modes de production centralisés (charbon, nucléaire ou gaz). Des conditions à peine plus favorables, comme dans les pays fédéraux et scandinaves, et la situation serait très différente.

J'espère que ce livre vous encouragera à prendre des initiatives pour favoriser l'utilisation de la micro-cogénération. Allez chercher d'autres acteurs du marché, pratiquez le networking, faites du lobbying, « pensez *globally*, produisez *locally* » !

Peter SCHILKEN

Chef de projet à Energy Cities

Energy Cities est l'association des autorités locales européennes qui inventent leur futur énergétique

Table des matières

B

Unités de micro-cogénération – Critères de sélection et législation

Annexes

Avant-propos

Depuis la préhistoire jusque vers la fin du XIXe siècle, l'humanité s'est chauffée et éclairée individuellement.

La combinaison de la vapeur, de la dynamo et des lignes électriques a permis à partir des années 1880 une distribution, une régularité et une production d'électricité de plus en plus centralisée pour amortir, entre autres, les coûts d'installation de toute l'infrastructure.

Voilà pour l'électricité, qui est donc passée aux mains de grandes compagnies souvent nationales (avant d'éventuelles privatisations), alors que la chaleur est pratiquement restée une « production » individuelle (sauf quelques réseaux de chaleur).

La cogénération dans la vie quotidienne aujourd'hui ?

Comme Monsieur Jourdain faisait de la prose sans le savoir, en hiver nous utilisons pratiquement tous les jours la cogénération : le moteur d'une voiture produit certes une énergie mécanique qui entraîne les roues assurant la propulsion (fonction principale), mais de plus ce moteur assure la production d'électricité par l'alternateur (fonction secondaire nécessaire) et de chaleur pour l'habitacle, récupérée du circuit de refroidissement du moteur (fonction annexe).

À partir du même combustible et du même équipement, on produit chaleur et électricité : c'est la cogénération.

Si l'on considère maintenant les applications où la cogénération de faible puissance, dite micro-cogénération, pourrait être envisagée, les secteurs potentiels sont multiples : habitat individuel ou collectif, bureaux, écoles, piscines...

Que peut apporter la cogénération ? Selon l'optique dans laquelle on l'utilise, elle peut assurer une certaine autonomie, réduire les dépenses énergétiques et la pollution ou améliorer globalement l'utilisation des énergies primaires.

Introduction

Crise de l'énergie ?

Malgré toutes les mesures d'économie d'énergie prises au niveau européen ou français, la demande est en augmentation croissante. Elle est estimée en moyenne à 1,5-2,0 % par an au niveau européen.

Actuellement elle est assurée principalement par des énergies primaires non renouvelables dont les réserves diminuent ou dont le coût d'extraction, donc le cours, sera croissant et qui, de plus, émettent des gaz à effet de serre et/ou d'autres polluants.

L'Europe et la France sont très dépendantes des importations d'énergies primaires (pétrole, gaz naturel...), qui représentent plus de 55 % (pour l'Europe) et 90 % (pour la France) des besoins en 2010.

Face à ces contraintes, comment réduire la dépendance et les nuisances ? Certaines énergies primaires peuvent être utilisées directement (gaz naturel, charbon). Pour d'autres (solaire, éolien, nucléaire...), il faut passer par un intermédiaire appelé vecteur d'énergie : l'électricité. Celle-ci est principalement produite dans des centrales de forte puissance, puis distribuée par un réseau. Il s'en suit des pertes le long de cette chaîne, donc une utilisation non optimale de l'énergie primaire ; de plus, elle ne peut pas être stockée. Qu'en serait-il si cette électricité était produite sur le lieu d'utilisation ?

Pourquoi produire aussi son électricité ?

Sur le plan global, les solutions potentielles de réduction de la facture énergétique ne sont pas satisfaisantes (faible rendement des centrales électriques, intermittence du solaire ou de l'éolien, pertes pendant le transport...) ou éventuellement coûteuses (centrales au gaz ou au charbon à rendement élevé).

Produire son électricité et son eau chaude ?

Au niveau individuel et local, les énergies renouvelables accessibles (solaire, éolien) sont intermittentes et trop variables pour assurer un approvisionnement électrique et thermique continu, fiable et suffisant (ou du moins fournir un appoint significatif) pour alimenter une résidence ou un immeuble.

Une approche plus pratique envisageable est de produire son électricité en même temps que la chaleur pour le chauffage et l'eau chaude sanitaire et ceci en fonction de ses besoins : c'est la COGÉNÉRATION dont il existe des unités qui le permettent aussi à petite échelle (MICRO-COGÉNÉRATION). La production locale de chaleur et d'électricité dans une unité intégrée permet une efficacité énergétique maximale par réduction des pertes associées à une production centralisée.

Une étape critique dans le choix d'une unité de micro-cogénération est la détermination de sa puissance en fonction des besoins et des choix du mode ou des modes de fonctionnement. Cette décision est facilitée par une approche méthodologique appuyée, si nécessaire, par des logiciels spécifiques ou adaptés.

Ces unités utilisent certes principalement des combustibles non renouvelables (gaz naturel, fioul…), mais elles permettent un rendement global très élevé dû à l'utilisation plus efficace de ces combustibles. D'autre part, elles préparent aussi la voie à l'utilisation de combustibles issus d'origine renouvelable (granulés, biogaz ou huiles végétales par exemple), lorsqu'ils seront plus répandus. L'utilisation du bois sous forme de granulés par exemple est aussi envisageable.

Les technologies disponibles sont très variées, allant du moteur classique à la pile à combustible. Les critères de choix d'un équipement devront s'appuyer aussi bien sur la disponibilité que sur les capacités de l'unité de micro-cogénération.

À ce jour, les coûts de ces unités (à quelques exceptions près) sont plus élevés que ceux d'une chaudière classique. Cela est principalement dû aux petites séries de production suite à la faible demande globale. Cependant les coûts d'exploitation peuvent se révéler intéressants dans la mesure où l'unité de micro-cogénération peut fonctionner pendant de longues périodes et ainsi non seulement fournir l'électricité nécessaire, mais aussi permettre la vente du surplus.

Cet ouvrage s'adresse ainsi à toute personne, entreprise ou organisme intéressés par une réponse à un niveau individuel ou local aux problèmes énergétiques tels qu'utilisateurs potentiels, architectes, promoteurs, concepteurs ou tous ceux désirant simplement mieux connaître cette approche.

Il ne couvre pas que les unités de micro-cogénération, mais aussi les aspects annexes qui y sont liés (mesures de consommations thermiques et électriques, systèmes hybrides…).

A

COGÉNÉRATION, MICRO-COGÉNÉRATION ET EFFICACITÉ ÉNERGÉTIQUE

1 Définitions

La cogénération est, de façon générale, la production simultanée d'électricité et de chaleur à partir de la même source d'énergie primaire (combustible d'origine renouvelable ou non) à partir d'un seul équipement. Il est à noter que la raison d'être de la cogénération est avant tout la production d'électricité, la chaleur n'étant qu'un « sous-produit ». L'échelle de puissance va de l'unité de micro-cogénération de quelques centaines de watts à la centrale électrique avec réseau de chaleur de plusieurs centaines de mégawatts.

1.1 Qu'est-ce que la cogénération ?

Définition classique : c'est la production d'électricité, la chaleur étant aussi récupérée, à partir d'une seule source d'énergie primaire et en utilisant le même équipement (figure 1.1).

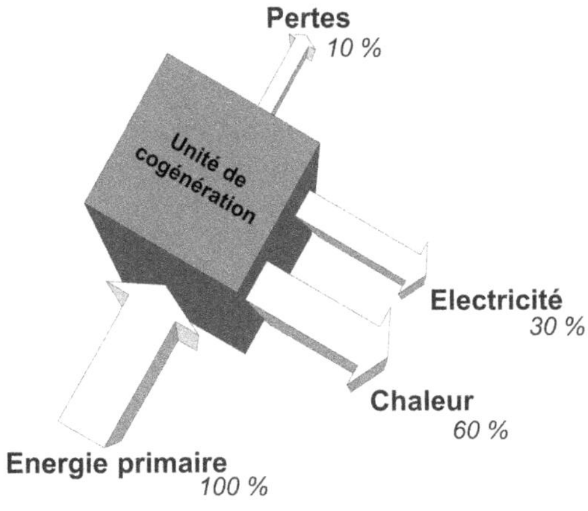

Figure 1.1 Principe de la cogénération (les valeurs ne sont données qu'à titre indicatif).

Mais de nouvelles technologies bouleversent cette définition. Dans la pile à combustible par exemple, c'est l'hydrogène (donc un vecteur d'énergie) qui est le combustible.

On pourrait rajouter dans une approche décentralisée : production et utilisation locales.

Échelle de puissance pour cogénération

La cogénération de petite puissance (**micro-cogénération** ou μ-cogénération) couvre en général les besoins depuis une maison individuelle jusqu'à ceux d'un groupe de maisons ou d'un petit immeuble, bureau, hôtel, magasin, PME, clinique, piscine, école.

Selon la définition européenne (directive 2004/8/CE du Parlement européen), la micro-cogénération couvre une puissance allant jusqu'à 50 $kW_{él.}$.

Dans cet ouvrage, nous séparerons la micro-cogénération domestique (généralement moins de 1 $kW_{él.}$) de la micro-cogénération collective ou tertiaire (moins de 20 $kW_{él.}$). En fin d'ouvrage, quelques exemples d'unités de puissance supérieure à 20 $kW_{él.}$ seront montrés.

1.2 Où utiliser la micro-cogénération ?

Imaginer une mini centrale électrique chez soi ou pour un magasin, hôtel, bureau ou PME ? Cela peut sembler paradoxal ; cependant cela est non seulement envisageable, mais aussi faisable, car de tels équipements sont commercialisés aujourd'hui.

Comment peut se présenter une unité de micro-cogénération intégrée à une habitation ? La figure 1.2 montre une unité alimentée au gaz naturel et fournissant électricité, eau chaude pour le chauffage et eau chaude sanitaire.

Deux exemples d'unités de micro-cogénération sont présentés figure 1.3. Celle de gauche est à accrocher et celle de droite, plus puissante, peut, par exemple, trouver place dans une cave ou un local technique.

La micro-cogénération peut aussi s'envisager pour des applications « mixtes » combinant divers types d'habitations et/ou d'activités. La figure 1.4 montre un exemple d'habitations individuelles ou collectives.

Une autre option est d'avoir la ou les unité(s) de micro-cogénération centralisées localement (figure 1.5).

Cette diversification permet de mieux optimiser la production d'énergie par rapport aux besoins en utilisant plusieurs unités de micro-cogénération, si nécessaire.

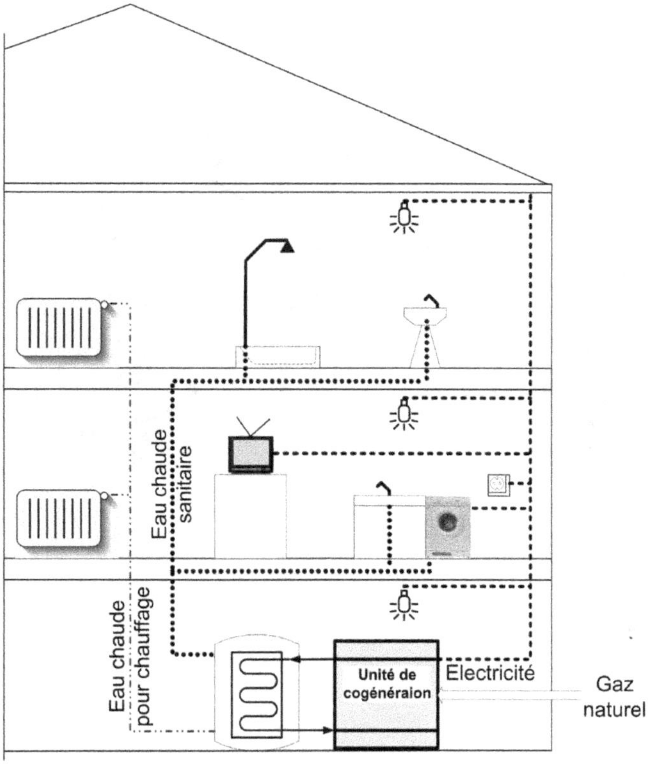

Figure 1.2 Utilisation de la micro-cogénération à l'échelle d'une maison individuelle.

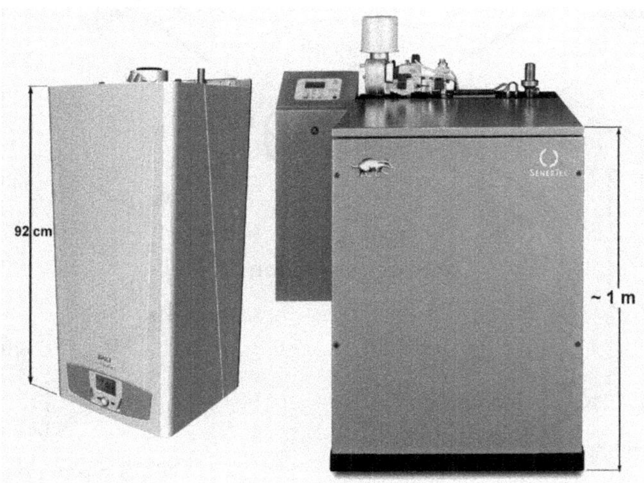

Figure 1.3 Unité de cogénération respectivement de 1 et 5 $kW_{él.}$ approximativement à la même échelle (sources : Baxi Ecogen et Baxi SenerTec Dachs).

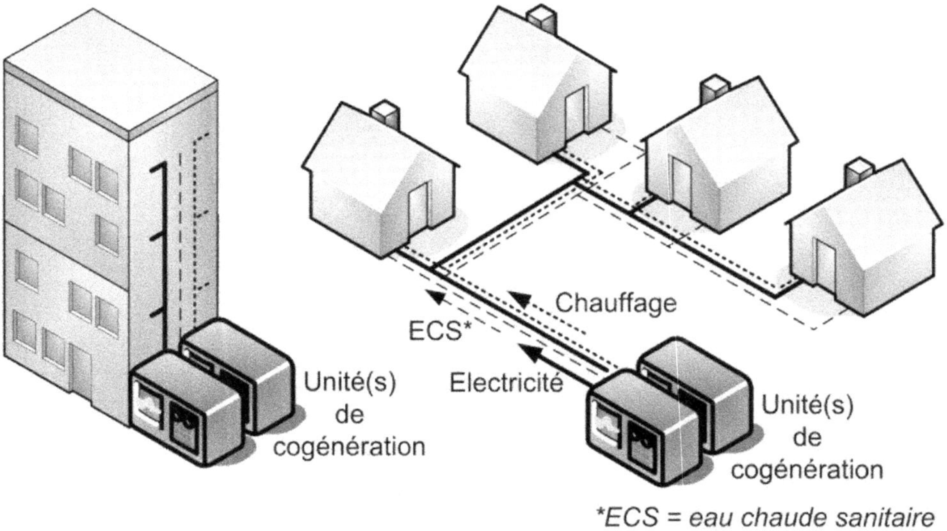

Figure 1.4 La micro-cogénération pour plusieurs habitations.

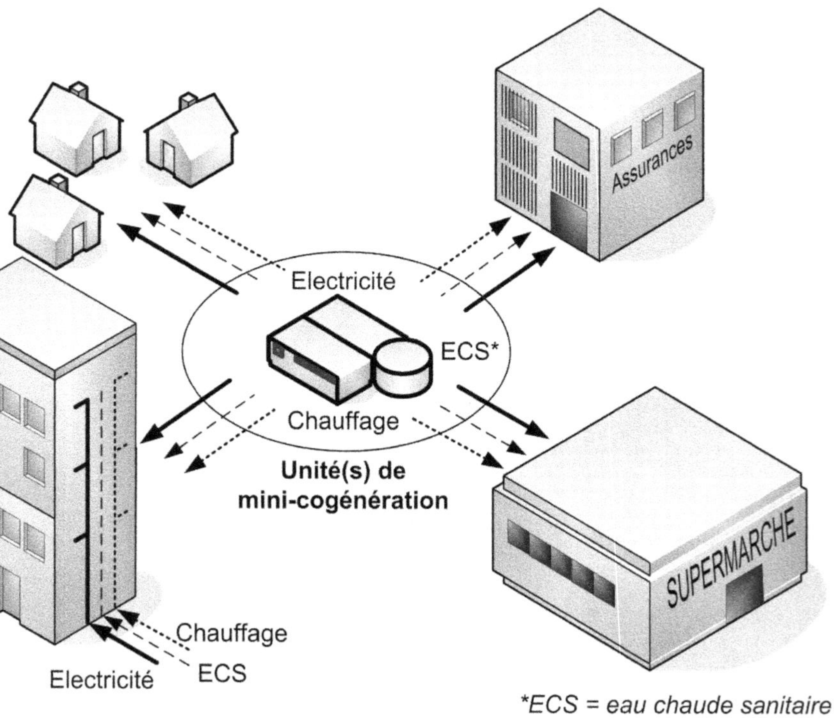

Figure 1.5 La micro-cogénération en utilisation mixte.

Mini-cogénération

La gamme de puissance supérieure à 50 $kW_{él.}$ ou cogénération de moyenne puissance ou mini-cogénération (*small scale cogeneration*) peut aussi être envisagée pour des applications plus importantes ou lorsque le nombre d'unités de micro-cogénération devient trop important.

Cette catégorie ne sera pas traitée dans cet ouvrage car sa mise en œuvre doit répondre à d'autres exigences en termes d'installation, d'utilisation ou de procédures administratives.

Production simultanée ?

Il ne s'agit pas exactement de production d'électricité et de chaleur mais d'abord d'une énergie mécanique (moteur, turbine...), thermique (géothermie) ou électrique (pile à combustible), l'autre étant un « sous-produit » qu'il convient de valoriser en le récupérant.

Exemples

Pile à combustible ⇨ électricité (+ chaleur)

Moteur ⇨ énergie mécanique (+ chaleur) ⇨ générateur ⇨ électricité

2 Besoins énergétiques

Les sources d'énergies non renouvelables utilisées pour la production d'électricité comme le pétrole ou l'uranium se raréfient, les coûts financiers et écologiques augmentent et, pour les pays non producteurs, la facture énergétique explose. Afin de réduire la dépendance et les importations, il est nécessaire d'utiliser ces sources d'énergie de façon plus efficace. La cogénération permet d'augmenter notablement le rendement, notamment grâce aux « centrales chez soi », par rapport aux centrales de forte puissance.

2.1 Les énergies et leurs usages

La micro-cogénération peut être envisagée principalement pour des applications dans les secteurs de l'habitat, du tertiaire, des équipements collectifs ou ceux ayant des besoins pouvant être (même partiellement) couverts par les puissances disponibles (PME, magasins, bureaux...). Les énergies primaires utilisables sont illustrées tableau 2.1.

Tableau 2.1 Énergies primaires utilisables pour la micro-cogénération.

Énergie primaire	Utilisation directe	Vecteur énergétique	Habitat	Tertiaire	Autres
Gaz naturel	Chauffage/ECS				
	Centrales	Électricité			
	COGÉNÉRATION		✓	✓	✓
Pétrole	[Fioul] Chauffage/ECS				
	[Fioul] Centrales	Électricité			
	[Fioul] COGÉNÉRATION		✓	✓	✓

Énergie primaire	Utilisation directe	Vecteur énergétique	Habitat	Tertiaire	Autres
Bois	Chauffage/ECS				
	Centrales	Électricité			
	COGÉNÉRATION		✓	✓	✓
Biomasse	COGÉNÉRATION	(Biogaz)	✓	✓	✓
Solaire/ thermique	Chauffage/ECS				
	COGÉNÉRATION		En expérimentation		

2.2 Consommation brute – Europe et France

Nous nous bornerons ici à donner un ordre de grandeur de la consommation d'énergie globale et de la dépendance énergétique européenne et française (figures 2.1 et 2.2) afin de situer la problématique énergétique.

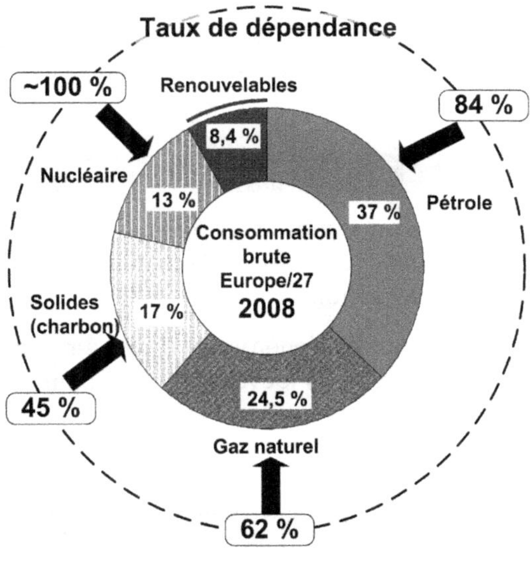

Figure 2.1 Consommation brute d'énergie de l'Europe des 27 et dépendance vis-à-vis des importations d'énergies primaires (source : Eurostat).

Le taux de dépendance vis-à-vis des importations hors Europe ne va que croître au fur et à mesure de l'épuisement des ressources européennes (pétrole le long des côtes anglaises ou gaz naturel au large de la Norvège, de l'Angleterre ou des Pays-Bas par exemple).

En 2010, la consommation brute européenne d'énergie était couverte à 55 % par les importations (44 % en 1996), uranium non compris.

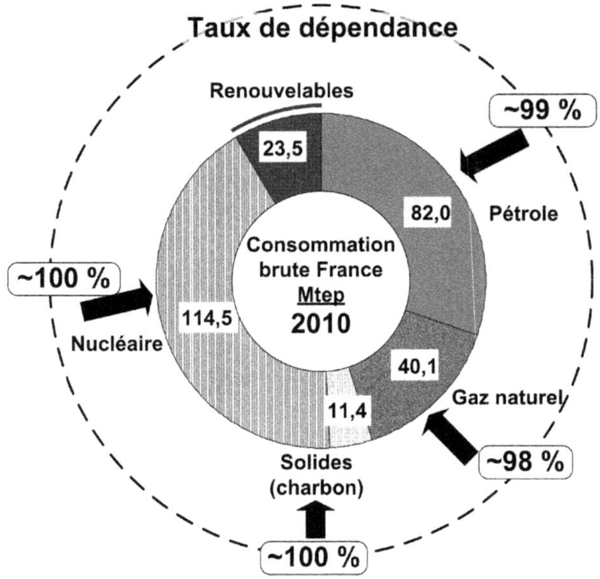

Figure 2.2 Consommation brute d'énergie de la France en Mtep et dépendance vis-à-vis des importations d'énergies primaires (source : SOeS).

Remarque

La quantité d'énergie prise en compte est l'énergie primaire nécessaire pour produire un vecteur d'énergie (électricité par exemple) ou utilisée directement (après d'éventuels traitements comme purification, raffinage...).

Énergie primaire : toute source d'énergie pouvant être utilisée sans transformation majeure. Elles peuvent être non renouvelables (gaz naturel, charbon, uranium...) ou renouvelables (vent, soleil, marées, biomasse...).

Note

Pour le nucléaire, l'Europe (dont la France) importe pratiquement tout l'uranium nécessaire aux centrales d'où la valeur de 100 % pour la dépendance.

Remarque

L'unité Mtep (million de tonne d'équivalent pétrole) correspond à l'équivalent énergétique contenu dans 1 million de tonnes de pétrole. En énergie électrique 1 Mtep équivaut à 11,63 TWh (1 térawatt-heure = 1 milliard de kWh).

L'indépendance énergétique et donc la sécurité d'approvisionnement ne pourront être assurées que par une utilisation rationnelle et ciblée vers une efficacité énergétique maximale des énergies primaires disponibles ou importées et par le développement des énergies renouvelables.

En 2011, ramenée à la population, la consommation brute globale française en équivalent pétrole représente environ 4 tonnes par an et par personne soit 31 barils environ (figure 2.3).

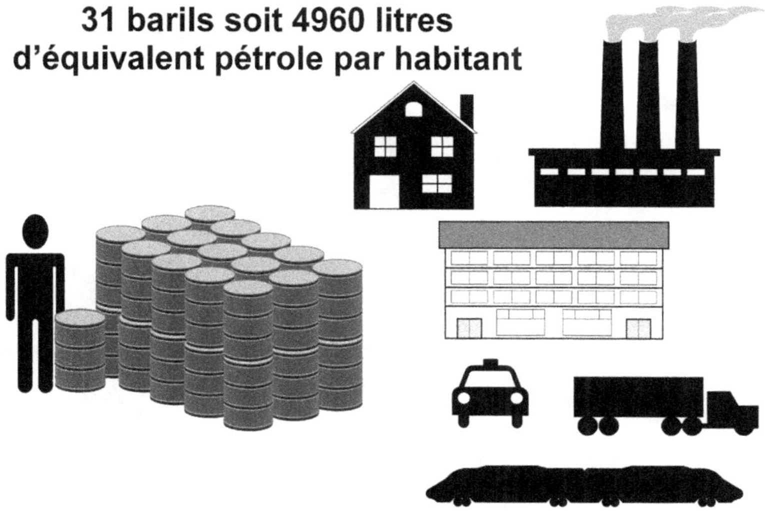

Figure 2.3 Équivalent pétrole de la consommation brute d'énergie par habitant en France en 2011.

Les énergies primaires d'origine fossile se traduisent par des émissions globales de CO_2 de l'ordre de 6,1 t/habitant (environ 372 millions de tonnes en 2010), en augmentation de l'ordre de 2 % par rapport à 2009 et de plus de 6 % pour le résidentiel et le tertiaire.

2.3 Consommation énergétique finale

La consommation finale reflète l'énergie arrivant aux utilisateurs (électricité, carburant, gaz naturel...). Elle est la mesure d'une part de l'efficacité du cycle de production d'énergie et d'autre part de la consommation directe pour chaque secteur.

La consommation finale en France (figure 2.4) a été de 170 Mtep en 2010 pour une consommation brute de 266 Mtep, la différence étant principalement due au faible rendement de la production d'électricité (de l'ordre de 30-35 %) et à la consommation de la branche énergie pour des besoins internes.

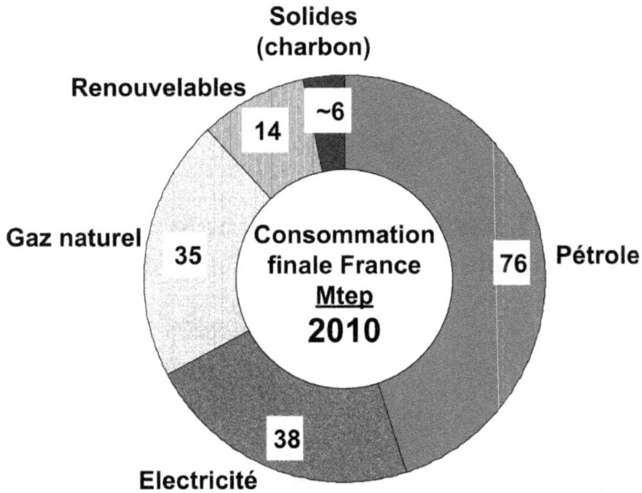

Figure 2.4 Consommation finale d'énergie en France en Mtep (source : SOeS).

La consommation finale par secteur (figure 2.5) montre une prépondérance des secteurs résidentiels et tertiaires (plus de 40 % de l'énergie consommée).

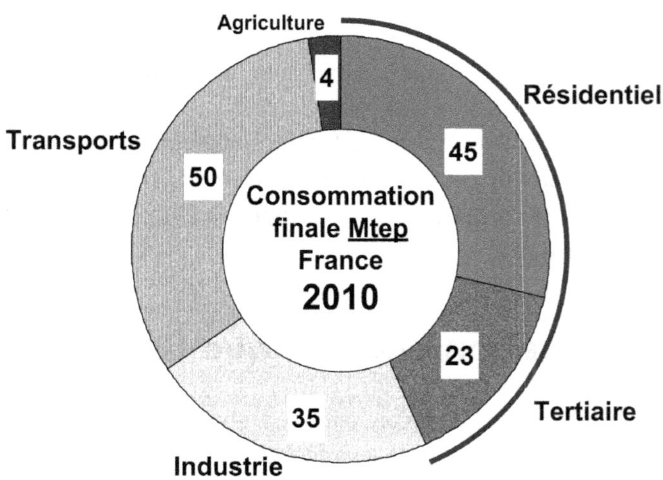

Figure 2.5 Consommation finale d'énergie par secteur (source : SOeS).

Si l'industrie a amélioré ses performances énergétiques ces dernières années afin de rester concurrentielle (–22 % depuis 1973), par contre, du côté transports et résidentiel/tertiaire, les besoins sont en croissance continue (+ 25 % depuis 1973).

Les secteurs résidentiels et tertiaires sont à l'origine d'environ 1,5 tonne de CO_2 par habitant et par an (figure 2.6) qui représentent un volume de 7 600 litres par jour

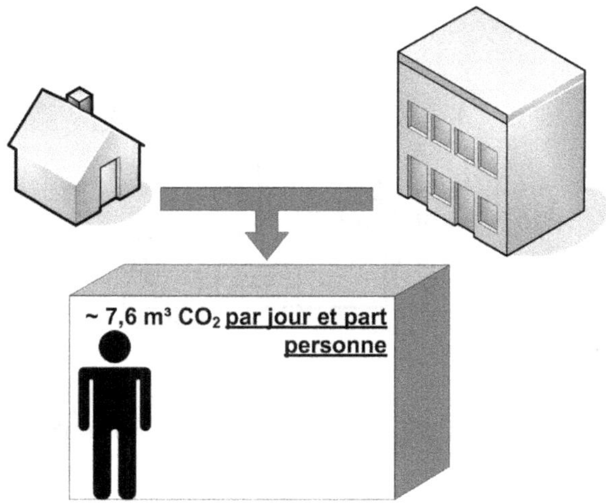

Figure 2.6 Production de CO_2 dans les secteurs résidentiels et tertiaires en France en 2010.

2.4 Production et consommation d'électricité

La production actuelle et le transport d'électricité s'accompagnent de pertes d'énergie importantes, en fonction de la technologie utilisée pour produire cette électricité (figure 2.7). Les centrales les plus performantes sont actuellement celles à cycle combiné utilisant le gaz naturel (dites CGCT) qui peuvent convertir jusqu'à 60 % de l'énergie initiale, alors que pour les autres centrales (fioul, charbon, nucléaire) le rendement est plutôt de l'ordre de 30-35 %.

La chaleur produite (40 à 65 % de l'énergie utilisée !) est dans la plupart des cas évacuée dans l'atmosphère par des tours de refroidissement.

La cogénération, quelle que soit la taille des unités, est très répandue dans les pays nordiques. En 2011, 55 % de l'électricité danoise était produite par cogénération ; les valeurs correspondantes sont de 37 % pour la Finlande, 12 % pour l'Allemagne et de 3 % seulement pour la France.

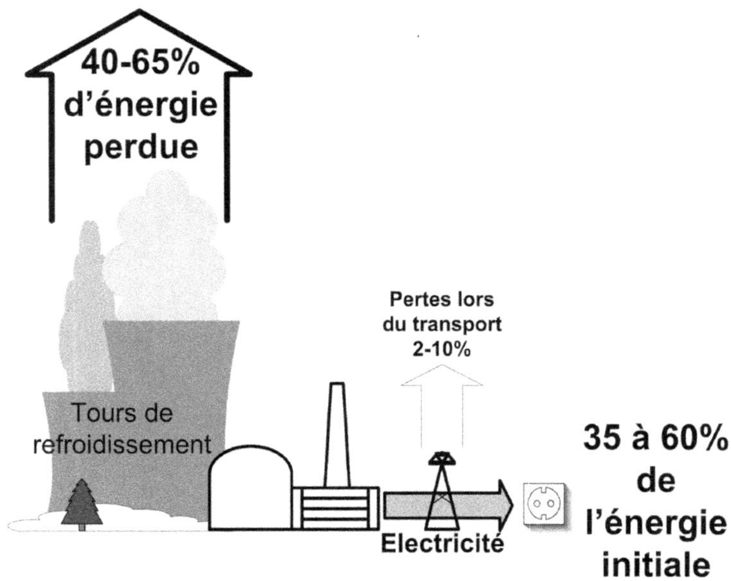

Figure 2.7 Pertes d'énergie dans une centrale électrique.

Une analyse détaillée de la consommation finale d'électricité par secteur montre une prépondérance du résidentiel et du tertiaire (figure 2.8).

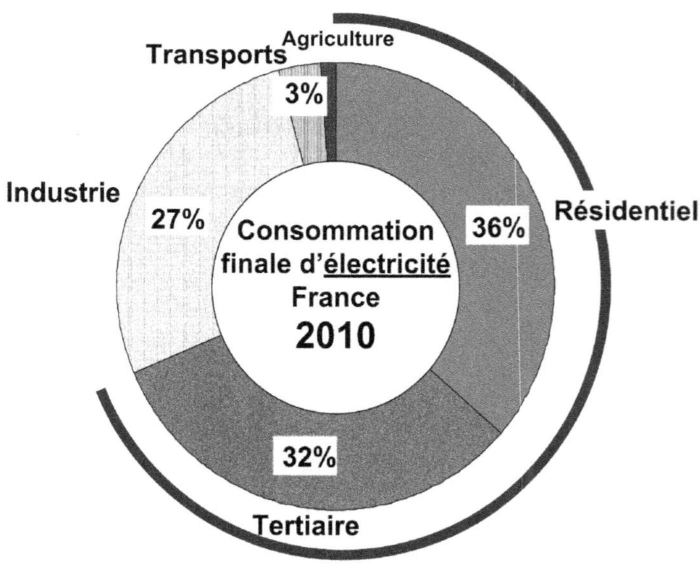

Figure 2.8 Répartition de la consommation finale d'électricité par secteur (source : SOeS).

Comme pour la consommation d'énergie globale, la consommation d'électricité des secteurs résidentiel et tertiaire a fortement augmenté au fil des ans (figure 2.9).

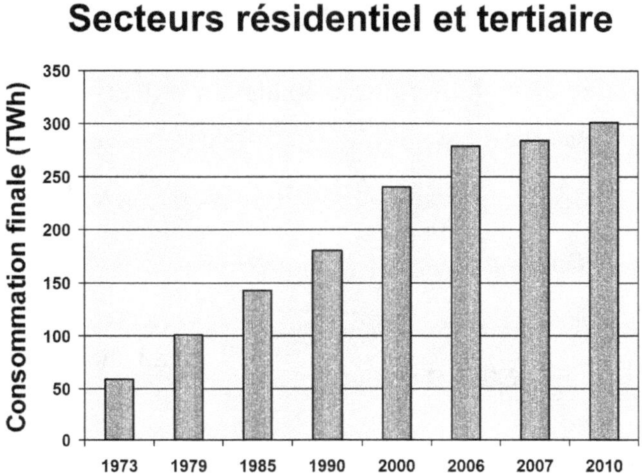

Figure 2.9 Évolution de la consommation d'électricité (source : Observatoire de l'énergie).

La répartition de la consommation d'électricité dans le secteur résidentiel en France (figure 2.10) montre l'importance de l'utilisation pour le chauffage, soit près d'un tiers, à comparer à l'Allemagne (figure 2.11).

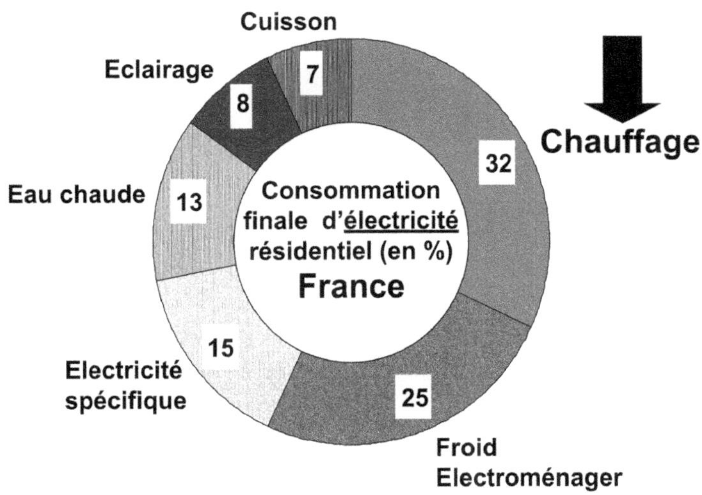

Figure 2.10 Répartition de la consommation d'électricité par poste dans le secteur résidentiel en 2009 (source : SOeS).

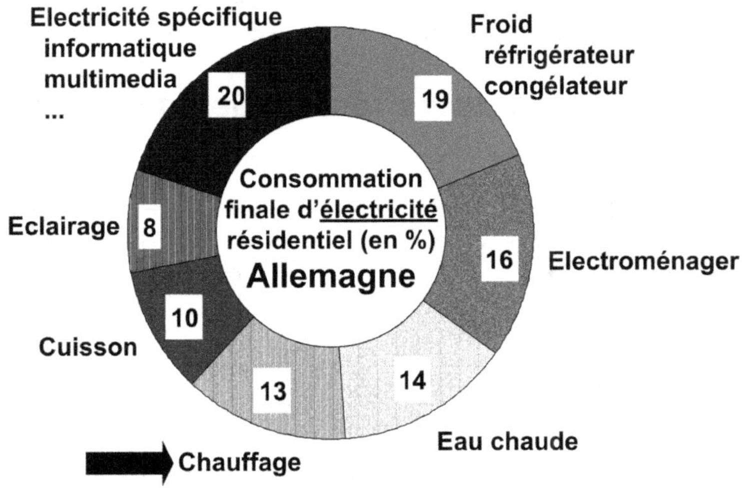

Figure 2.11 Répartition de la consommation d'électricité par poste en Allemagne en 2010 (source : BMWi et VDEW).

Cette très importante utilisation de l'électricité pour le chauffage est une spécificité française. En 2011, près d'un tiers des résidences principales sont équipées de chauffage électrique et 80 % de l'habitat neuf est encore équipé de chauffage électrique (source : ADEME). En 1997 par exemple, 51 % de l'électricité consommée dans les foyers l'était pour le chauffage, l'eau chaude et la cuisson (« L'énergie en France – Repères », édition 2001) comparée aux 54 % en 2009.

3 Pourquoi la cogénération ?

Penser globalement et agir localement : tels pourraient être les arguments en faveur de la cogénération. La contribution de chacun, même minime, apporte un élément à la réduction des émissions de CO_2 et de gaz à effet de serre mais aussi à toute l'infrastructure électrique. Les réseaux sont de plus en plus chargés, surtout en hiver lors de pics de froid, et mis à rude épreuve. Des unités de micro-cogénération produisant l'électricité localement réduisent la charge sur le réseau de transport.

3.1 Avantages de la cogénération

Ainsi que montré dans le chapitre précédent, les technologies de production d'électricité (centrales au gaz naturel, au charbon ou nucléaires) sont caractérisées par des pertes importantes dans la mesure où la chaleur produite est évacuée dans les tours de refroidissement et donc inutilisée (figure 3.1).

Remarque

Une exception est les réseaux de chaleur où la chaleur produite est distribuée localement pour le chauffage et la production d'eau chaude. En France, il en existe plus de 400 alimentant près de 8 % de la population (à comparer aux 60 % au Danemark, 40 % en Suède et même entre 13 et 16 % en Allemagne). Ces réseaux de chaleur ne fournissent cependant que 3 % de l'électricité.

À défaut d'un réseau de chaleur existant, produire chaleur et électricité localement permet de réduire de façon significative ces pertes.

Pour produire la même quantité d'électricité (30 unités) et de chaleur (60 unités), il faudra entre 120 et 160 unités d'énergie primaire dans le cas d'une centrale (pour des rendements respectifs de 60 et 35 %) alors que 100 unités suffisent dans le cas de la cogénération (figure 3.1).

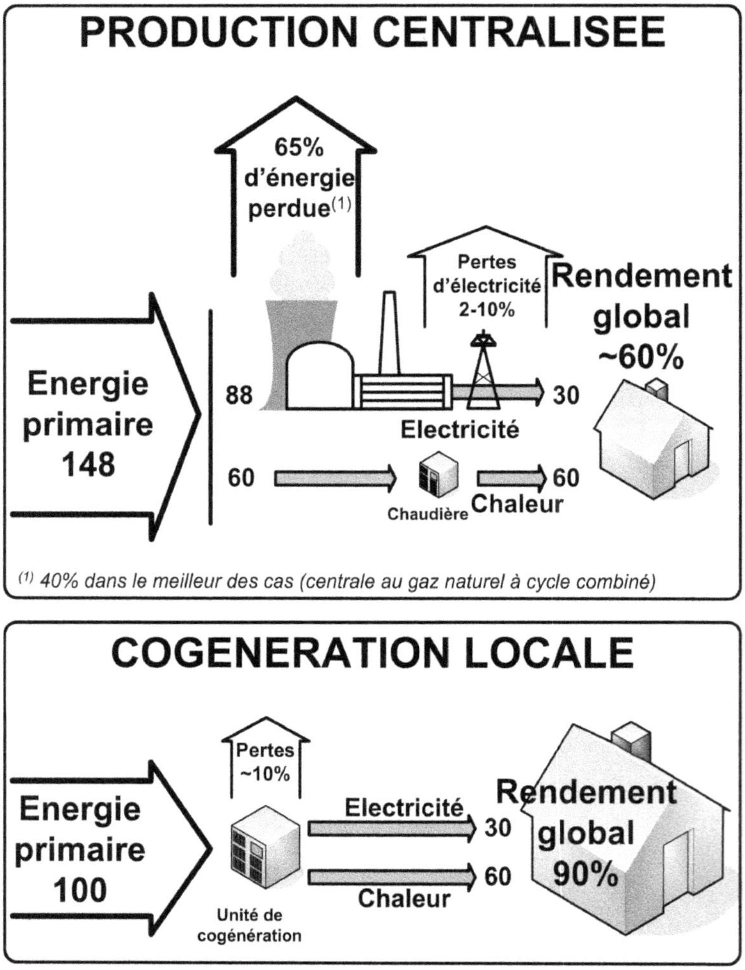

Figure 3.1 Comparaison entre production centralisée et cogénération.

3.2 Penser global

L'atmosphère terrestre a, au cours de son développement, atteint un équilibre qui a permis le développement de la vie. Cependant, depuis le début de l'industrialisation (qui a commencé milieu du XIXe siècle) et son corollaire, l'utilisation de l'énergie, cet équilibre est en train d'être modifié : l'énergie nécessaire à l'activité humaine est aujourd'hui toujours majoritairement d'origine fossile (pétrole, charbon, gaz naturel…) et son utilisation a entraîné d'une part une augmentation de la pollution qui modifie, par les émissions produites, la composition de la haute atmosphère avec comme conséquence une influence sur l'effet de serre. L'utilisation intensive des ressources fossiles entraîne d'autre part une diminution des réserves disponibles.

3.2.1 Effet de serre

Rappelons rapidement ce qu'est l'effet de serre : la Terre reçoit du Soleil un rayonnement dont une partie est absorbée/réémise par l'atmosphère et l'autre par la Terre. La Terre émet un rayonnement infrarouge dont une partie est aussi absorbée par des gaz dits à effet de serre (GES) présents naturellement dans les hautes couches de l'atmosphère (eau, CO_2, méthane…) qui en renvoient une partie vers la Terre. Cette énergie supplémentaire entraîne un réchauffement de notre planète.

L'équilibre entre rayonnement reçu et celui réémis permet d'avoir une température terrestre moyenne de +15 °C au lieu de –18 °C sans effet de serre naturel (figure 3.2).

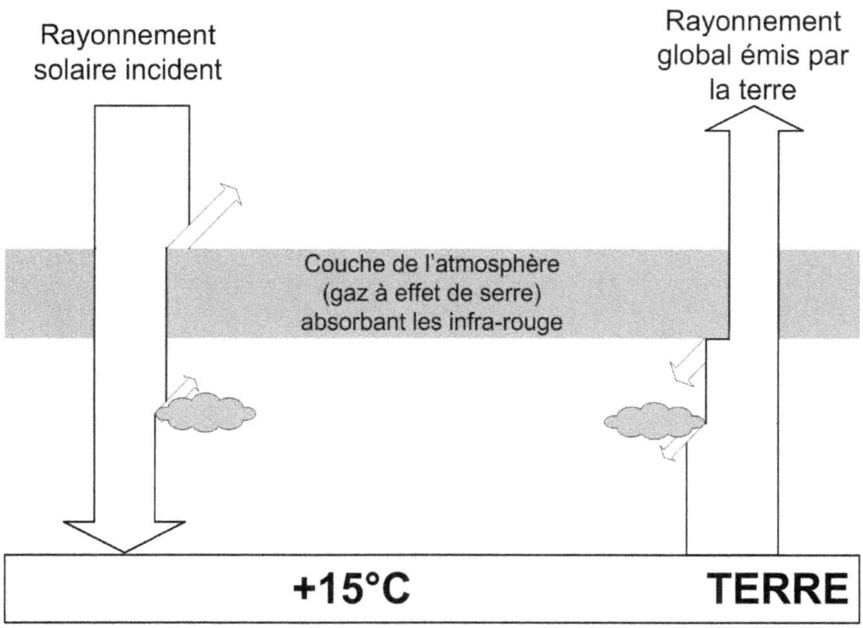

Figure 3.2 Effet de serre (représentation simplifiée).

Cogénération, micro-cogénération et efficacité énergétique

Donc l'effet de serre et les gaz à effet de serre ne sont pas à considérer négativement car ce sont des phénomènes naturels indispensables qui font partie de l'équilibre de la biosphère.

Par contre, depuis le début de l'ère industrielle milieu du XIXe siècle, les activités humaines ont entraîné une augmentation de la concentration des gaz à effet de serre dans la haute atmosphère d'où un risque probable d'augmentation de la température moyenne à la surface de la Terre.

Quels seraient les impacts d'une augmentation significative de la température (0,8 °C depuis 1850) ? Le climat (contrastes entre sécheresse accrue et pluviométrie plus importante), la faune et la flore seraient perturbés, santé et activités humaines pourraient aussi être affectées (maladies contagieuses, épidémies, agriculture, croissance économique...).

3.2.2 Gaz à effet de serre

Si l'on mentionne particulièrement le gaz carbonique (CO_2), il ne faut pas oublier les autres contributeurs qui sont principalement le méthane (CH_4), le protoxyde d'azote (N_2O) et certains composés fluorés (HFC, PFC, SF_6) qui ont une influence importante sur l'effet de serre même à très faibles concentrations. Leur absorption importante du rayonnement infrarouge et une durée de vie élevée dans la haute atmosphère (120 ans pour N_2O, 100 ans pour le CO_2, 10 ans pour le méthane...) expliquent pourquoi leur concentration moyenne globale est en constante augmentation (figure 3.3).

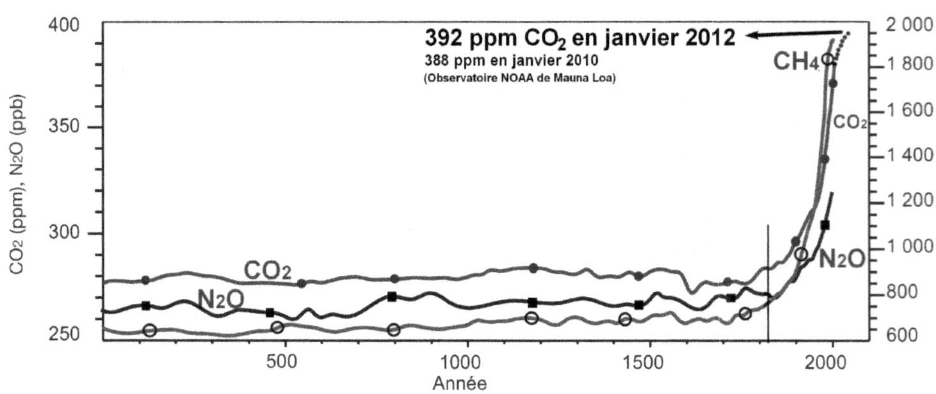

Figure 3.3 Concentration moyenne de CO_2 dans l'atmosphère (source : IPCC 2007).

3.2.3 Origine des gaz à effet de serre

Si une partie des gaz à effet de serre est d'origine naturelle (eau, CO_2, méthane), certains sont des produits de l'activité humaine, agricole ou industrielle.

Le **CO_2** en particulier est issu de la combustion de combustibles fossiles (charbon, gaz naturel, essence...) pour les transports, le chauffage, l'industrie, la production d'énergie...

Le **méthane** est produit par les élevages bovins, les rizières, les stations d'épuration et l'extraction, le transport et l'utilisation du gaz naturel.

Malgré le recul de leur utilisation par remplacement par des composés moins nocifs, les **composés fluorés** utilisés pour la réfrigération ou le dégraissage par exemple, contribuent toujours à l'effet de serre.

Pendant la décennie 1980, le CO_2 contribuait pour 50 %, le méthane pour 15 %, le protoxyde d'azote pour 6 % et les composés fluoré pour 24 % (source : IPCC).

En 2007, 75 % de la contribution à l'effet de serre est due au CO_2 (16 % au méthane, 8 % au protoxyde d'azote et 1 % aux autres gaz).

En 2010, 49,5 milliards de tonnes d'équivalent CO_2 (en tenant compte de tous les gaz à effet de serre) ont été émis dans le monde dont près de 40 % dûs à une consommation d'énergie (production d'électricité, de chaleur ou transports). La production d'électricité est le contributeur le plus important représentant environ 25 % des émissions (centrales au gaz naturel ou au charbon).

En France, par exemple, plus de 517 millions de tonnes d'équivalent CO_2 (dont plus de 70 % de CO_2) ont été émises en 2009.

3.2.4 Réduction des gaz à effet de serre

Vu l'ampleur des phénomènes en jeu, seule une coordination au niveau mondial est envisageable. Malgré les accords et programmes internationaux, européens ou nationaux, très peu de progrès ont été réalisés dans la réduction des émissions de CO_2 et autres gaz à effet de serre (GES). Le protocole de Kyoto par exemple, lancé en 1997, prévoyait pour 2012 une réduction moyenne des GES de 5 % par rapport aux niveaux de 1990. La conférence de Durban en Afrique du Sud, tenue en décembre 2011, n'a pu malheureusement que constater l'échec des objectifs fixés. À Durban, un compromis a pu être trouvé : il prévoit une conclusion d'un accord d'ici à 2015 pour une entrée en vigueur... en 2020.

En 2008, le paquet Énergie-Climat adopté par l'Union européenne avait pour objectifs d'atteindre, d'ici à 2020 et par rapport au niveau de 1990, la réduction de 20 % des émissions de GES, l'augmentation de 20 % de la part des ressources renouvelables et l'amélioration de 20 % de l'efficacité énergétique (programme 3 × 20). En juin 2012, le Conseil et le Parlement européens révisent ces objectifs, dans une directive sur l'efficacité énergétique, en ne les rendant plus contraignants mais indicatifs avec une révision possible en 2014.

La France prévoit aussi dans le Grenelle 2 une division des émissions de CO_2 par quatre d'ici à 2050.

3.2.5 Cogénération et réduction des émissions globales de CO_2

L'utilisation rationnelle des combustibles en micro-cogénération permet une réduction des émissions de CO_2 due :

- Aux économies d'énergie résultant d'une maximisation de l'utilisation du combustible pour produire chaleur et électricité.
- À l'utilisation de combustibles globalement « neutres » issus du bois ou de la biomasse.
- À la possibilité d'utiliser des combustibles à faible émission de CO_2, comme le gaz naturel comparé au fioul.

La quantité de CO_2 émise par la combustion du gaz naturel, par exemple, est de l'ordre de 200 g/kWh.

Une unité de micro-cogénération avec un rendement d'environ 90 % émettra 220 g/kWh alors qu'une centrale au gaz naturel avec un rendement de 50 % émettra 400 g/kWh.

Si l'on considère la même quantité de gaz naturel utilisée pour obtenir 60 unités de chaleur, dans le cas d'une approche centralisée, la centrale électrique ne produira que 16 unités d'électricité alors que la micro-cogénération permettra d'obtenir 30 unités d'électricité (figure 3.4). On aura donc produit environ 14 unités d'électricité de plus que la centrale sans augmenter la quantité de CO_2 émise (une petite partie est perdue car le rendement de la micro-cogénération est de l'ordre de 90 %).

3.2.6 Réseau de distribution

Pour acheminer l'électricité produite par les centrales, barrages, éoliennes... existe un réseau couvrant tout le territoire.

Les tensions circulant dans ce réseau vont de 15 à 400 kV pour la moyenne, haute ou très haute tension avant d'arriver à l'utilisateur final en basse tension (soit 230 ou 400 V).

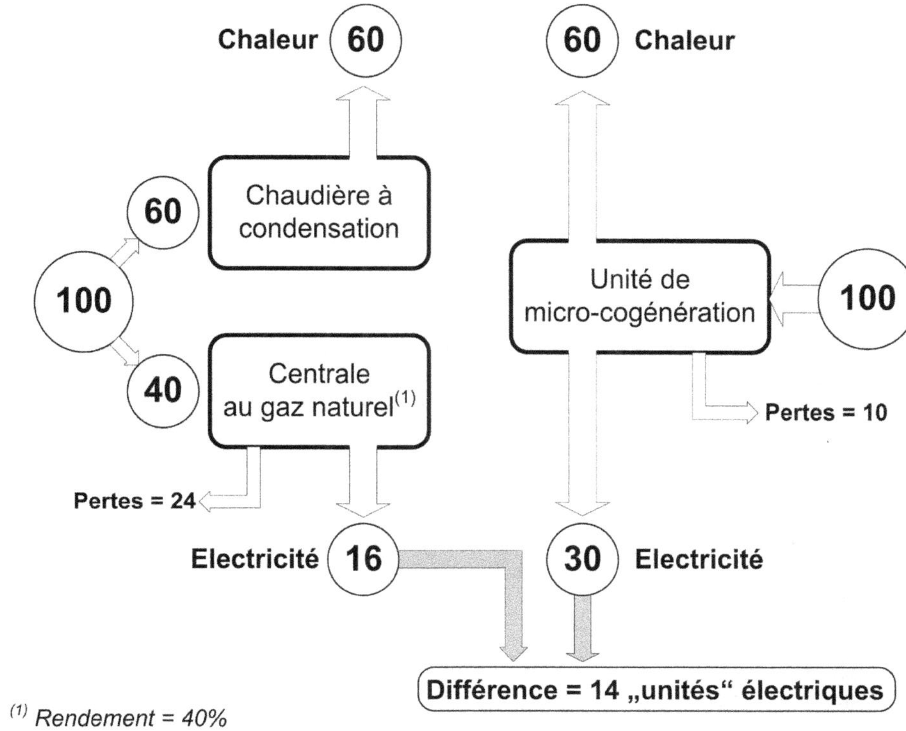

Figure 3.4 Gain permis par la micro-cogénération.

Remarque

En France, les opérateurs sont RTE (Réseau de Transport d'Électricité) pour la très haute tension et ERDF (Électricité Réseau Distribution France) pour la moyenne et basse tension. Tous deux sont à ce jour – 2012 – des filiales à 100 % d'EDF.

Ce réseau se traduit par des dizaines de milliers de pylônes électriques (qui dans certaines régions « encombrent » le paysage), mais aussi par des pertes d'échauffement estimées en moyenne à 2,5 % de l'électricité acheminée, soit, pour la France en 2008, environ 13 TWh (13 milliards de kWh !). En 2010, les pertes sur le réseau se sont même élevées à 37 TWh correspondant à la consommation annuelle d'environ 8 millions de foyers (avec une moyenne de 4 500 kWh/an).

Ce réseau doit aussi en principe pouvoir acheminer de façon fiable les énergies maximales demandées par les utilisateurs. Cependant, lorsque la demande est supérieure à la capacité de la ligne, les opérateurs doivent opérer des délestages ou demander une réduction de consommation. Si cela peut être partiellement possible avec l'industrie, les utilisateurs particuliers sont par contre sans contrôle. Il s'en suit, lors des jours de froid rigoureux, une demande très importante, due principalement en France au chauffage électrique qui peut entraîner des coupures.

Étant pour la plupart aériennes, ces lignes sont aussi soumises aux intempéries comme d'abondantes chutes de neige ou tempêtes qui peuvent endommager câbles ou pylônes et donc entraîner des coupures pouvant concerner des régions complètes.

Ces fortes demandes ont aussi une influence sur le prix de l'électricité. Lors des grands froids fin 2008/début 2009, le cours du MW livré le lendemain est passé de 38 € le 31 décembre 2008 à 96,50 € le 5 janvier 2009 à la bourse de l'électricité Powernext.

En février 2012, lors de la vague de froid (le pic de consommation ayant dépassé 100 000 MW), le cours négocié la veille sur le marché « spot » est même monté à 367,6 €/MWh pour une livraison entre 18 et 19 heures !

Ces lignes nécessitent aussi un entretien constant qui peut être des réparations, des remplacements des câbles, pylônes, transformateurs, l'enfouissement de certaines lignes, une extension du réseau... Toutes ces opérations ont un coût qui se répercute sur le prix de l'électricité.

Face à ces contraintes, produire et consommer l'électricité localement permettrait :

- De réduire la charge du réseau (fiabilité).
- D'éviter l'extension du réseau haute tension.
- De réduire les coûts d'entretien.

Ceci devrait se traduire par une diminution ou une stabilisation de cette part dans le coût du kW électrique.

3.2.7 Épuisement des ressources

Un autre aspect issu des activités humaines est l'épuisement relativement rapide aujourd'hui des ressources naturelles, en particulier les sources d'énergies primaires non renouvelables faute d'avoir favorisé un développement basé sur les énergies primaires renouvelables (figure 3.5).

Les réserves d'énergies fossiles disponibles sont estimées en fonction de la consommation projetée et se basant sur les gisements prouvés ou probables. Ces estimations varient pratiquement chaque année en fonction des fluctuations des cours, de la production ou de la consommation, des découvertes de nouveaux gisements, des progrès des technologies d'extraction...

Il est certes envisageable d'exploiter les gisements même pauvres ou d'accès aujourd'hui difficile qui rallongeront la durée de disponibilité des ressources, mais cela aura une incidence notable sur les prix de ces ressources.

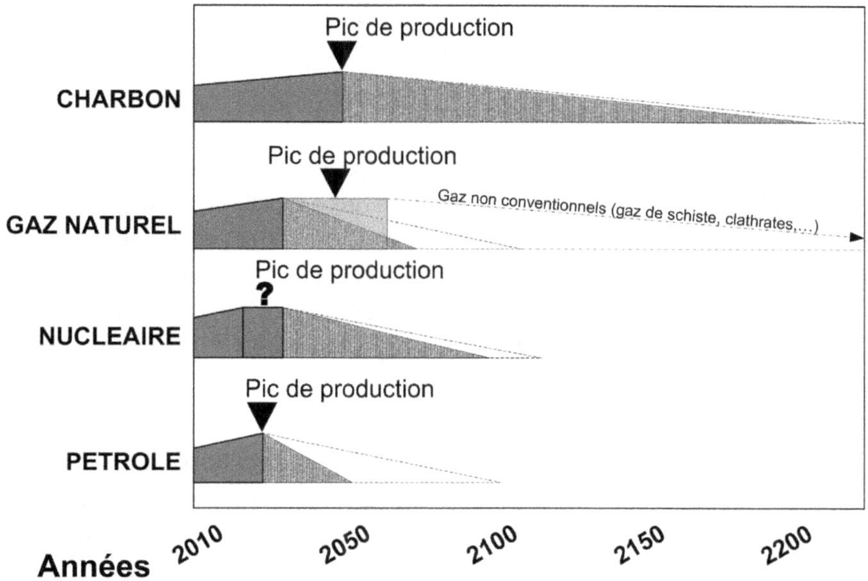

Figure 3.5 Réserves d'énergies fossiles au rythme actuel de consommation (source : AIE, estimations 2010).

Les données sur les réserves, quelles que soient les hypothèses retenues, montrent un épuisement à court ou moyen terme. Si l'une des questions qui vient à l'esprit est : que faire après l'épuisement de ces ressources ? il faudrait surtout se demander : QUE FAIRE AVANT ?

3.2.8 Production d'électricité à partir des sources d'énergies non renouvelables à grande échelle : quel avenir ?

La production actuelle d'électricité est majoritairement assurée par des sources d'énergies non renouvelables comme le gaz naturel, le charbon ou le combustible nucléaire. Si des progrès ont été effectués vers des rendements plus élevés, surtout dans les centrales au gaz naturel, ou des émissions plus faibles pour les centrales au charbon, il n'en reste pas moins que les émissions de CO_2 et autres polluants ou le stockage/retraitement des déchets nucléaires ne sont pas résolus pour autant.

Centrales au gaz

Les centrales dites à cycle combiné CGCT (*Combined Cycle Gas Turbine* ou turbine à gaz à cycle combiné) permettent d'atteindre un rendement électrique de 60 % environ en associant une centrale au gaz et une centrale à vapeur, donc une amélioration significative de l'efficacité énergétique. Ce sont actuellement les unités ayant le meilleur rendement électrique. Elles sont cependant peu nombreuses.

Centrales au charbon

Avec les travaux sur une combustion « propre » dite IGCC (*Integrated Gasification Combined Cycle* ou gazéification intégrée à cycle combiné), c'est le gaz produit composé principalement d'hydrogène et de CO ou « Syngas » qui est brûlé dans une turbine au lieu du charbon. Si le rendement électrique atteint aujourd'hui les 45 %, il n'en reste pas moins que le problème du CO_2 produit finalement, même en quantité plus réduite, reste entier : capture/transport/stockage ?

Centrales nucléaires

Il faut mentionner quand même que l'uranium, qui est issu d'un minerai donc une ressource aussi limitée, ne produit pas directement d'électricité mais que la partie dite fissile (uranium 235) se désintègre en produisant de la chaleur ; celle-ci est récupérée sous forme de vapeur qui entraîne un générateur. Le rendement global est de l'ordre de 33 %. Les centrales nucléaires à eau pressurisée de type EPR (*European Pressurised Reactor*) en construction permettraient d'atteindre 37 % pour une puissance de 1 600 $MW_{él.}$ pour celles prévues.

Globalement, pour toutes les raisons énumérées précédemment (épuisement des ressources naturelles, lourdeurs et faible rendement des solutions centralisées…) les sources d'énergies non renouvelables ne peuvent donc être envisagées pour le très long terme.

3.3 Agir local

La dérégulation du marché de l'énergie modifie les conditions de fonctionnement des fournisseurs d'électricité : concurrence accentuée sur les marchés nationaux, planification à plus court terme, recherche d'économies maximisées (allant jusqu'à la réduction de la maintenance des équipements et des lignes, par exemple, ou l'utilisation des ressources disponibles sans marge de manœuvre).

Ceci entraîne pour l'utilisateur final des risques tant au point de vue qualité que continuité d'approvisionnement.

Quelques coupures hivernales de courant en 2009/2011 en France

24 janvier 2009 : une tempête sur le sud-ouest de la France prive 1,7 million de foyers d'électricité. Les Pyrénées orientales fortement touchées sont alimentées à 90 % par une seule ligne haute tension de 400 000 V. Au 27 janvier 2009 il restait encore plus de 300 000 foyers sans électricité.

9 février 2009 : le soir, plus de 900 000 foyers sont sans électricité dans 62 départements. Mercredi 11 février 2009, il restait toujours 89 000 foyers sans électricité.

Décembre 2011 : la tempête Joachim a privé d'électricité plus de 16 000 foyers en Haute-Garonne.

25 décembre 2011 : suite à la tempête Dagmar, 200 000 foyers suédois et 100 000 norvégiens restent sans électricité ; deux jours plus tard, il restait encore 60 000 foyers non approvisionnés.

5 mars 2012 : une tempête de neige prive 150 000 foyers d'électricité dans le nord de la France par suite de l'affaissement de huit câbles haute tension. Le 6 mars, 22 000 foyers n'étaient toujours pas raccordés.

11 avril 2012 : un incident technique prive d'électricité plus de 100 000 foyers dans la région toulousaine.

30 avril 2012 : suite à de fortes rafales de vent entraînant des chutes d'arbres et de pylônes, plus de 100 000 foyers ont été privés d'électricité en Rhône-Alpes et Auvergne.

Même l'été ne met pas à l'abri de coupures

Les autres causes de coupures peuvent être les incendies ou la forte demande due aux climatiseurs ou pompes à chaleur.

30 juillet 2009 : plus de 1,2 million de personnes dans le sud-est sans électricité pendant plus d'une heure suite à un incendie de forêt près d'une ligne très haute tension.

Toutes ces coupures montrent l'avantage de pouvoir être autonome, même partiellement, afin de couvrir les besoins de base.

Quels sont les bénéfices à attendre d'une implication personnelle ou locale ?

En plus des raisons énumérées au niveau global, une décision au niveau personnel ou local permet d'atténuer l'effet de l'augmentation du prix des ressources non renouvelables qui se traduisent sur le prix de l'électricité ou du gaz naturel par exemple.

Elle permet aussi de se mettre à l'abri des coupures de courant ou des variations de tension pour certaines utilisations critiques.

Elle contribue à la réduction des émissions polluantes ou dangereuses par une réduction de la consommation d'énergie primaire.

Elle contribue à l'efficacité énergétique par une maximisation du contenu énergétique des ressources renouvelables ou non renouvelables.

La micro-cogénération peut être une réponse, certes partielle, et une contribution à la problématique énergétique (importations, dépendance...), surtout si elle est plus généralisée.

Des incitations fiscales sont aussi ou seraient des facteurs contribuant à sa généralisation. Selon les pays, les offres peuvent couvrir des primes d'installation d'équipement de micro-cogénération, des crédits d'impôts, un prix de l'électricité vendue incitatif, des primes pour l'électricité produite et consommée...

Quelles sont les solutions techniques existantes ?

B
UNITÉS DE MICRO-COGÉNÉRATION – CRITÈRES DE SÉLECTION ET LÉGISLATION

4 Types d'unités de cogénération

Avant d'aborder en détail les différentes familles d'unités de micro-cogénération, précisons que la décision finale (choix de l'équipement, dimensionnement, type de fonctionnement, lieu d'installation, rentabilité...) doit faire l'objet d'une étude préalable permettant d'optimiser l'énergie fournie par l'installation par rapport aux besoins.

Cette partie sera traitée après la description des différentes options en matière de technologies disponibles ou en développement, ce qui permettra de se familiariser tout d'abord avec les différentes solutions existantes ou potentielles ainsi qu'avec leurs avantages (et parfois aussi leurs points faibles).

4.1 Considérations générales sur les équipements de micro-cogénération

Terminologie

Les unités de micro-cogénération sont parfois appelées « chaudières électrogènes » ou même « écogénérateurs » (appellation marketing), deux termes impropres. Nous conserverons le terme générique.

4.1.1 Structure schématique

Le cœur d'une unité de micro-cogénération (figure 4.1) est le convertisseur d'énergie qui peut être :

- Un moteur conventionnel.
- Une turbine.
- Un moteur à vapeur.
- Une pile à combustible, etc.

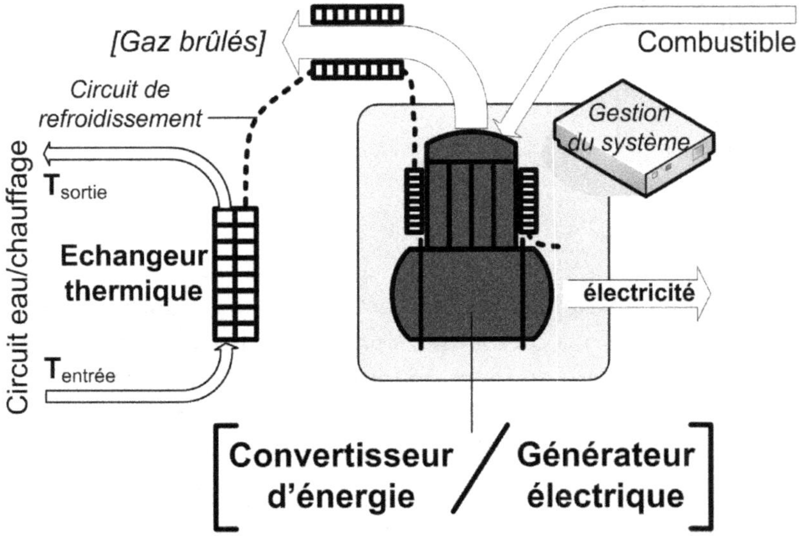

Figure 4.1 Schéma de principe d'une unité de micro-cogénération.

Dans ce convertisseur, l'énergie chimique du combustible est transformée en énergie mécanique (moteur, turbine...) ou électrique (pile à combustible).

L'électricité produite est mise en forme pour correspondre à la tension des utilisations envisagées. La chaleur est récupérée par un système d'échangeurs thermiques qui permettent de chauffer l'eau du circuit de chauffage et d'eau chaude sanitaire (ECS).

4.1.2 Générateur électrique

L'énergie mécanique produite entraîne un générateur électrique (sauf dans le cas de la pile à combustible). Celui-ci peut être :

- **Rotatif** : il peut être entraîné directement par le convertisseur d'énergie (moteur ou turbine) ou être couplé par l'intermédiaire d'un boîtier réducteur ou d'une courroie.
- **Linéaire** : dans ce cas, le déplacement du générateur linéaire est couplé directement à celui du convertisseur d'énergie. Ce type de générateur est utilisé dans certains moteurs Stirling ou à vapeur, le mouvement linéaire du cylindre le permettant.

La figure 4.2 schématise le fonctionnement d'un générateur linéaire se composant d'un aimant permanent entraîné par le cylindre et se déplaçant dans une bobine. Le déplacement de cet aimant crée un courant dans cette bobine, courant qui est ensuite récupéré et conditionné (stabilisation de tension et fréquence) pour une utilisation normale.

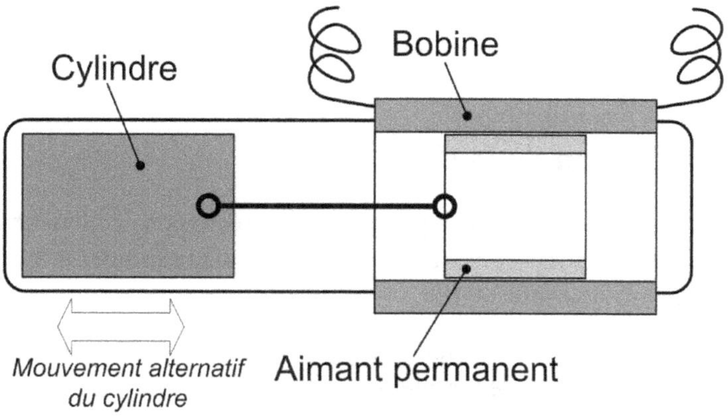

Figure 4.2 Principe du générateur linéaire.

- **Générateur synchrone** : la fréquence du courant issu du générateur est identique à celle de l'utilisation finale (50 Hz en Europe). En général, l'unité de micro-cogénération fonctionne à vitesse de rotation constante (la plupart du temps 1 500 tours/min pour un générateur bipolaire) et la variation éventuelle de puissance électrique s'obtient en faisant varier, par exemple, la charge du moteur.
- **Générateur asynchrone** : ici, le générateur est couplé au moteur, à la turbine… et sa vitesse de rotation est dépendante d'eux. La mise en forme du courant (tension, fréquence) est effectuée par un module électronique. Du point de vue construction mécanique, la génératrice asynchrone à courant triphasé est très robuste et demande peu de maintenance (figure 4.3).

Figure 4.3 Générateur asynchrone de 15 $kW_{él.}$ (source : EC Power).

- Le courant alternatif fourni est en général soit monophasé, soit triphasé.

Chaque type de générateur a donc ses spécificités qui doivent être adaptées à l'unité de micro-cogénération.

4.1.3 Récupération de la chaleur

Des échangeurs thermiques permettent de récupérer la chaleur produite et de la transmettre au circuit de chauffage, d'eau chaude sanitaire et/ou à un stockage de chaleur.

La chaleur récupérée est en fait principalement celle utilisée pour refroidir le convertisseur d'énergie afin de maintenir une température de fonctionnement optimale.

4.1.4 Paramètres de fonctionnement

L'unité de micro-cogénération est reliée aux circuits thermiques et électriques externes par des interfaces (échangeurs thermiques pour récupérer la chaleur produite et système de régulation pour la partie électrique).

Pour la partie thermique, les paramètres importants sont la température de retour, de sortie et le débit d'eau venant du circuit de chauffage et/ou d'eau chaude (figure 4.4).

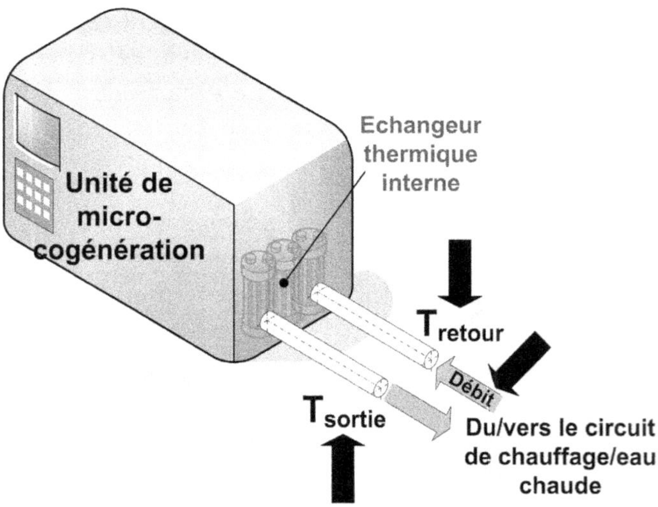

Figure 4.4 Paramètres importants de fonctionnement d'une unité de micro-cogénération.

En effet, l'échangeur permet de refroidir le convertisseur d'énergie (moteur, turbine, pile à combustible...) et donc d'évacuer la chaleur qui y est produite.

Il est par conséquent important que la température de retour de l'eau venant du circuit externe (chauffage ou eau chaude) soit assez basse pour être chauffée dans les échangeurs thermiques ; trop élevée, elle pourrait entraîner un arrêt de l'unité de micro-cogénération pour éviter une surchauffe possible. De même, le débit d'eau dans les échangeurs thermiques a une influence sur les échanges thermiques dans l'échangeur et donc sur la température de sortie.

Les températures maximales de retour et/ou de sortie sont en général données par le constructeur (tableau 4.1).

Tableau 4.1 Températures maximales de retour et de sortie de différents systèmes.

	SenerTec Dachs	Green Energy Solutions	Baxi Ecogen	Hexis Galileo 1000 N
Caractéristiques	Moteur	Moteur 3 cylindres	Moteur Stirling	Pile à combustible
Puissance	5,5 $kW_{él.}$	7 $kW_{él.}$	1 $kW_{él.}$	1 $kW_{él.}$
T max sortie	83 °C	78 °C	70 °C	80 °C
T max retour	70 °C	65 °C	82 °C	75 °C

4.1.5 Démarrage, arrêt et redémarrage

Une unité de micro-cogénération, quel que soit le type, ne fournit pas toujours instantanément la puissance maximale (ou celle programmée ou demandée).

En général, lors d'un démarrage de l'unité après une période d'arrêt prolongée, la puissance nominale électrique est atteinte relativement rapidement, alors que la partie thermique exige une durée nettement plus longue, car il faut que le moteur (ou la turbine, la pile à combustible...) atteigne graduellement sa température de fonctionnement afin que l'eau ou le fluide de refroidissement circulant dans les échangeurs thermiques puisse être réchauffé (figure 4.5).

En fonction de la technologie utilisée, ces durées lors d'un démarrage peuvent être très variables et atteindre plusieurs dizaines de minutes.

L'arrêt par contre est plus marqué : la puissance électrique chute très rapidement à zéro (souvent par coupure automatique dès l'arrêt) et la puissance thermique après une diminution rapide peut encore produire de la chaleur pouvant être éventuellement récupérée (en fonction des températures de consigne programmées).

Un redémarrage effectué alors que l'unité de micro-cogénération est encore à une température relativement élevée est plus rapide.

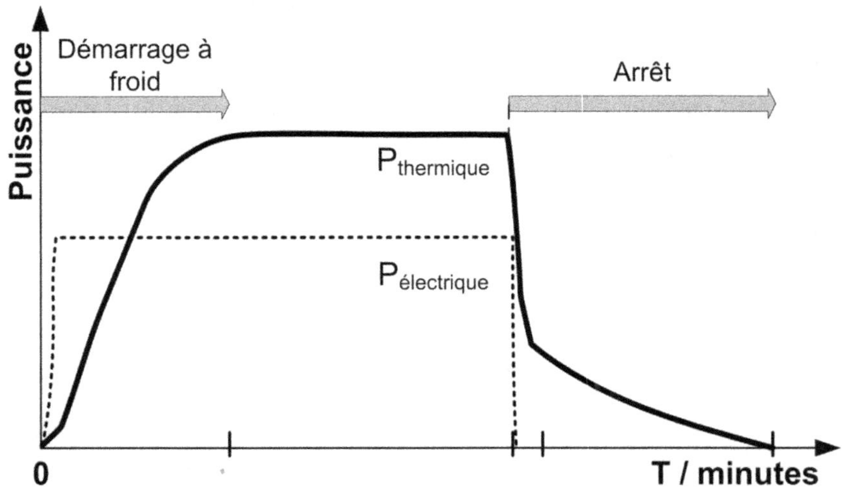

Figure 4.5 Exemple de démarrage à froid et arrêt d'une unité de micro-cogénération à moteur à combustion interne.

4.1.6 Autres caractéristiques

Émissions

Les gaz issus de la combustion du combustible contiennent du CO_2 bien sûr, des oxydes d'azote (NO_x), du CO, du combustible n'ayant pas brûlé (gaz naturel, propane…), éventuellement des particules…

Certains doivent être traités afin de réduire leur concentration à des valeurs admissibles ou répondant à des normes. En Allemagne par exemple, les valeurs maximales pour le CO et les NO_x pour les chaudières (et donc les unités de micro-cogénération) sont fixées.

Pour atteindre ces résultats, diverses stratégies sont utilisées dont la plus connue est l'utilisation d'un catalyseur, comme pour les véhicules, et fonctionnant sur les mêmes principes. Il est aussi possible de faire fonctionner les moteurs en régime dit pauvre, c'est-à-dire que l'on injecte plus d'air que nécessaire afin de diminuer la formation des oxydes d'azote.

Niveau sonore

Les unités de micro-cogénération étant placées soit dans un local technique pour les plus puissantes, soit dans la cuisine par exemple pour les plus petites, il est nécessaire de réduire bruit et vibrations. Ceci est obtenu par un capotage de l'unité, avec ou sans matériau d'isolation phonique, un montage sur amortisseurs…

4.1.7 Unités de micro-cogénération commerciales

La description des différents modèles dans les paragraphes suivants ne sera pas exhaustive, mais montrera plutôt la diversité et les différentes familles soit déjà disponibles, soit en phase de développement.

Elle montre aussi les différentes approches des constructeurs en termes de puissance ou de gestion thermique et électrique.

Les puissances indiquées sont celles données par les constructeurs, qui peut être celle du générateur ou celle utile, généralement inférieure, due à la consommation de l'électronique et éventuellement des auxilaires internes. Elles sont généralement ramenées à une température de 15 °C et au niveau de la mer. À des altitudes supérieures, elles sont légèrement plus faibles.

Ceci montre la variété des approches et le potentiel dans ce domaine, destiné à connaître une évolution et un élargissement croissants.

4.2 Moteur à combustion interne

4.2.1 Types de moteurs utilisés

Parmi les différents types de moteurs à combustion interne existants (à allumage commandé – 2 temps, 4 temps, à piston rotatif – ou à allumage par compression – diesel 2 temps ou 4 temps), ce sont majoritairement ceux à 4 temps à allumage commandé qui sont utilisés pour la micro-cogénération (tableau 4.2).

Par contre, le combustible est en général du gaz (gaz naturel, propane, biogaz...) ou parfois du fioul ou un agrocarburant. Le gaz naturel a pour avantage un réseau national de distribution et de faibles émissions après combustion dans le moteur.

Agrocarburants et biocarburants

Les agrocarburants actuels (« biodiesel », « bioéthanol »), appelés abusivement biocarburants, sont obtenus à partir de plantes vivrières (canne à sucre, blé, maïs, betterave, colza, palme...). Les cultures sont souvent intensives, avec déforestation dans certains pays et utilisation de désherbants ; de plus, ils peuvent entraîner une explosion des cours de ces matières en cas de mauvaise récolte (le cours du maïs est passé de 600 US$ le boisseau en janvier 2012 à 820 US$ en août).

Les biocarburants sont ceux produits à partir de la biomasse (principalement les déchets agricoles ou forestiers) ou des produits d'origine animale, des boues de station d'épuration, des déchets ménagers. Leur production est « neutre » du point de vue environnemental. Voir le chapitre 5 (« Combustibles »).

Les moteurs diesel, s'ils font preuve d'une fiabilité et d'une durée de vie importantes, présentent des émissions plus élevées (SO_2, particules…) et des maintenances plus fréquentes. Les combustibles utilisés sont le fioul domestique, des huiles végétales ou des agro carburants (« biodiesel »).

Tous ces moteurs bénéficient de l'expérience accumulée par exemple dans l'industrie automobile, que ce soit en termes de technologies, de fiabilité ou de traitement des gaz brûlés.

Tableau 4.2 Types de moteurs à combustion interne utilisés en micro-cogénération.

	Moteurs à allumage commandé	Moteurs à allumage par compression (diesel)
4 temps	****	**
Combustible	Gaz naturel, propane, biogaz…	Fioul, huiles végétales, agrocarburants, biocarburants…

Le principe du moteur à 4 temps à allumage commandé est bien connu et un rappel succinct est schématisé figure 4.6.

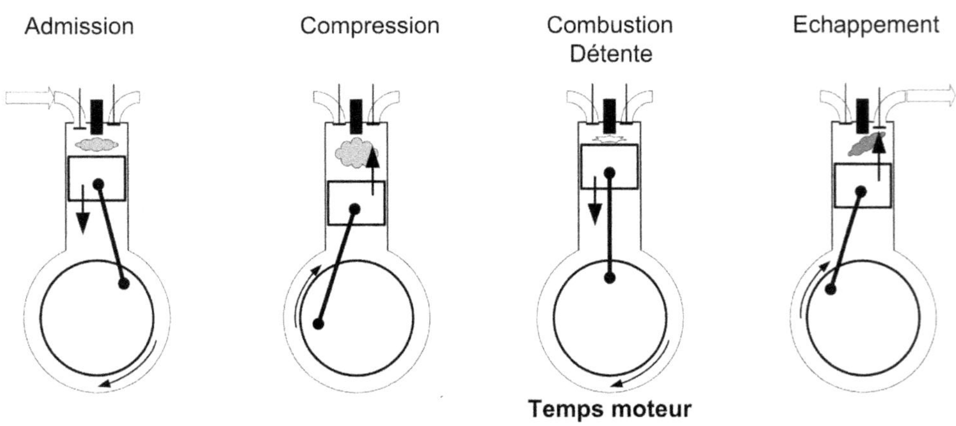

Figure 4.6 Cycles du moteur 4 temps à allumage commandé.

Rendement mécanique des moteurs à combustion interne

Le fonctionnement des machines thermiques comme le moteur à combustion interne (essence, diesel…) est décrit par le cycle de Carnot (1796-1832). Ce cycle de 4 phases peut être représenté par un diagramme théorique de la pression dans le cylindre en fonction du volume (figure 4.7).

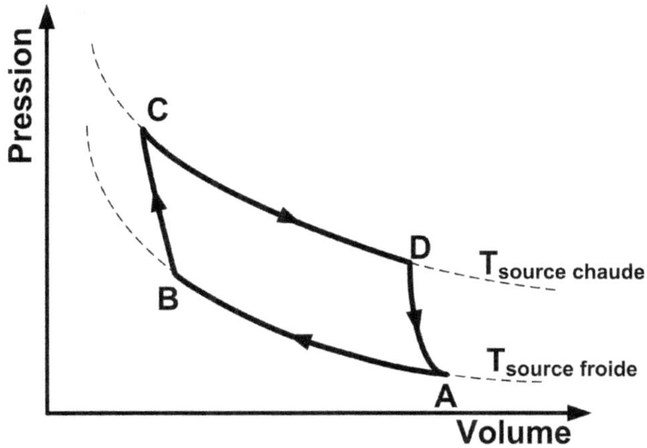

Figure 4.7 Cycle de Carnot.

Carnot avait envisagé un cycle parfait dont le rendement maximal η ne dépend que des températures des sources chaudes et froides et est de :

$$\eta = 1 - (T_f/T_c)$$

avec T_f et T_c les températures respectives des sources froides et chaudes, exprimées en K ($T_{kelvin} = T_{°Celsius} + 273,15$).

Pour un moteur réel, le rendement mécanique est toujours inférieur au rendement de Carnot (frottements, pertes de chaleur...).

Celui-ci est de l'ordre de 20-25 % pour un moteur 4 temps à essence et peut aller jusqu'à 35-40 % pour un moteur diesel.

Le reste de l'énergie utilisée se retrouve sous forme de chaleur qui, dans une unité de micro-cogénération, est récupérée.

Les unités de micro-cogénération à moteur à combustion interne sont surtout celles de puissance électrique moyenne (quelques kW). L'exception est l'unité MCHP de Honda (1 $kW_{él.}$) faisant partie du programme japonais ENE-FARM et la variante européenne ecoPOWER 1.0 de la société Vaillant.

4.2.2 Honda MCHP (système Ecowill) et Vaillant ecoPOWER 1.0 – 1 $kW_{él.}$

Depuis sa mise sur le marché japonais en 2003 (et aux États-Unis et au Canada en 2006), l'unité de micro-cogénération Honda MCHP (*Micro-sized **C**ombined **H**eat and **P**ower system*) a connu un succès sans équivalent : plusieurs dizaines de milliers sont en service (110 000 en juin 2011 au Japon), associées à un ballon de stockage d'eau chaude. L'ensemble est appelé Ecowill par les compagnies japonaises de gaz impliquées dans ce programme.

Ce succès est principalement dû à un appui des compagnies de gaz japonaises (Osaka Gas, Tokyo Gas…) et une politique gouvernementale de subventions qui en fait l'unité de micro-cogénération la moins chère sur le marché (prix au Japon de l'ordre de 5 000 € en 2012).

Un nouveau modèle (moteur amélioré, encombrement réduit, nouvelle interface de commande…) a été mis sur le marché en 2011.

Aux États-Unis, la société Climate Energy LLC commercialise l'unité Honda MCHP sous le nom de Freewatt depuis 2007-2008. L'ensemble comprend une chaudière et un ballon de stockage d'eau chaude.

En Europe, la société Vaillant a repris le modèle de Honda sous le nom ecoPOWER 1.0 en l'adaptant au marché européen (tension 230 V/50 Hz, type de gaz naturel…). Elle a développé un système comprenant l'unité Honda MCHP, un distributeur de chaleur et un ballon de 300 ou 500 litres.

Cette unité a été mise sur le marché début 2012 à un prix d'environ 16 000 euros pour le système complet incluant aussi une chaudière d'appoint. Début septembre 2012, le prix était revu à la baisse (12 300 euros) et l'unité de base seule était proposée à 7 100 euros (soit environ 5 500 euros pour l'utilisateur qui bénéficie d'une prime de 1 500 euros !).

Description

L'unité de micro-cogénération Honda MCHP est une unité extrêmement compacte (figure 4.8) qui, au Japon, est généralement placée à l'extérieur.

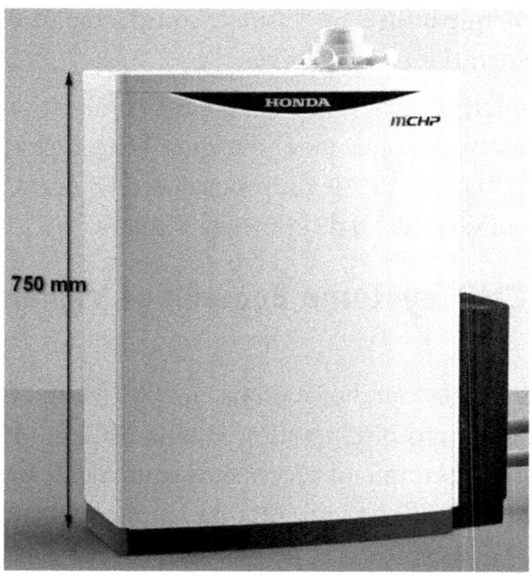

Figure 4.8 Unité de micro-cogénération Honda MCHP (source : Vaillant).

Le modèle de la société Vaillant (figure 4.9) se compose de trois éléments : l'unité de micro-cogénération Honda MCHP de nouvelle génération, un distributeur de chaleur avec le panneau de contrôle et le ballon d'eau chaude de 300 ou 500 litres.

Figure 4.9 Système Vaillant ecoPOWER 1.0 (source : Vaillant).

Caractéristiques

Tableau 4.3 Caractéristiques de l'unité de micro-cogénération Honda MCHP (modèle Japon).

Moteur	4 temps refroidi par eau 1 cylindre horizontal – 163 cm^3
Générateur électrique	Multipolaire à aimant permanent (27 pôles)
Combustible	Gaz naturel, propane
Puissance électrique nominale	1 kW non modulable
Puissance thermique	2,5 kW
Rendement électrique (PCI)	≈ 26,3 %
Rendement global (PCI)	≈ 92 %
Dimensions ($l \times p \times h$)	580 × 298 × 750 mm
Poids	71 kg

Installation

Au Japon, l'unité de micro-cogénération MCHP est associée à un système de stockage et de distribution thermique comportant un ballon de 90 litres (figure 4.10). La version 2011 permet aussi d'alimenter le système chauffage ainsi que l'intégration d'électricité photovoltaïque.

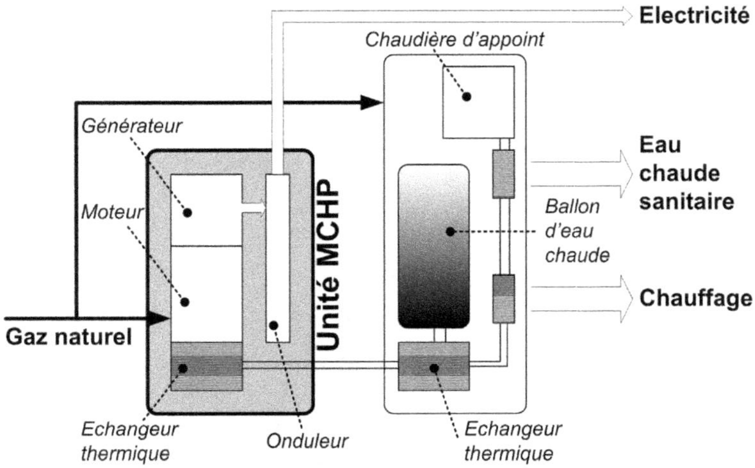

Figure 4.10 Système Ecowill autour de l'unité de micro-cogénération Honda MCHP.

Le modèle Vaillant ecoPOWER est installé sous forme de système comprenant l'unité de micro-cogénération, le boîtier de commande, le ballon de stockage et, éventuellement, une chaudière d'appoint (figure 4.11).

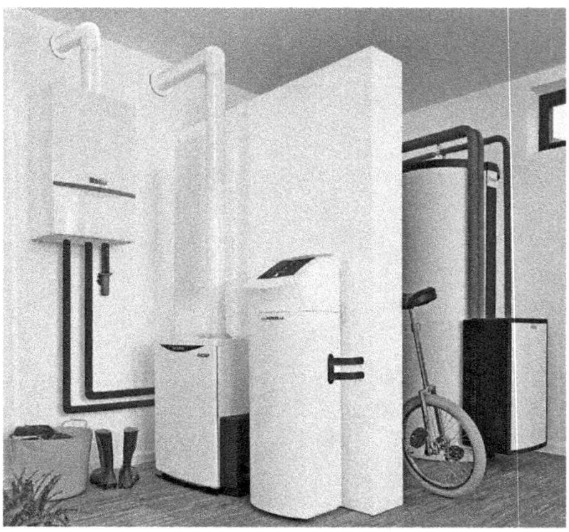

Figure 4.11 Système ecoPOWER 1.0 autour de l'unité de micro-cogénération Honda MCHP.

Fonctionnement

L'unité de micro-cogénération Honda MCHP (figure 4.12) est pilotée par la demande en chaleur. L'excédent d'électricité est injecté dans le réseau. Le générateur assure aussi le démarrage du moteur.

Le moteur de seconde génération (EXlink) est basé sur un nouveau système de bielle permettant de modifier la course du piston en compression ou en détente. Ceci permet de réduire la consommation d'environ 15 % tout en fournissant la même puissance.

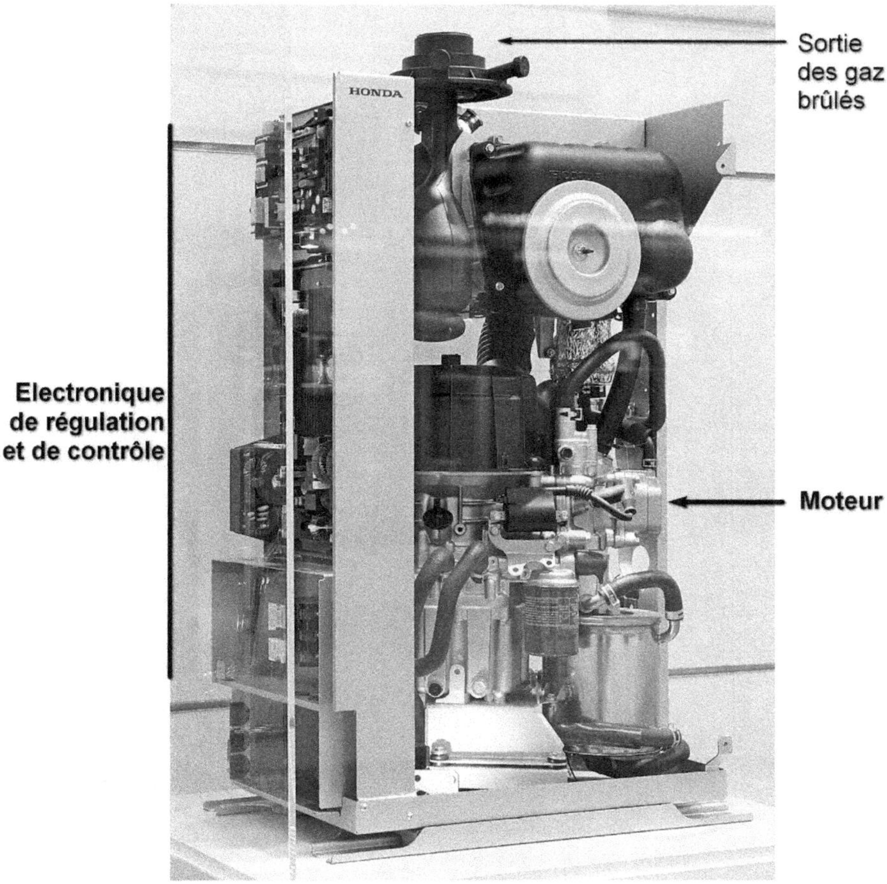

Figure 4.12 Composants internes de l'unité MCHP (source : Vaillant).

L'écran de contrôle de l'unité Vaillant ecoPOWER 1.0 (figure 4.13) est intégré au module de distribution thermique. Il permet de suivre la production électrique et thermique et de vérifier le bon fonctionnement du système. Une application permet un contrôle externe par une tablette numérique par exemple (figure 4.14).

Figure 4.13 Panneau de contrôle de l'unité Vaillant ecoPOWER 1.0 (source : Vaillant).

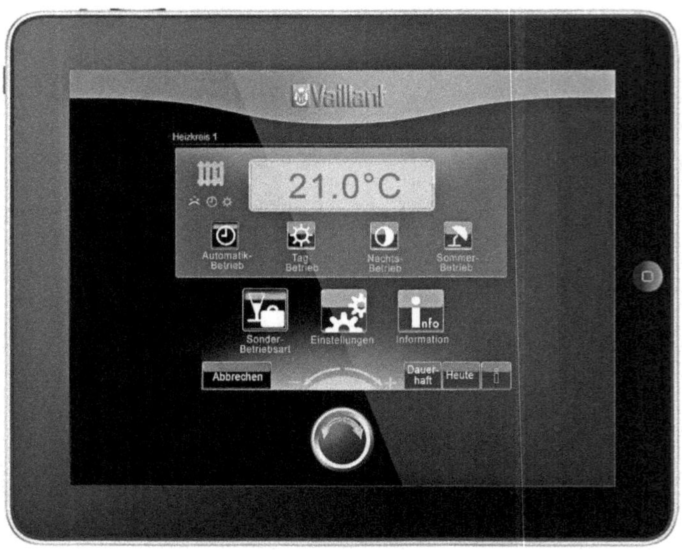

Figure 4.14 Contrôle de l'unité de Vaillant par une tablette numérique (source : Vaillant).

Maintenance

La maintenance normale est recommandée toutes les 6 000 heures. Une révision du moteur est à effectuer après 24 000 heures de fonctionnement.

Autres caractéristiques

Émissions

Un catalyseur 3 voies assure le traitement des gaz d'échappement, ce qui permet de réduire les émissions à moins de 60 ppm pour les NO_x.

Niveau sonore

Il est inférieur à 43 dB(A).

Statut

La mise sur le marché de la seconde génération a eu lieu en juin 2011 au Japon et le lancement commercial de la version européenne par Vaillant en 2012.

4.2.3 Unité de micro-cogénération Kirsch L 4.12 – 4 $kW_{él.}$

Description

L'unité de cogénération Kirsch L 4.12 (figure 4.15) est basée sur un moteur 2 cylindres de la société Briggs & Stratton. Les combustibles utilisables sont le gaz naturel ou le propane.

Figure 4.15 Unité de micro-cogénération Kirsch L 4.12 (photo de l'auteur).

Caractéristiques

Tableau 4.4 Caractéristiques du modèle Kirsch L 412.

Modèle	L 4.12
Moteur	Briggs & Stratton – 2 cylindres – 479 cm^3
Générateur électrique	Asynchrone – 3 × 400 V, 50 Hz
Combustible	Gaz naturel, propane
Puissance électrique	2, 3 ou 4 kW
Puissance thermique	5 à 12 kW
Rendement électrique	≈ 25 %
Rendement global	≈ 95 %
Dimensions ($l \times p \times h$)	1 270 × 675 × 790 mm
Poids	≈ 220 kg

Programmation et contrôles

L'unité L 4.12 fournit une puissance électrique de 2, 3 ou 4 kW. Le moteur tourne à une vitesse constante de 1 900 tr/min.

La programmation peut s'effectuer par l'écran intégré ou par un ordinateur (prise USB ou réseau).

Le paramètre de pilotage est la demande en chaleur avec un choix de la puissance électrique maximale (2, 3 ou 4 kW).

Démarrage

Le générateur sert au démarrage.

Fonctionnement

Plusieurs unités L 4.12 peuvent être couplées et pilotées, l'une d'elles pouvant être déclarée comme maître et commander les autres.

Consommation de combustible

La consommation en gaz naturel est de 1,7 m^3/h à pleine puissance.

Maintenance et durée de vie

L'unité de micro-cogénération L 4.12 nécessite une maintenance toutes les 2 500 heures ou au moins une fois par an. La durée de vie du moteur peut aller jusqu'à 20 ans, selon l'utilisation faite.

Autres caractéristiques

Émissions

L'unité de micro-cogénération L 4.12 est équipée d'un catalyseur et répond aux normes allemandes TA Luft.

Niveau sonore

Inférieur à 55 dB(A) à 1 m.

Certification

L'unité de micro-cogénération Kirsch L 4.12 est certifiée par les organismes allemands DVGW, VDEW, TÜV et bénéficie du marquage CE.

4.2.4 Unité de micro-cogénération Baxi/SenerTec – Modèle Dachs – 5 à 5,5 $kW_{él.}$

SenerTec fait partie du groupe BDR Thermea créé en 2009 par la fusion de Baxi et De Dietrich Remeha. En France, la société Baxi est présente sous les marques Chappée et Ideal Standard.

Description

Le modèle Dachs (« blaireau » en allemand) est une unité de cogénération compacte (figure 4.16) mise sur le marché en 1996, pouvant alimenter une ou plusieurs maisons individuelles ou un petit immeuble ; il peut aussi être un appoint pour un hôtel, une PME...

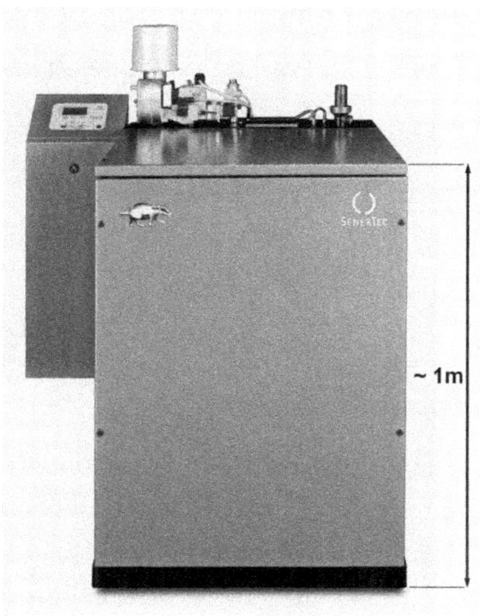

Figure 4.16 Unité de micro-cogénération Dachs (source : SenerTec).

Caractéristiques

L'unité de micro-cogénération Dachs fournit une puissance constante sans possibilité de variation (tableau 4.5).

Tableau 4.5 Caractéristiques des modèles Dachs.

Moteur	4 temps 1 cylindre de 578 cm³ (Fichtel & Sachs)
Générateur électrique	Asynchrone à entraînement par engrenage 3 045 tr/min Triphasé, 230 V / 400 V, 50 Hz
Combustible	Gaz naturel, biogaz, propane, fioul domestique, « biodiesel » ou huile de colza
Puissance électrique	5 ou 5,5 kW constants selon le combustible
Puissance thermique	10,3 à 12,5 kW constants selon le combustible
Rendement électrique	26 à 30 % selon le combustible
Rendement global	88 % pour le modèle au gaz naturel
Dimensions (*l* × *p* × *h*)	720 × 1 070 × 1 000 mm
Poids	≈ 530 kg

La famille d'unités de cogénération Dachs comporte plusieurs modèles :

- Dachs G 5.5 alimenté en gaz naturel.
- Dachs G 5.5 « Low NO_x » avec faibles émissions en NO_x (oxydes d'azote).
- Dachs F 5.5 « Low NO_x » alimenté au propane avec faibles émissions en NO_x.
- Dachs HR 5.3 alimenté au fioul domestique ou biodiesel.

Seul le modèle G 5.5 fonctionnant au gaz naturel sera décrit ici en détail.

Les principaux composants sont (figure 4.17) :

- Le moteur 4 temps.
- Le générateur électrique (refroidi par eau).
- L'échangeur thermique.
- L'unité de régulation et de contrôle.

Au-dessus du moteur se trouvent le silencieux d'échappement et le catalyseur d'oxydation. L'unité de micro-cogénération Dachs est équipée d'un condenseur (figures 4.18 et 4.19) avec un échangeur thermique qui permet de récupérer l'énergie restant dans les gaz brûlés et aussi de refroidir l'huile de lubrification.

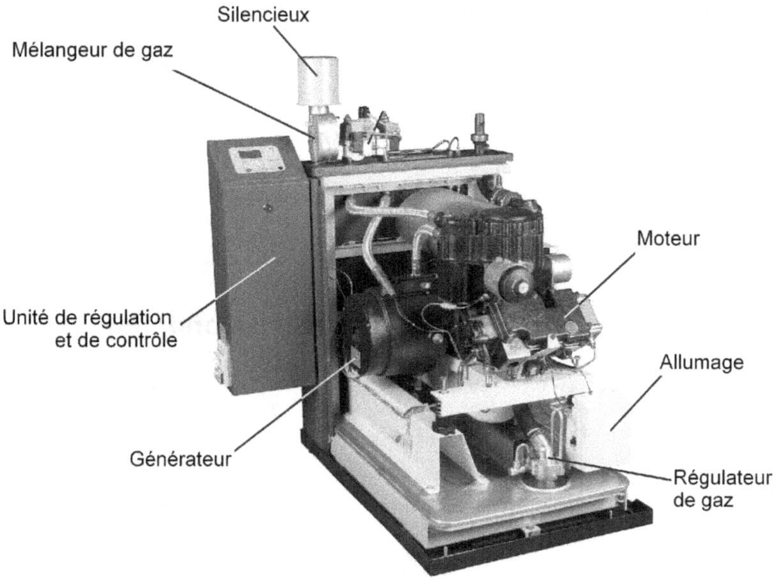

Figure 4.17 Composants de l'unité de micro-cogénération Dachs (source : SenerTec).

La température de sortie directe des gaz est de 150 °C environ. Avec le condenseur et une eau de refroidissement avec une température d'entrée de 35 °C, les gaz sont refroidis jusqu'à 55 °C. On récupère ainsi environ 0,8 à 3,0 $kWh_{th.}$ supplémentaires.

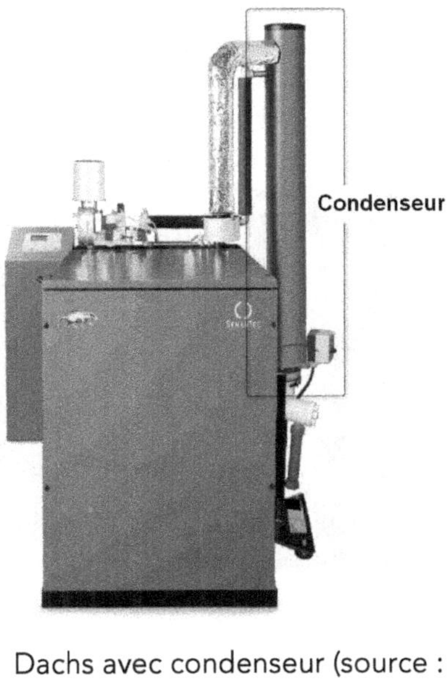

Figure 4.18 Dachs avec condenseur (source : SenerTec).

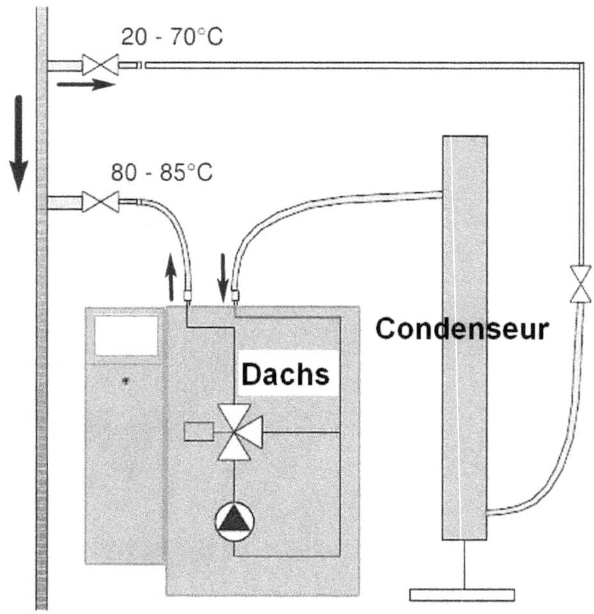

Figure 4.19 Condenseur dans le circuit hydraulique (source : SenerTec).

Le modèle **SEplus** se compose de l'unité de base à laquelle s'ajoutent un brûleur supplémentaire pouvant fournir 20 $kW_{th.}$ et un ballon de 750 litres (figure 4.20).

Figure 4.20 Dachs SEplus (source : SenerTec).

Installation

Les conditions à respecter ne diffèrent pas de celles d'une chaudière avec, par exemple, l'accès, l'évacuation des gaz brûlés...

Programmation et contrôles

L'utilisateur a directement accès à un certain nombre de paramètres par un panneau de contrôle (figure 4.21).

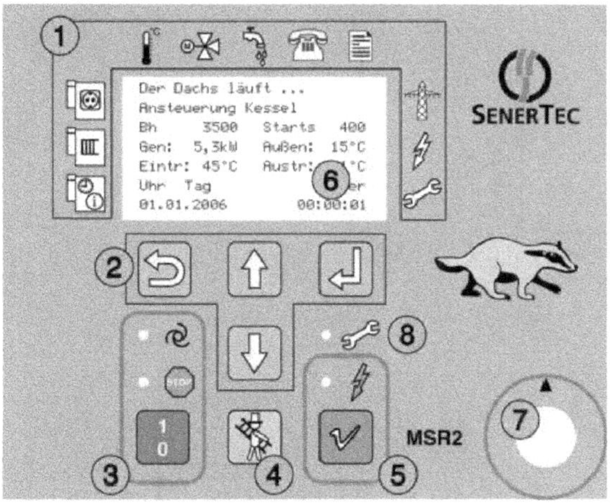

1 Menus
2 Touches de contrôle
3 Arrêt / Marche
4 Ramonage
5 LED de défaut et reset
6 Afficheur
7 Diode IR pour maintenance
8 LED pour maintenance

Figure 4.21 Panneau de contrôle (source : Baxi SenerTec).

Le suivi et le contrôle d'une unité Dachs peuvent se faire sur site ou à distance (figure 4.22).

Depuis mars 2012, une application pour smartphones ou tablettes (Android ou Apple iOS) permet un accès à distance à son équipement. Il est alors possible de consulter les statistiques de production ou de modifier les paramètres de fonctionnement (figure 4.23).

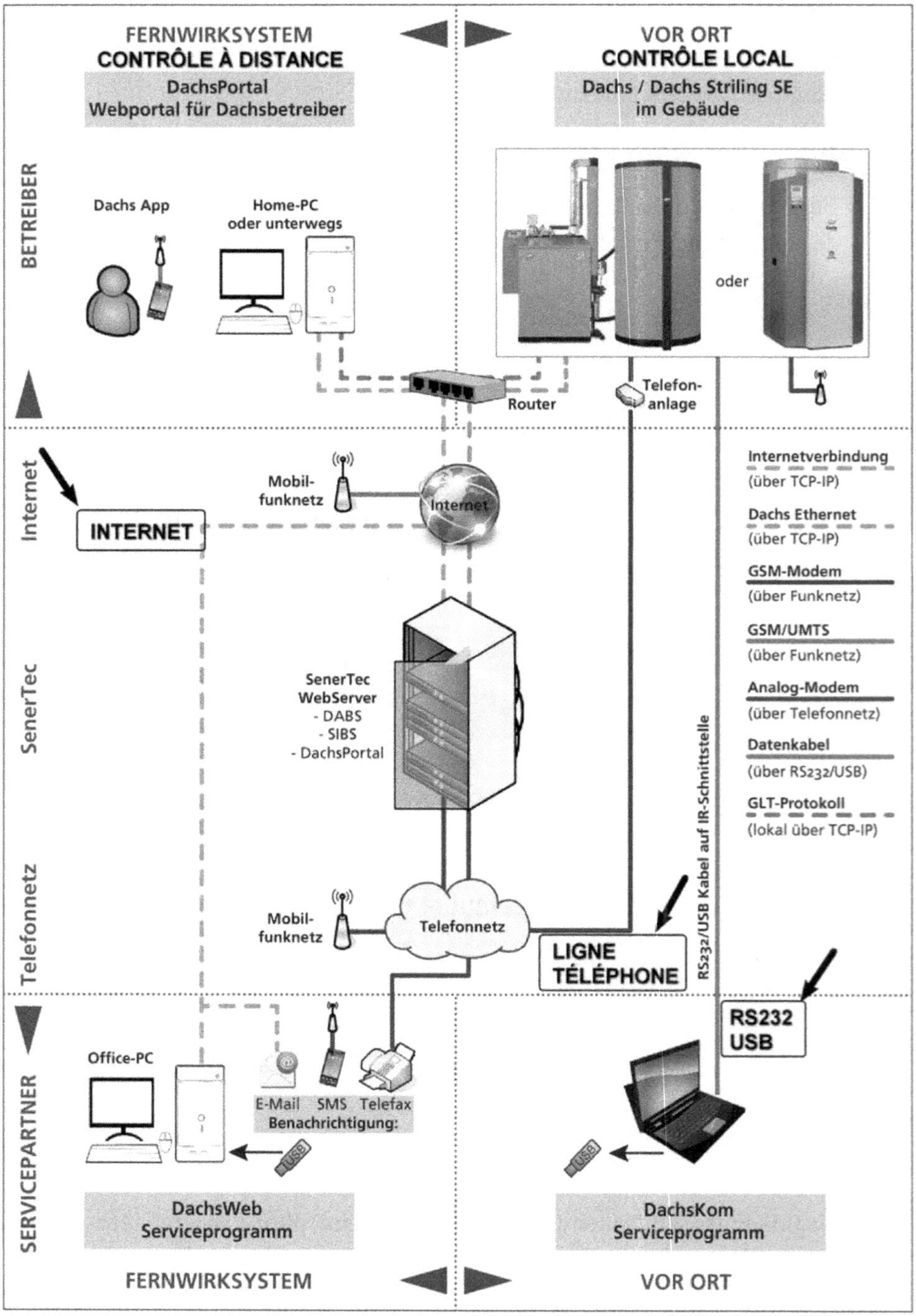

Figure 4.22 Options de consultation et modifications à distance (source : SenerTec).

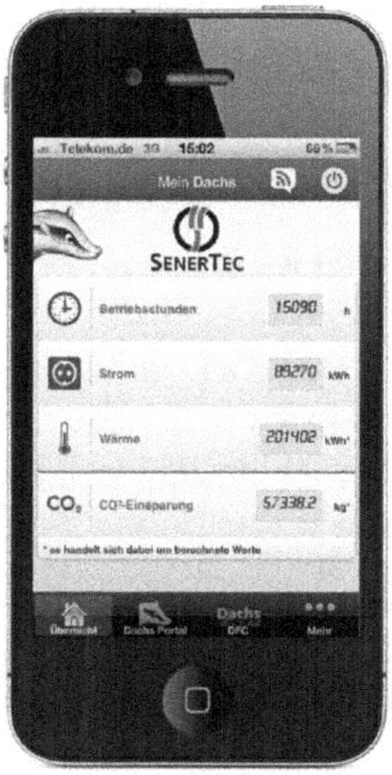

Figure 4.23 Consultation et modifications à distance par smartphone (source : SenerTec).

Démarrage

Un starter alimenté sous 12 V assure le démarrage : le temps de stabilisation de la tension est de 45 secondes.

Fonctionnement

L'unité de micro-cogénération Senertec Dachs est pilotée par la demande en chaleur : comme la puissance fournie est constante (sans modulation), l'utilisation optimale est faite en combinant un stockage de chaleur et, éventuellement, une chaudière d'appoint.

Il est possible d'installer jusqu'à 10 unités en cascade avec pilotage par une seule unité.

Consommation de combustible

En régime nominal : 2 m^3 de gaz naturel par heure.

Maintenance

La fréquence de maintenance varie selon le modèle. Elle est de 3 500 heures pour le modèle au gaz naturel.

Autres caractéristiques

Émissions

Selon le modèle, des mesures sont prises afin de réduire les émissions et, éventuellement, de répondre aux normes nationales (en Allemagne par exemple, les émissions des chaudières sont réglementées).

Les modèles fonctionnant au gaz naturel ou au propane sont équipés d'un catalyseur d'oxydation ; de plus, leur moteur fonctionne en régime maigre.

Remarques

Un catalyseur d'oxydation réduit les émissions de CO ou de gaz non brûlés en les oxydant (transformation complète en CO_2, H_2O).

En régime maigre, on envoie plus d'air que nécessaire pour la combustion de façon à avoir une combustion la plus totale possible du combustible.

Les modèles utilisant le fioul, le « biodiesel » ou l'huile de colza sont équipés d'un filtre à particules.

Niveau sonore

Il se situe entre 52 et 58 dB(A) selon le modèle, l'ensemble étant protégé par un capot de protection.

Certification

Les modèles Dachs bénéficient du marquage CE et sont agréés par le TÜV de Bavière.

Un modèle fonctionnant à l'hydrogène

Une station-service d'hydrogène à Berlin utilise depuis 2010 une unité SenerTec Dachs. Dans cette station, une partie de l'hydrogène liquide (–253 °C) s'évapore (1 à 2 % par jour). Une solution à la fois classique et innovante a été retenue pour récupérer cet hydrogène : une unité de micro-cogénération Dachs a été modifiée par l'Université Technique de Graz en Autriche pour fonctionner à l'hydrogène. Électricité et chaleur sont utilisées par la station-service.

Statut

La société SenerTec commercialise ce modèle depuis la fin des années 1990. En 2004, la 10 000e unité était produite, puis la 15 000e fin 2006. **Plus de 28 000 installations étaient en service fin 2012**, ce qui en fait toujours l'unité de micro-cogénération la plus vendue en Europe. Le prix de base sans accessoires est de 18 440 euros en 2012.

L'unité Dachs trouve notamment de nombreuses applications dans le tertiaire (écoles, collèges, casernes de pompiers...).

4.2.5 Unité de micro-cogénération Vaillant ecoPOWER – 3 ou 4,7 $kW_{él.}$

Description

L'unité de cogénération Vaillant ecoPOWER (figure 4.24 et tableau 4.6) est basée sur un moteur à 4 temps fonctionnant au gaz (gaz naturel, biogaz ou propane) et se caractérisant par un traitement complet des émissions par catalyseur. Elle se décline en deux modèles : les versions 3.0 et 4.7.

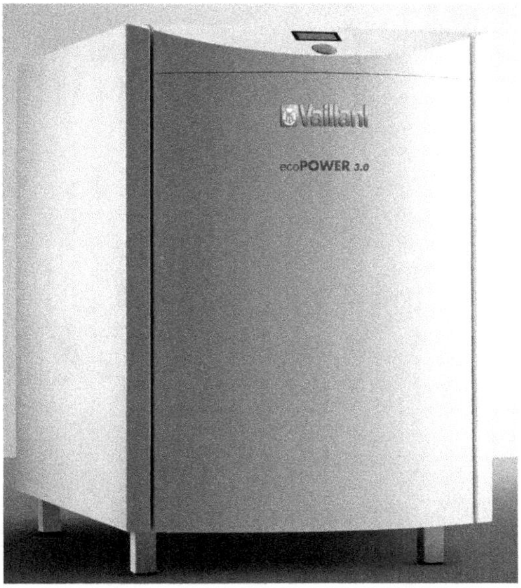

Figure 4.24 Unité de micro-cogénération Vaillant ecoPOWER 3.0 (source : Vaillant).

Caractéristiques

Tableau 4.6 Caractéristiques des modèles Vaillant ecoPOWER.

Modèle	ecoPOWER 3.0	ecoPOWER 4.7
Moteur	4 temps 1 cylindre de 272 cm³ Refroidi par eau 1 400 à 2 400 tr/min	4 temps 1 cylindre de 272 cm³ Refroidi par eau 1 400 à 3 600 tr/min
Générateur électrique	Synchrone à aimant permanent 3 × 400 V, 50 Hz	Synchrone à aimant permanent 3 × 400 V, 50 Hz
Combustible	Gaz naturel, biogaz, propane	Gaz naturel, biogaz, propane
Puissance électrique	1,5 à 3,0 kW – modulable (pour gaz naturel)	1,5 à 4,7 kW – modulable (pour gaz naturel)
Puissance thermique	4,7 à 8,0 kW (pour gaz naturel)	4,7 à 12,5 kW (pour gaz naturel)
Rendement électrique	≈ 25 %	≈ 25 %
Rendement global	≈ 90 %	≈ 90 %
Dimensions (*l* × *p* × *h*)	762 × 1 370 × 1 085 mm	760 × 1 370 × 1 085 mm
Poids	395 kg	395 kg

Les faibles dimensions (figure 4.25) permettent de placer l'unité ecoPOWER dans une annexe ou un local technique.

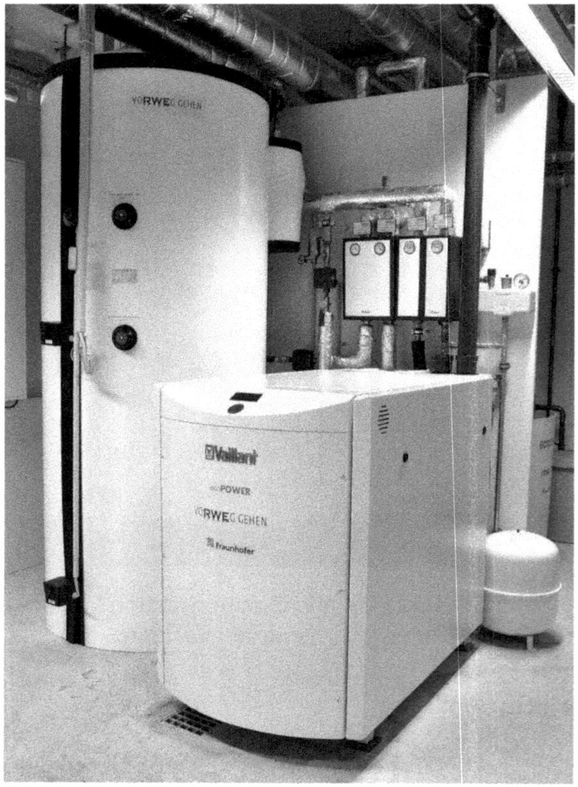

Figure 4.25 Unité Vaillant ecoPOWER dans un local technique (source : Vaillant).

Programmation et contrôles

L'unité Vaillant ecoPOWER fournit une puissance variable (par variation de la vitesse de rotation du moteur). La puissance électrique ou thermique fournie est proportionnelle à la vitesse de rotation dans la plage de fonctionnement (1 400 à 2 400 ou 3 600 tr/min, selon le modèle).

La programmation peut s'effectuer par un ordinateur connecté ou par le panneau intégré (figure 4.26). L'utilisation d'un ordinateur permet, de plus, l'accès à d'autres informations.

Les paramètres de pilotage sont, selon le type de priorité, la demande en chaleur, en électricité ou la vitesse de rotation. Cette dernière option permet de faire tourner le moteur en charge partielle.

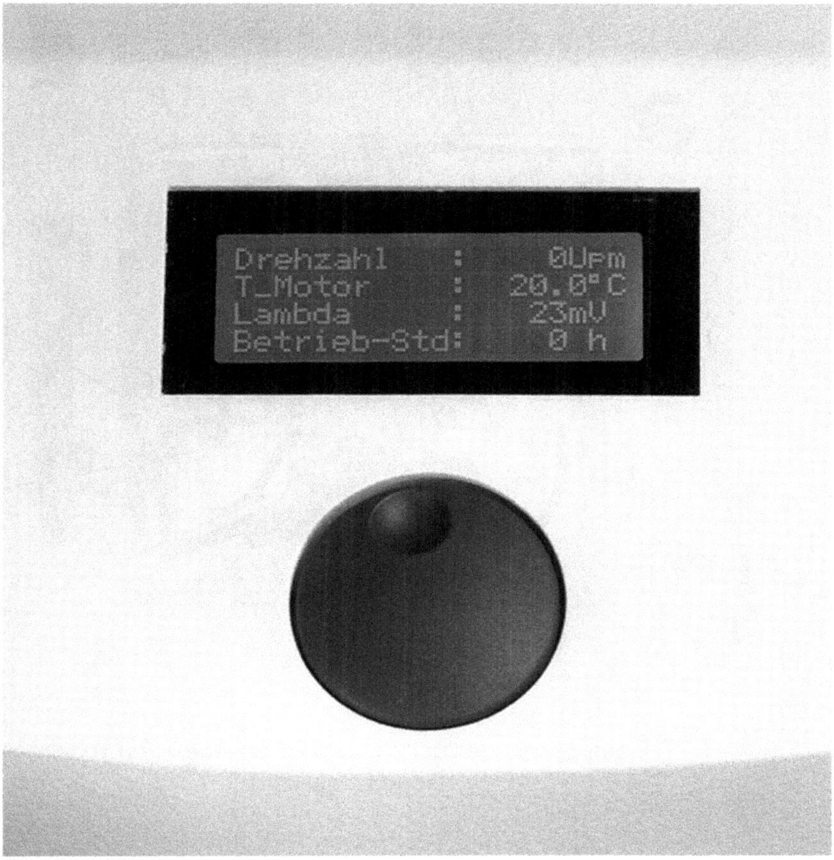

Figure 4.26 Panneau de contrôle de l'unité de micro-cogénération Vaillant ecoPOWER (source : Vaillant).

Démarrage

Le générateur sert au démarrage.

Fonctionnement

Composants

Le moteur entraîne le générateur ; les gaz d'échappement traversent le catalyseur, puis sont refroidis dans un échangeur (figure 4.27). Ils passent ensuite dans un silencieux pour réduire les nuisances sonores. Le moteur est refroidi par un échangeur thermique où circule l'eau du circuit externe de chauffage/eau chaude.

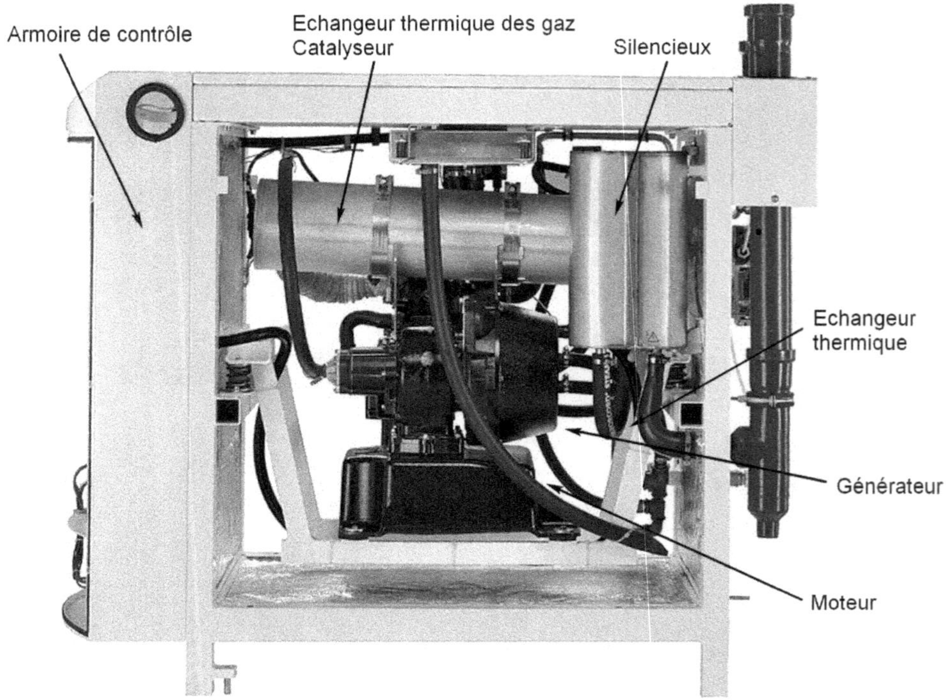

Figure 4.27 Composants de l'unité de micro-cogénération Vaillant ecoPOWER (source : Vaillant).

Puissance modulable

La puissance modulable de l'unité ecoPOWER permet une optimisation de la puissance fournie. Lorsque les besoins sont supérieurs à la puissance maximale, l'unité de micro-cogénération fonctionne au régime maximal. Lorsque les besoins sont inférieurs, la puissance fournie par l'unité de micro-cogénération suit la courbe des besoins (figure 4.28).

Plusieurs unités ecoPOWER peuvent être couplées et pilotées.

Consommation de combustible

Pour l'unité ecoPOWER 4.7 (1,5 à 4,7 $kW_{él.}$), la consommation en gaz naturel varie entre 0,59 et 1,9 m^3/h.

Maintenance, durée de vie

Le moteur a une durée de vie de 40 000 heures et nécessite une maintenance toutes les 4 000 heures ou au moins une fois par an (huile de lubrification, filtre à air, bougies…).

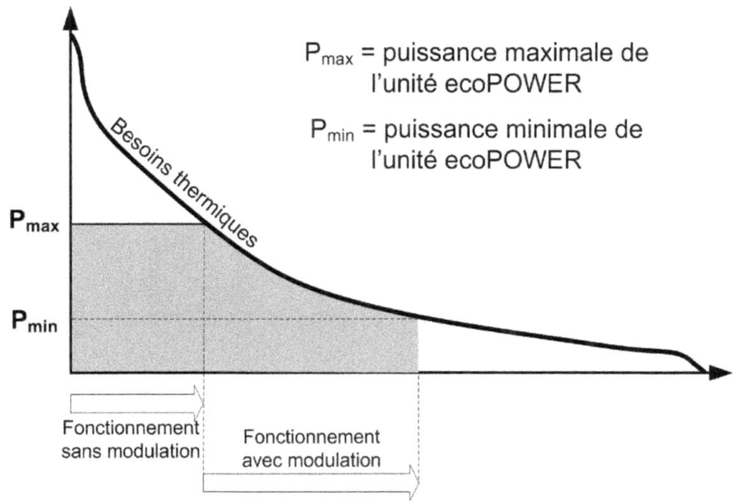

Figure 4.28 Couverture des besoins thermiques avec modulation.

Autres caractéristiques

Émissions

L'unité de micro-cogénération Vaillant ecoPOWER est équipée d'un catalyseur 3 voies. Un tel catalyseur permet de traiter les gaz issus du moteur (combustible non brûlé, CO et NO_x – oxydes d'azote).

Les résultats des mesures des émissions sont les suivants :

- NO_x < 50 mg/Nm^3 avec 5 % d'oxygène.
- CO < 115 mg/Nm^3 avec 5 % d'oxygène.

Niveau sonore

Inférieur à 50 dB(A) à 2 m pour le modèle ecoPOWER 3.0.

Inférieur à 56 dB(A) à 2 m pour le modèle ecoPOWER 4.7.

Certification

L'unité de micro-cogénération Vaillant ecoPOWER bénéficie du marquage CE.

Statut

En production depuis 1999. Environ 500 unités sont vendues par an.

Le fournisseur d'énergie allemand RWE propose un ensemble « RWE HomePower » comprenant une unité ecoPOWER 4.7, une chaudière externe et un ballon de

850 litres. L'ensemble est piloté par une ControlBox qui optimise le fonctionnement de l'unité de micro-cogénération et favorise l'autoconsommation de l'électricité, en fonction des besoins des utilisateurs. Ce concept est adapté à une habitation nécessitant au moins 60 000 $kWh_{th.}$ par an.

4.2.6 Unité de micro-cogénération EC Power XRGI 15G ou XRGI 20 – 6 à 15,2 ou 10 à 20 $kW_{él.}$

La société danoise EC Power, créée en 1994, a fait partie depuis 2002 du groupe norvégien StatoilHydro. Depuis 2011, elle est une structure indépendante, basée au Danemark.

Description

Les unités de micro-cogénération EC Power (figure 4.29) possèdent, comparées aux unités précédentes, une puissance électrique maximale beaucoup plus élevée de 15 ou 20 $kW_{él.}$ selon le modèle (tableau 4.7). Son utilisation sera donc plus adaptée à des applications où les besoins électriques et/ou thermiques sont plus importants (hôtels, maisons de retraite, écoles…). Son encombrement reste malgré tout compact.

Caractéristiques

Tableau 4.7 Caractéristiques des modèles EC Power XRGI.

Modèle	XRGI 15	XRGI 20
Moteur	Toyota 2 237 cm³ 4 cylindres	Toyota 2 237 cm³ 4 cylindres
Générateur électrique	Asynchrone, refroidi par eau Triphasé, 400 V, 50 Hz	Asynchrone, refroidi par eau Triphasé, 400 V, 50 Hz
Combustible	Gaz naturel, propane, butane	Gaz naturel, propane, butane
Puissance électrique	6 à 15 kW	10 à 20 kW
Puissance thermique	17 à 30 kW	20 à 40 kW
Rendement électrique	Jusqu'à 30 % à pleine puissance	jusqu'à 32 % à pleine puissance
Rendement global	> 92 %	> 96 %
Dimensions ($l \times p \times h$)	1 250 × 1 110 × 750 mm	1 250 × 1 110 × 750 mm
Poids	700 kg	700 kg

Figure 4.29 Unité de micro-cogénération EC Power XRGI 15 (photo de l'auteur).

Installation

L'unité de micro-cogénération EC Power s'intègre dans un système (figure 4.30) avec un stockage d'appoint de base constitué d'un ballon de 475 litres afin d'optimiser les différents modes de programmation. Une chaudière d'appoint peut être ajoutée.

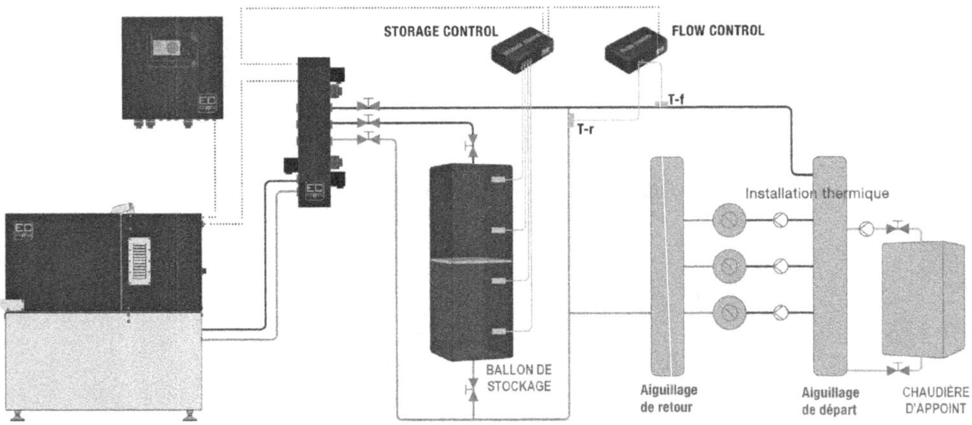

Figure 4.30 Système EC Power (source : EC Power).

Un distributeur de chaleur ou « aiguillage » permet une intégration avec le circuit de chauffage et/ou d'eau chaude sanitaire. Si la température de retour du circuit externe est trop élevée (supérieure à 75 °C), elle est renvoyée directement vers la cuve de stockage.

Programmation et contrôles

L'unité de micro-cogénération EC Power est contrôlée par un boîtier externe (figure 4.31).

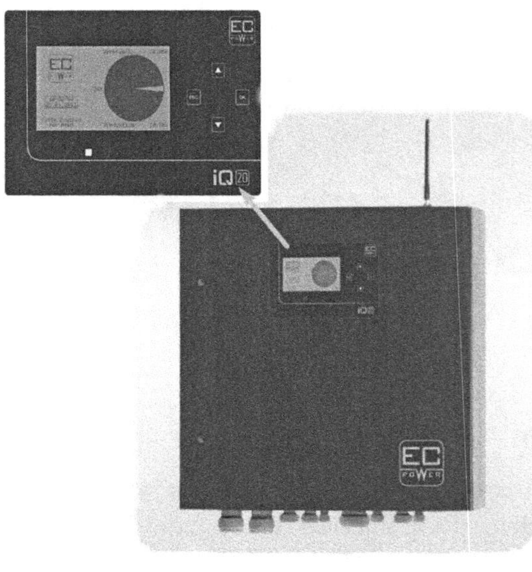

Figure 4.31 Boîtier de contrôle externe (source : EC Power).

Un serveur central chez EC Power peut suivre le fonctionnement de l'unité de micro-cogénération et signaler les dysfonctionnements éventuels.

Il est aussi possible de programmer à distance l'unité de micro-cogénération EC Power par l'intermédiaire d'un modem.

Jusqu'à 5 unités peuvent être installées en parallèle et pilotées (figure 4.32).

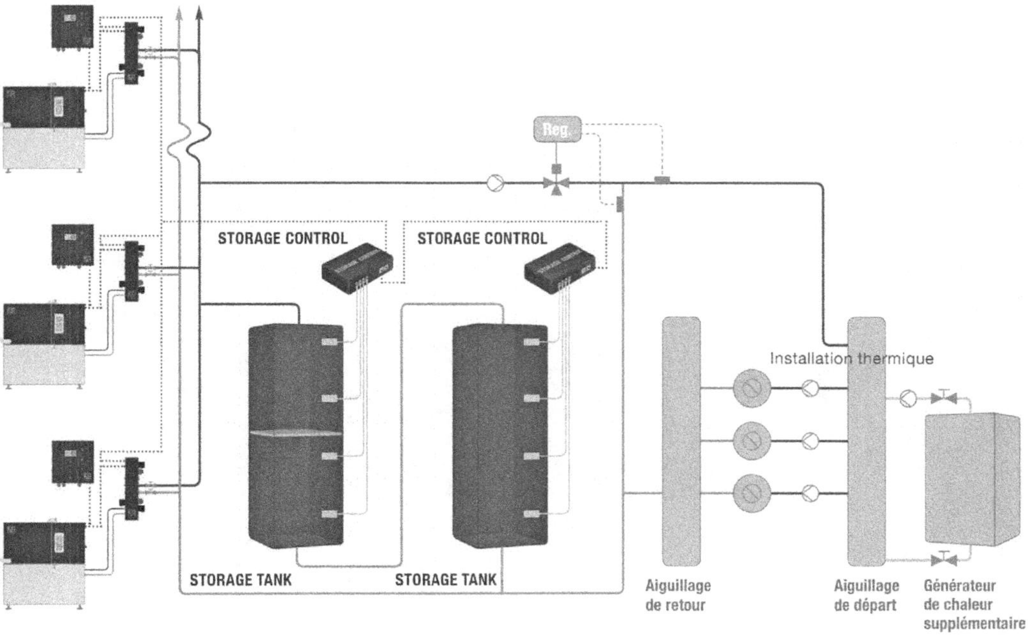

Figure 4.32 Pilotage de plusieurs unités EC Power (source : EC Power).

Démarrage

Le générateur électrique asynchrone (figure 4.33), alimenté alors par le secteur, sert au démarrage du moteur. Il est entraîné directement par le moteur, sans roulement (technologie brevetée), ce qui assure une durée de vie importante.

Fonctionnement

La puissance modulable permet un fonctionnement très souple et une adaptation aux besoins thermiques et/ou électriques.

Le pilotage de l'unité de micro-cogénération EC Power peut se faire en donnant la priorité aux **besoins thermiques**, aux **besoins électriques** ou, en cas de besoins thermiques faibles, à la **production d'électricité injectée dans le réseau** (en fonction éventuellement du prix du combustible et du prix d'achat de l'électricité).

Figure 4.33 Générateur de l'unité de micro-cogénération EC Power (source : EC Power).

Le mode de pilotage peut être automatique, c'est-à-dire que l'unité de micro-cogénération détermine le mode optimal en fonction des besoins (auto-adaptation).

L'addition d'un (ou de plusieurs) ballon(s) de stockage augmente la flexibilité de fonctionnement en récupérant la chaleur produite lorsque les besoins thermiques sont faibles.

Le réseau Q-network relie les différents capteurs (température, débit) et permet un fonctionnement optimisé de l'unité de micro-cogénération. Lorsque plusieurs unités sont connectées, un boîtier (*Modul-Manager*) gère leur fonctionnement.

Maintenance

Une maintenance de base est requise toutes les 8 500 (modèle XRGI 15) ou 6 000 heures (modèle XRGI 20) ou tous les 24 mois. Le moteur est donné pour une durée de vie de 40 000 heures sans révision.

Autres caractéristiques

Émissions

L'utilisation d'un catalyseur d'oxydation permet de réduire les émissions.

Les valeurs des émissions sont de :

- CO : moins de 150 mg/Nm³ (XRGI 15) ou 50 mg/Nm³ (XRGI 20).
- NO_x : moins de 350 mg/Nm³ (XRGI 15) ou 100 mg/Nm³ (XRGI 20).

Niveau sonore

Il est inférieur à 49 dB(A) à 1 m.

Statut

L'unité de micro-cogénération EC Power XGRI TO 15 a été primée en 2008 par la revue allemande *Energie & Management* pour une application alimentant un groupe d'immeubles comportant 25 logements (voir le paragraphe 11.5 sur les exemples d'applications).

À mi-2012, le principal marché est l'Allemagne, où près de 4 000 unités ont été installées.

4.2.7 Unité de micro-cogénération Lichtblick-Volkswagen EcoBlue – 20 $kW_{él.}$

Le fournisseur allemand d'énergie Lichtblick, qui dessert plus de 600 000 clients en Allemagne, et la société Volkswagen se sont associés pour développer une unité de micro-cogénération destinée principalement à être un complément aux énergies renouvelables intermittentes. Lichtblick nomme son unité « *ZuhauseKraftwerk* », qui signifie « une centrale (électrique) chez soi ». EcoBlue est la dénomination chez Volkswagen.

Description

Vue la puissance fournie, l'unité monobloc (figures 4.34 et 4.35) est destinée surtout à l'habitat collectif principalement pour la fourniture de chaleur (besoins supérieurs à 40 000 $kW_{th.}$), l'électricité étant prioritairement injectée dans le réseau.

Un (ou plusieurs) ballon de capacité allant jusqu'à 1 000 litres sert à stocker la chaleur produite et à alimenter l'habitat en eau chaude (sanitaire et/ou chauffage).

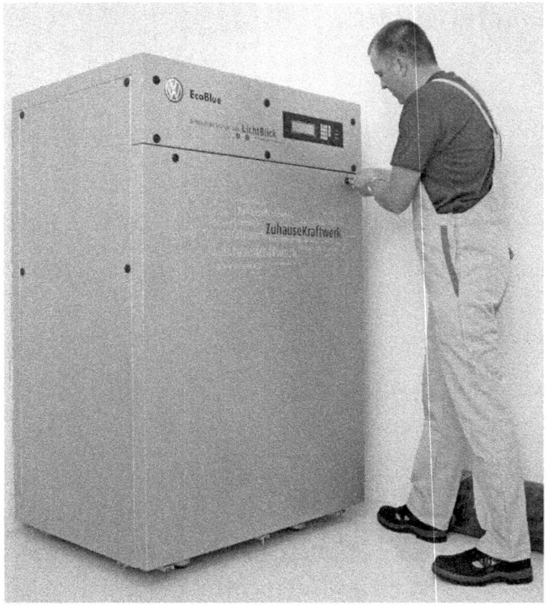

Figure 4.34 Unité de micro-cogénération Lichtblick (source : Lichtblick).

Figure 4.35 Unité Lichtblick (source : Lichtblick).

Caractéristiques

Tableau 4.8 Caractéristiques du modèle EcoBlue.

Moteur	Volkswagen 2 000 cm^3 4 cylindres
Générateur électrique	Asynchrone, refroidi par eau Triphasé, 400 V, 50 Hz
Combustible	Gaz naturel
Puissance électrique	20 kW
Puissance thermique	31 kW
Rendement électrique	≈34 %
Rendement global	≈ 94 %
Dimensions ($l \times p \times h$)	1 170 × 840 × 1 710 mm
Poids	700 kg

Fonctionnement

La durée de fonctionnement est de l'ordre de 1 500 à 3 000 heures par an à puissance électrique constante de 20 kW, l'objectif de Lichtblick étant surtout de fournir de l'électricité au réseau.

Émissions

L'utilisation d'un catalyseur permet de réduire les émissions.

Les valeurs sont de :

- CO : moins de 125 mg/m^3.
- NO_x : moins de 100 mg/m^3.

Contrôles

Toutes les unités installées sont contrôlées par une centrale située au siège, à Hambourg, qui décide de leur mise en route et de leur arrêt (le démarrage s'effectue en moins d'une minute). Les paramètres de commande peuvent être une demande importante ou un prix de l'électricité élevé. Cependant, la mise en route est fonction de l'énergie thermique nécessaire pour l'habitat (utilisation et capacité de stockage).

Concept d'installation

Dans le concept de Lichtblick, les unités installées restent la propriété de la société, qui signe un contrat de 10 ans avec le client.

Pour 2012, les conditions sont les suivantes :

- Les frais d'installation (5 000 euros) couvrant aussi le démontage de l'ancienne chaudière sont payés par le client.
- S'ajoute une mensualité de 20 euros (en 2012) pour le service (maintenance, assurance, réparations...).
- Le client reçoit une somme forfaitaire mensuelle de 5 euros pour la location de l'emplacement de l'unité et une prime de 0,5 centime d'euro par $kW_{él.}$ injecté dans le réseau.
- Le client paie l'énergie thermique utilisée liée au prix du gaz naturel.
- En 2012, pour un client consommant environ 40 000 $kW_{th.}$ par an, les gains vont de 20 à 48 % en fonction des subventions gouvernementales ou locales reçues.

Statut

La société Lichtblick a comme premier objectif l'installation de 100 000 unités représentant une puissance disponible d'environ 2,0 GW, soit l'équivalent de deux centrales nucléaires. Cette capacité doit permettre de venir en appoint aux énergies renouvelables (éolien, solaire...) soit lorsqu'elles n'opèrent plus, soit lorsque la demande est plus importante que la production : c'est le concept « *SchwarmStrom* » (« électricité en banc », par analogie avec les bancs de poissons – figure 4.36), qui sera développé dans le paragraphe 13.4 sur le « *Smart Grid* ».

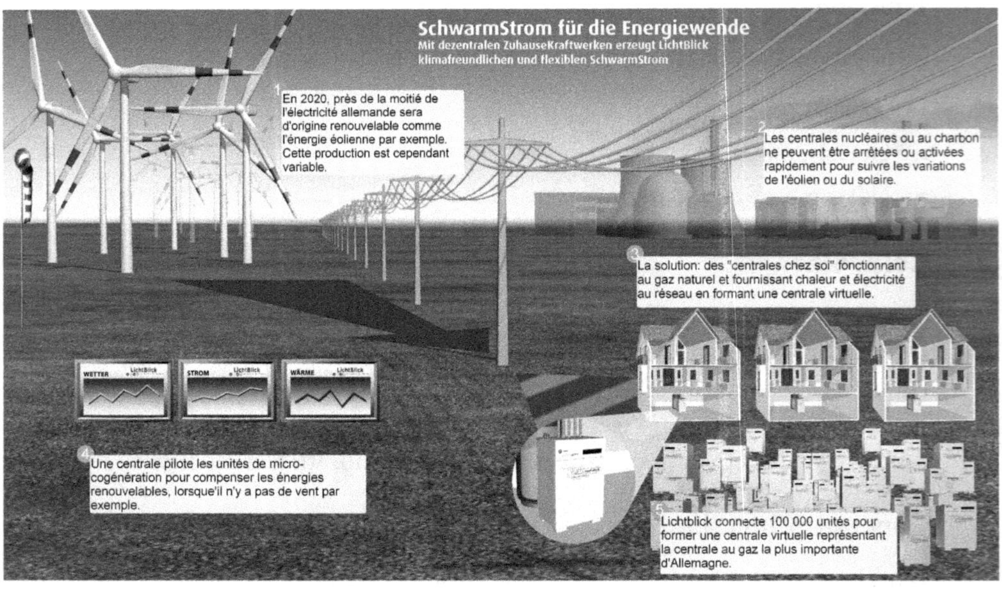

Figure 4.36 Concept « *SchwarmStrom* » (d'après Lichtblick).

Les premières unités ont été installées fin 2011 à Celle en Basse-Saxe. Celles-ci, au nombre de 13, alimentent en chaleur 36 maisons et 174 appartements. Fin 2012, plus de 500 unités étaient en service et reliées selon le concept décrit ci-dessus.

Ces unités peuvent aussi être utilisées dans les secteurs tertiaire ou industriel : l'usine Volkswagen située à Salzgitter en a 22 en service, alimentées en gaz naturel et couvrant les besoins de base. Les gains en CO_2 sont de l'ordre de 3 500 tonnes par an.

4.3 Moteur Stirling

4.3.1 Principe et fonctionnement du moteur Stirling

Contrairement au moteur à combustion interne (voir 4.2) où le carburant est brûlé dans la chambre à combustion avec transformation en énergie mécanique, le moteur Stirling fonctionne en circuit fermé, l'apport de chaleur étant externe (figure 4.37).

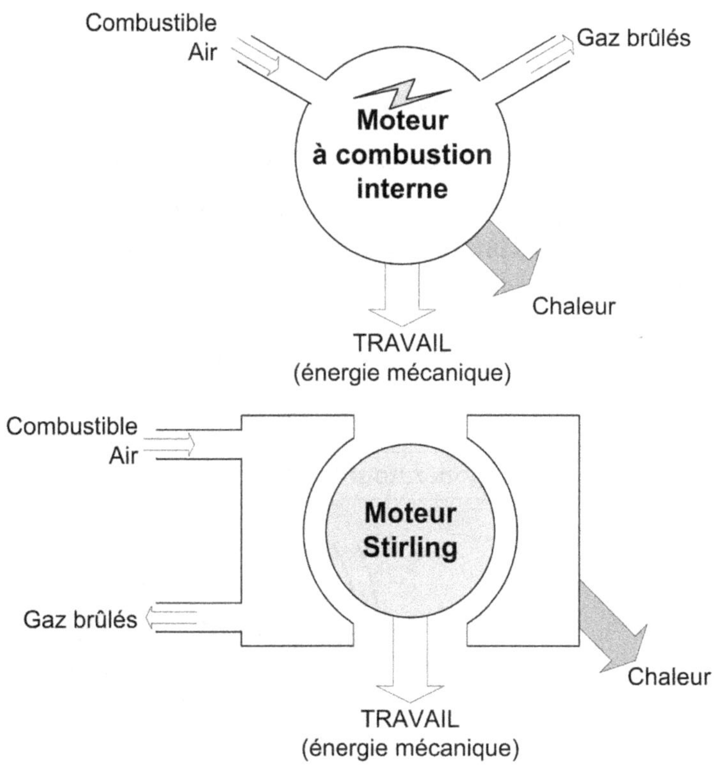

Figure 4.37 Comparaison des principes de moteurs à combustion interne et Stirling.

Invention

En septembre 1816, le révérend Robert Stirling (1790-1878), un pasteur écossais, cherchant une alternative plus sûre aux machines à vapeur, dépose un brevet pour ce qu'il nomme un économiseur (appelé plus tard régénérateur). Il décrit un moteur incluant son invention qui fonctionne en système fermé avec un piston moteur et un piston dit déplaceur.

Remarque

Deux modèles construits par Robert Stirling existent encore (au Royal Scottish Museum et à l'Université de Glasgow).

L'invention du moteur Stirling se place entre la machine à vapeur (1790) et le moteur à combustion interne (1862-1880). Il a eu cependant peu de débouchés commerciaux et ce n'est que vers 1930 que les recherches ont repris, surtout par la société Philips.

Le terme « moteur Stirling » a été proposé par Rolf Meijer pour désigner les moteurs fonctionnant en circuit fermé.

Fonctionnement

Composants du moteur Stirling

Le moteur Stirling est donc un moteur à combustion externe.

Il se compose (figure 4.38) d'un (ou plusieurs) piston(s), d'un régénérateur, d'une source de chaleur et d'une zone de refroidissement (échangeur thermique), l'enceinte ainsi formée contenant le gaz de travail.

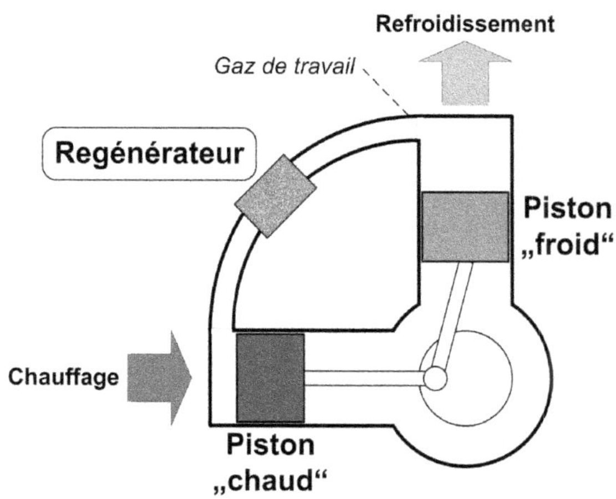

Figure 4.38 Composants du moteur Stirling (schématisés).

Un système cinématique (bielles par exemple) permet de coordonner les mouvements des pistons afin de récupérer l'énergie mécanique.

Fonctionnement

La figure 4.39 illustre le principe de fonctionnement d'un moteur Stirling.

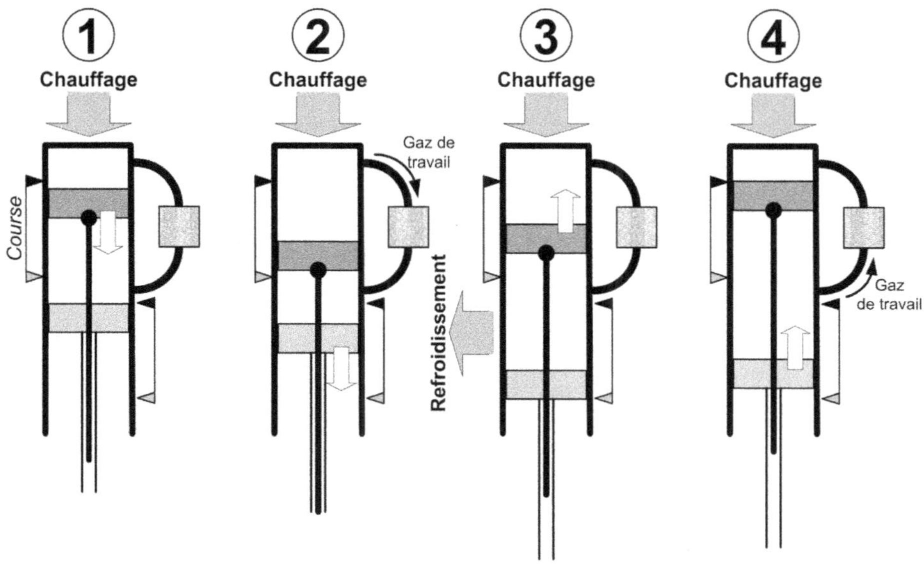

Figure 4.39 Principe de fonctionnement d'un moteur Stirling.

L'apport de chaleur (source chaude) se fait généralement par un brûleur fonctionnant au gaz naturel, bois, fioul... (on peut aussi utiliser le rayonnement solaire ou toute autre source de chaleur).

Cette chaleur chauffe le gaz de travail qui se détend et pousse le **piston « chaud »** appelé aussi **balayeur** ou **déplaceur** (étape 1). Ce dernier est relié mécaniquement au **piston « froid »** (**piston moteur**) qui est entraîné et « aspire » le gaz de travail vers la zone froide (étape 2) en traversant le régénérateur (qui est un échangeur thermique temporaire évitant que le gaz ne se réchauffe et ne se refroidisse de façon cyclique) avant de céder la chaleur à la source froide (étape 3). Le gaz refroidi se contracte et le piston « froid » le renvoie vers la zone chauffée où le cycle recommence (étape 4).

Ces transferts de gaz de travail permettent par le déplacement des pistons de récupérer l'énergie mécanique qui peut entraîner un générateur électrique.

Cycle du moteur Stirling

Les 4 étapes du cycle Stirling sont (figure 4.40) :

- Chauffage à volume constant (isochore) ; c'est la phase motrice.
- Détente à température constante (isotherme).
- Refroidissement à température constante.
- Compression à volume constant.

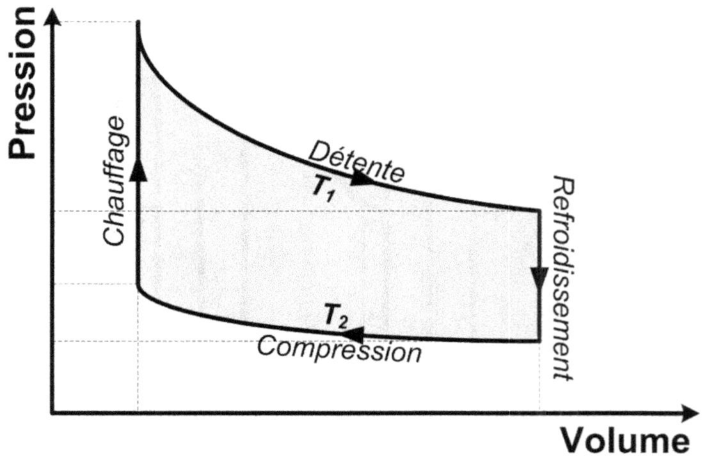

Figure 4.40 Cycle du moteur Stirling.

Rendement du moteur Stirling

Le moteur Stirling obéit à la loi de Carnot : son rendement maximal est fonction des températures de la source chaude, T_c, et de la source froide, T_f. Il est donné par la relation (températures en K) :

$$\eta = 1 - (T_f/T_c)$$

Cependant, les rendements mécaniques obtenus sont supérieurs à ceux des moteurs à combustion interne. Ils peuvent atteindre 40 %.

Types de moteurs Stirling

Type Alpha

Ce type de moteur comporte deux pistons, reliés mécaniquement, dans deux cylindres séparés et connectés par le régénérateur. C'est l'exemple montré figure 4.38.

Type Bêta

Dans ce type de moteur Stirling, les deux pistons sont placés dans le même cylindre.

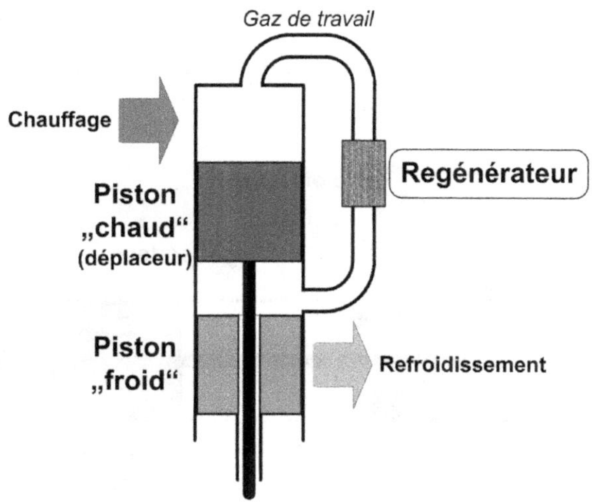

Figure 4.41 Moteur Stirling Bêta.

Type Gamma

Le type Gamma est un moteur de type Bêta avec le piston moteur séparé physiquement du déplaceur. Les deux pistons sont cependant reliés mécaniquement (figure 4.42).

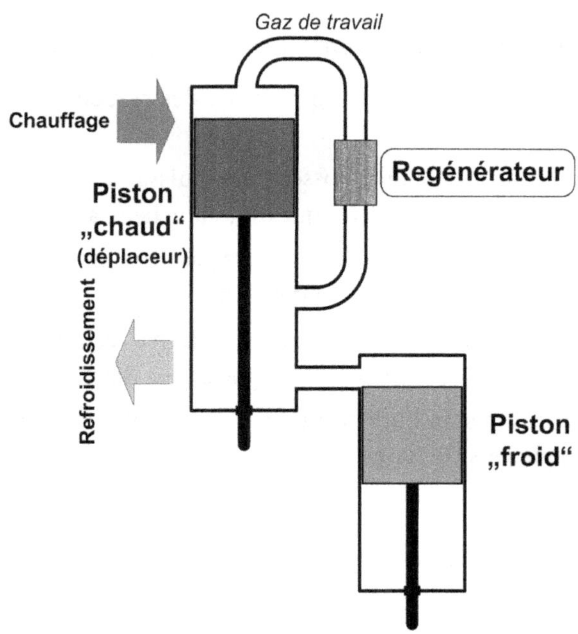

Figure 4.42 Moteur Stirling Gamma.

Moteur Stirling à piston libre (« free piston Stirling engine »)

Les deux pistons sont dans une enceinte étanche (pas de pertes de gaz de travail ou de problèmes d'étanchéité) (figure 4.43).

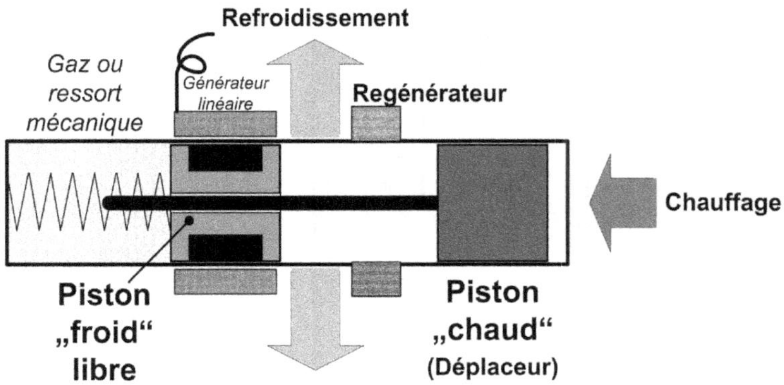

Figure 4.43 Moteur à piston libre.

Moteur Stirling dit à double effet (multicylindres)

Il est basé sur le moteur de type Alpha. Il se compose de plusieurs cylindres reliés l'un à l'autre. Le piston de chaque cylindre est à la fois piston moteur et déplaceur.

Avantages et inconvénients du moteur Stirling

Chaque type de moteur Stirling présente des caractéristiques le destinant à une application particulière :

- Le moteur de type Alpha possède une puissance élevée sous un faible volume ; la principale difficulté technique est l'étanchéité au niveau du piston « chaud ».
- Le moteur de type Bêta n'a par contre pas cette limitation et offre un rapport de compression plus élevé que le type Alpha.
- Le moteur de type Gamma est le plus simple techniquement, mais possède un taux de compression moins élevé que le type Bêta.
- Le moteur à piston libre permet d'avoir un système étanche sans transmission mécanique vers l'extérieur.

Avantages

- Silence de fonctionnement, faibles vibrations.
- Cycle fermé.
- Rendement élevé (fonction des températures des sources chaudes et froides).
- Variété de « sources chaudes » (donc de combustibles).

- Fiabilité.
- Réversibilité (il peut produire du froid).

Inconvénients

- Prix plutôt élevé (produit en petites séries).
- Relativement délicat à concevoir, surtout le régénérateur.
- Inertie au démarrage (il faut atteindre la température maximale de la source chaude) et à l'arrêt (le moteur continue à tourner après l'arrêt du chauffage).
- Difficulté à varier sa fréquence.

Contrairement aux moteurs à combustion interne (voir le paragraphe 4.2) dont les puissances électriques sont, sauf exception, de l'ordre de 5 à 10 kW, les unités de micro-cogénération utilisant un moteur Stirling fournissent pour la plupart une puissance électrique de l'ordre du kW se prêtant ainsi mieux à une utilisation pour l'habitat individuel.

Le plus important fournisseur de moteur Stirling (figure 4.44) est la société Microgen Engine Corporation (MEC) fondée en 1995. Les principaux actionnaires sont BDR Thermea et Vaillant avec 42,19 % chacun.

Figure 4.44 Moteur Stirling (source : De Dietrich Thermique).

4.3.2 Unités de micro-cogénération BDR Thermea – 1 $kW_{él.}$

Suite au regroupement des sociétés Baxi (et des filiales comme Brötje), De Dietrich Thermique et Remeha B.V., les modèles proposés par ces sociétés sous les noms respectifs de Ecogen, Hybris Power et Evita utilisent la même base (moteur fourni par Microgen Engine Corporation) développée en Angleterre.

Description

Ces unités de micro-cogénération sont des modèles à fixation murale (figure 4.45) fournissant une puissance électrique fixe ou modulable (tableau 4.9).

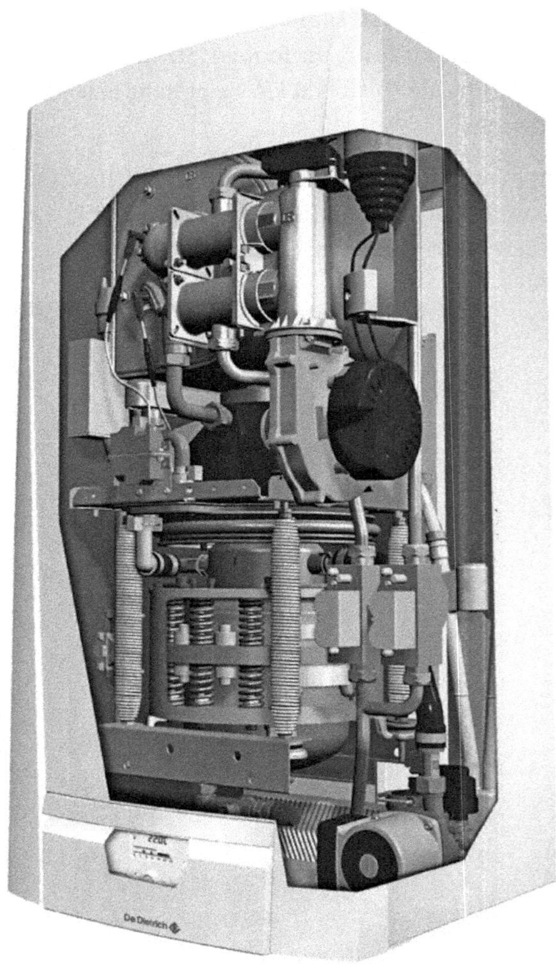

Figure 4.45 Unité de micro-cogénération Hybris Power (source : De Dietrich Thermique).

Tableau 4.9 Caractéristiques générales des unités Hybris Power et Ecogen.

Modèle	De Dietrich Hybris Power	Baxi Ecogen
Moteur	Stirling Piston libre	Stirling Piston libre
Générateur électrique	Linéaire 230 V, 50 Hz	Linéaire 230 V, 50 Hz
Combustible	Gaz naturel, biogaz	Gaz naturel, biogaz
Puissance électrique	1 kW	0,3 à 1 kW
Puissance thermique Stirling	5,8 kW	3,7 à 7,7 kW
Puissance thermique avec brûleur secondaire	Jusqu'à 26 kW	Jusqu'à 26 kW
Rendement électrique	Jusqu'à 16 %	Jusqu'à 17 %
Rendement global	92 à 95 %	> 91 %
Dimensions ($l \times p \times h$)	490 × 422 × 910 mm	450 × 426 × 950 mm
Poids	≈ 110 kg	≈ 115 kg

Caractéristiques

Leur encombrement et leur aspect extérieur sont identiques à ceux d'une chaudière murale conventionnelle ; leur intégration en est donc facilitée (figure 4.46).

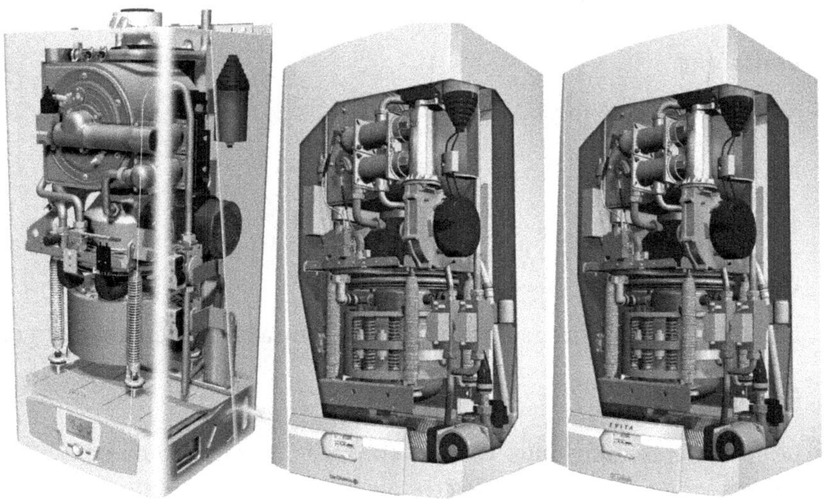

Figure 4.46 Composants des unités de micro-cogénération BDR Thermea (source : Baxi Ecogen, De Dietrich Thermique et Remeha).

Démarrage

Lorsque le moteur Stirling est lancé, la puissance thermique et électrique nominale est atteinte en 6 minutes environ.

Sa température de fonctionnement se situe entre 400 et 525 °C.

Fonctionnement

Lorsque le brûleur du moteur Stirling s'arrête, le moteur continue à fonctionner jusqu'à ce que la partie chaude se refroidisse à 170 °C. La production d'électricité s'arrête après 1 à 2 minutes.

La température d'entrée de l'échangeur peut varier entre 30 et 70 °C ; la température de sortie variera entre 50 et 80 °C.

Maintenance

Elle est similaire à celle d'une chaudière, soit une fois par an, et concerne la performance et la sécurité (combustion pour le moteur Stirling et le brûleur auxiliaire, détection de flamme...).

Le moteur Stirling ne requiert pas de maintenance car il est scellé.

Durée de vie

L'objectif est d'atteindre 50 000 heures pour le moteur Stirling.

Autres caractéristiques

Émissions

NO_x : moins de 35 mg/kWh.

Niveau sonore

45 à 47 dB(A) à 1 m.

Certification

Les unités de micro-cogénération BDR Thermea bénéficient du marquage CE.

Statut

Les premières campagnes d'essais européennes ont débuté en 2006. En 2009, le lancement a eu lieu en Angleterre puis la commercialisation s'est étendue à l'Allemagne et aux Pays-Bas. Des campagnes d'essais sont en cours en France (voir le paragraphe 11.3). Le coût de base de l'unité Hybris Power est estimé à 12 000 euros (des subventions peuvent réduire le prix final).

4.3.3 Unités de micro-cogénération Viessmann Vitowin 300-W – 1 $kW_{él.}$

En 2009, la société allemande Viessmann a présenté un prototype d'unité de micro-cogénération à moteur Stirling fourni aussi par Microgen.

Description

L'unité de micro-cogénération Vitowin 300-W (figure 4.47) est aussi un modèle à fixation murale fournissant une puissance électrique de 1 kW (tableau 4.10).

Figure 4.47 Unité de micro-cogénération Viessmann Vitowin 300-W (photo de l'auteur, salon de Hanovre 2012).

Tableau 4.10 Caractéristiques de l'unité Viessmann Vitowin 300-W.

Moteur	Stirling Piston libre
Générateur électrique	Linéaire 230 V, 50 Hz
Combustible	Gaz naturel
Puissance électrique maximale	1 kW
Puissance thermique maximale	6 kW Brûleur auxiliaire de 20 kW
Rendement électrique	15 %
Rendement global	≈ 96 %
Dimensions ($l \times p \times h$)	600 × 430 × 900 mm
Poids	≈ 100 kg

4.3.4 WhisperGen® EU1 – 1 $kW_{él.}$

L'unité de cogénération WhisperGen® est produite par la société néo-zélandaise Whisper Tech, fondée en 1995 et spécialisée dans le développement et la fabrication de moteurs Stirling fonctionnant au gaz naturel ou au diesel. Elle est une filiale du groupe énergétique Meridian Energy Ltd.

Pour le marché européen, un accord a été obtenu avec la société espagnole Mondragón Corporación Cooperativa (MCC) avec création d'une filiale commune eHe (« efficient home energy, s.l. ») située dans la province basque pour la construction d'unités WhisperGen® EU1 à partir de 2009 avec une capacité annuelle de 30 000 unités.

Description

Son encombrement (figure 4.48) et son aspect extérieur sont identiques à ceux d'un appareil électroménager conventionnel comme une machine à laver ou un lave-vaisselle ; son intégration en est donc facilitée.

Caractéristiques

Cette unité de micro-cogénération fournit une puissance électrique constante (tableau 4.11) ; l'électricité non utilisée est injectée dans le réseau.

Figure 4.48 Unité WhisperGen® (source : eHe).

Tableau 4.11 Caractéristiques de l'unité de micro-cogénération WhisperGen®.

Moteur	Stirling 4 cylindres double effet
Gaz de travail	Azote
Brûleur	Brûleur principal pour le moteur Stirling Brûleur secondaire d'appoint
Générateur électrique	Asynchrone monophasé (4 pôles) 230 V, 50 Hz
Combustible	Gaz naturel
Puissance électrique	1 kW
Rendement électrique	11 à 12 %
Puissance thermique Stirling	8,3 kW
Puissance thermique avec brûleur	14,5 kW
Rendement thermique	> 95 %
Consommation électrique	11 W en stand-by, 60 W maximum
Dimensions ($l \times p \times h$)	491 × 563 × 838 mm
Poids	≈ 142 kg

L'unité WhisperGen® (figure 4.49) se compose d'un moteur Stirling dont le gaz de travail est chauffé par le brûleur principal fonctionnant au gaz naturel. Le moteur Stirling actionne un générateur rotatif produisant un courant alternatif monophasé.

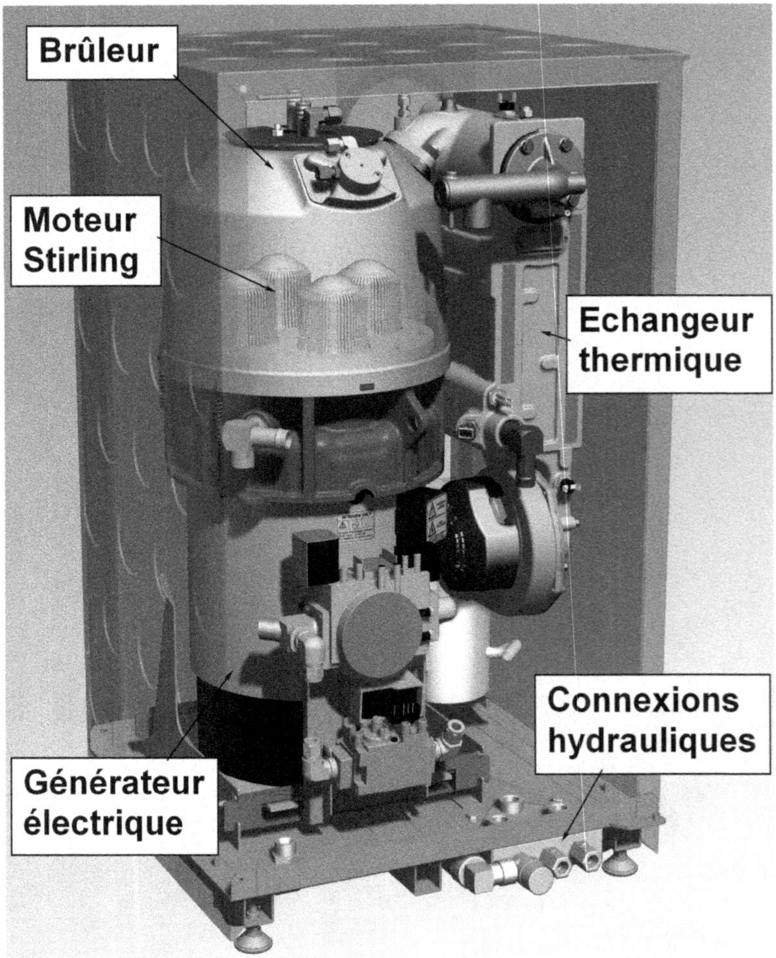

Figure 4.49 Composants principaux de l'unité WhisperGen® (source : Whisper Tech Limited).

L'unité de micro-cogénération WhisperGen® dispose de deux brûleurs : l'un pour faire fonctionner le moteur Stirling et l'autre pour un appoint thermique supplémentaire.

La société WhisperGen a développé, début des années 1990, son propre moteur Stirling basé sur l'utilisation de quatre cylindres.

Le moteur Stirling est du type à double effet avec quatre cylindres (la figure 4.50 illustre la complexité de ce moteur). Pour le fonctionnement de ce type de moteur Stirling, se référer à la description générale des différents types de moteurs Stirling.

Un mécanisme (Wobble Yoke) transforme le mouvement alternatif des quatre cylindres en un mouvement rotatif qui actionne le générateur électrique.

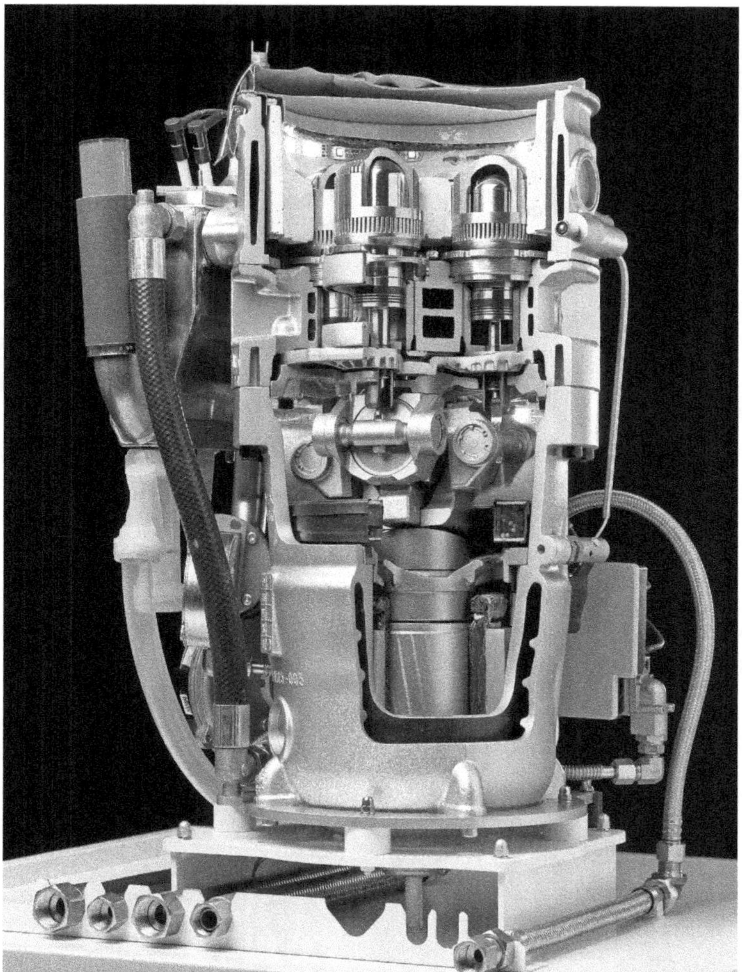

Figure 4.50 Moteur Stirling de l'unité WhisperGen® (source : eHe).

Fonctionnement

Système

La figure 4.51 montre les organes de l'unité de micro-cogénération WhisperGen®.

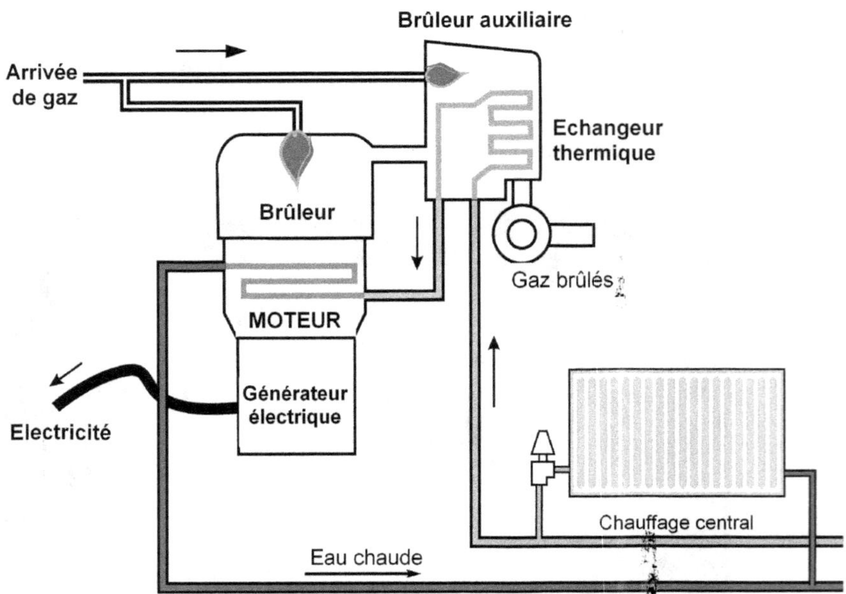

Figure 4.51 Système WhisperGen® (source : Whisper Tech Limited).

Paramètres

L'unité de micro-cogénération WisperGen® est pilotée par la demande en chaleur. Les ordres de pilotage sont issus du système de chauffage installé (thermostat, programmateur).

La programmation se fait à partir d'un écran de contrôle (figure 4.52 avec l'écran de programmation journalière). L'utilisateur peut éventuellement programmer quatre périodes de fonctionnement différentes par jour. Le brûleur auxiliaire peut aussi être programmé différemment selon que l'on a un ballon de stockage ou non.

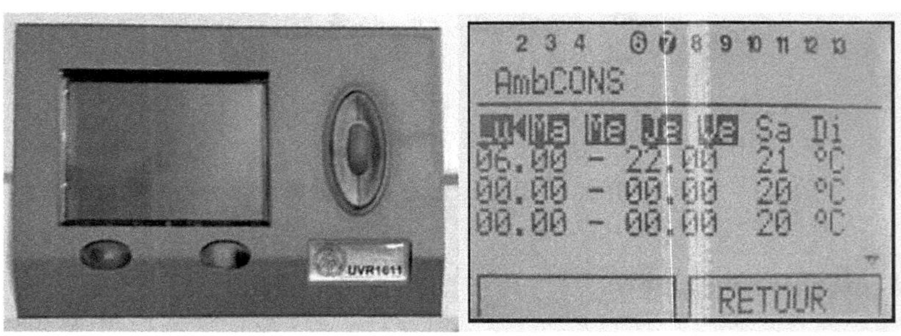

Figure 4.52 Module de programmation de l'unité WhisperGen® avec affichage du calendrier de programmation (source : eHe).

Un écran de contrôle (figure 4.53) affiche les données comme puissance électrique, température de l'eau (départ et retour) ainsi que des messages d'erreur.

Figure 4.53 Ecran de contrôle de l'unité WhisperGen® (source : eHe).

Consommation de combustible

Elle est de 1 m^3/h pour le brûleur principal (à une puissance de 7 $kW_{th.}$) et de 1,55 m^3 pour les deux brûleurs.

Durée de vie

L'expérience acquise (plus de 100 000 heures de fonctionnement cumulées en 2009 sur plus de 10 ans) permet de considérer cette unité de micro-cogénération comme mature.

Autres caractéristiques

Émissions

CO : 100 ppm maximum.

NO_x : 70 ppm maximum.

Niveau sonore

46 dB(A) à 1 m.

Statut

La société eHe avait produit 2 500 unités mi-2011, livrées pour la plupart en Allemagne ; de nombreuses campagnes d'essais en Europe ont été effectuées sur plusieurs années (2004-2008) par WhisperGen avec plus de 550 équipements. Les unités étaient distribuées dans de nombreux pays européens (Allemagne, Grande-Bretagne, Belgique, Pays-Bas, Italie, Suisse et Autriche en 2012), le principal marché étant l'Allemagne. En France, l'unité est encore distribuée par la société Eco Sun Energy. Fin novembre 2012, la société eHe a été mise en liquidation suite à ses très faibles ventes.

4.3.5 Unités de micro-cogénération SenerTec Dachs Stirling SE – 1 $kW_{él.}$

SenerTec, une filiale de Baxi (groupe BDR Thermea) qui produit avec succès le modèle « Dachs » à moteur à combustion interne (5,5 $kW_{él.}$), s'est aussi lancée dans l'utilisation du moteur Stirling pour une unité domestique de plus faible puissance.

Description

L'imposante unité de SenerTec Stirling SE se caractérise par l'intégration d'un ballon de 500 litres environ (figure 4.54). Le moteur Stirling utilisé est aussi fourni par la société Microgen.

Figure 4.54 Unité de micro-cogénération Dachs Stirling SE (source : SenerTec).

Tableau 4.12 Caractéristiques de l'unité SenerTec Stirling SE.

Moteur	Stirling Piston libre
Générateur électrique	Linéaire 230 V, 50 Hz
Combustible	Gaz naturel, propane, biogaz
Puissance électrique	maximum de 1 kW
Puissance thermique	3 à 5,8 kW Brûleur auxiliaire de 18 kW
Rendement électrique	14 %
Rendement global	> 91 %
Ballon d'eau chaude	530 litres
Dimensions (*l* × *p* × *h*)	860 × 1 340 × 1 900 mm
Poids à vide	≈ 100 kg

Caractéristiques

Le panneau de commande (figure 4.55) rappelle celui du modèle Dachs.

Figure 4.55 Unité de micro-cogénération SenerTec Stirling (source : SenerTec).

Fonctionnement

De par sa puissance (1 $kW_{él.}$), ce modèle est plus adapté à l'installation dans une maison individuelle. L'intégration du ballon simplifie la partie hydraulique tout en optimisant le stockage de chaleur (figure 4.56).

Figure 4.56 Composants de l'unité de micro-cogénération Dachs Stirling SE (source : SenerTec).

Comme pour le modèle Dachs, une application pour smartphones ou tablettes (Android ou Apple iOS) permettant un accès à distance à son équipement est disponible (figure 4.57).

Figure 4.57 Consultation et modifications à distance par smartphone (source : SenerTec).

Autres caractéristiques

Niveau sonore

45 dB(A) à 1 m.

Certification

Les unités de micro-cogénération SenerTec bénéficient du marquage CE.

Statut

La commercialisation a débuté en automne 2011.

4.3.6 Unité Stirling à granulés Sunmachine – 3 $kW_{él.}$

La société Sunmachine avait développé une unité de micro-cogénération à moteur Stirling se distinguant des autres unités non seulement par sa puissance électrique supérieure (3 kW) mais surtout par le fait qu'elle avait été conçue dès le départ pour utiliser des **granulés de bois** comme combustible et que le moteur Stirling avait été développé par Sunmachine.

Note

Après avoir livré près de 400 unités, Sunmachine a dû déposer son bilan en 2010 suite surtout aux difficultés techniques rencontrées. Le concept (utilisation de granulés avec un moteur Stirling) intéressant connaît un renouveau et les caractéristiques principales en sont données.

Description

Bien qu'elle ait été de construction compacte (figure 4.58) pour une puissance de 3 $kW_{él.}$, l'unité de micro-cogénération de Sunmachine était un modèle à puissance électrique modulable (tableau 4.13) destiné à être installé dans un local approprié pour une alimentation en granulés.

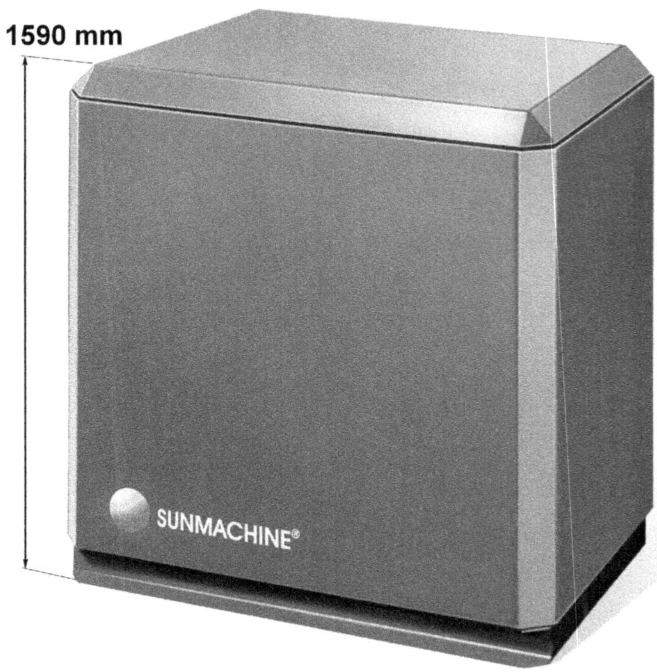

Figure 4.58 Unité de micro-cogénération Sunmachine (source : Sunmachine GmbH).

Caractéristiques

Tableau 4.13 Caractéristiques de l'unité de micro-cogénération Sunmachine.

Moteur	Stirling 1 cylindre 520 cm³, 500 à 1 000 tr/min
Gaz de travail	Azote sous 40 bars maxi
Générateur électrique	Synchrone à entraînement direct Tension de sortie : 400 V, 50 Hz
Combustible	**Granulés** (gaz naturel, biogaz ou GPL)
Puissance électrique	1,5 à 3,0 kW
Puissance thermique	4,5 à 10,5 kW
Rendement électrique	20 à 25 %
Rendement global	≈ 90 %
Dimensions (*l* × *p* × *h*)	760 × 1 160 × 1 590 mm (granulés) 760 × 960 × 1 450 mm (gaz)
Poids (sans protection acoustique)	410 kg (granulés) 300 kg (gaz)

La structure interne (figure 4.59) montre particulièrement l'aspect stockage et circuit des granulés.

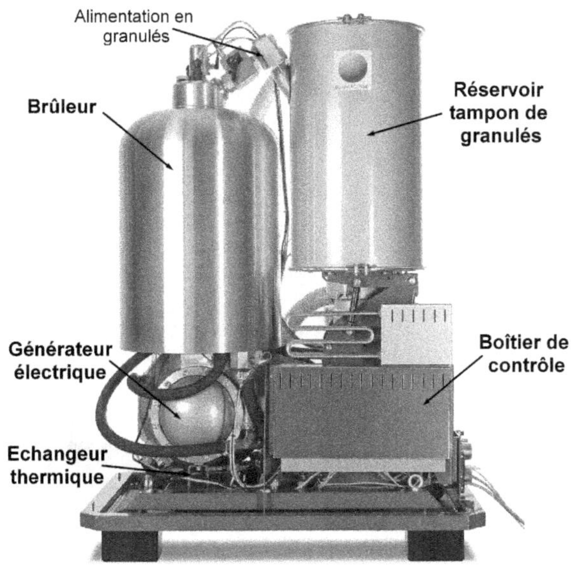

Figure 4.59 Composants de l'unité de micro-cogénération Sunmachine (source : Sunmachine GmbH).

Démarrage

Le préchauffage était assuré par une spire chauffée électriquement (un réchauffeur électrique tubulaire était prévu à partir de 2010) pour atteindre rapidement la température de fonctionnement optimal du moteur Stirling. La puissance nominale était atteinte en 7 minutes environ.

Fonctionnement

La combustion des granulés, amenés dans le brûleur, assurait une température de l'ordre de 850 °C.

Paramètres

L'unité de micro-cogénération Sunmachine était pilotée par la demande en chaleur. Son fonctionnement était entièrement automatique. La puissance fournie par l'unité Sunmachine était modulable par variation de la vitesse de rotation du moteur Stirling (entre 500 et 1 000 tr/min).

Combustible

Les granulés venant du stockage principal (silo...) étaient amenés au réservoir tampon d'une contenance de 80 litres (figure 4.60). À partir de celui-ci, une vis sans fin souple alimentait le brûleur (figure 4.61).

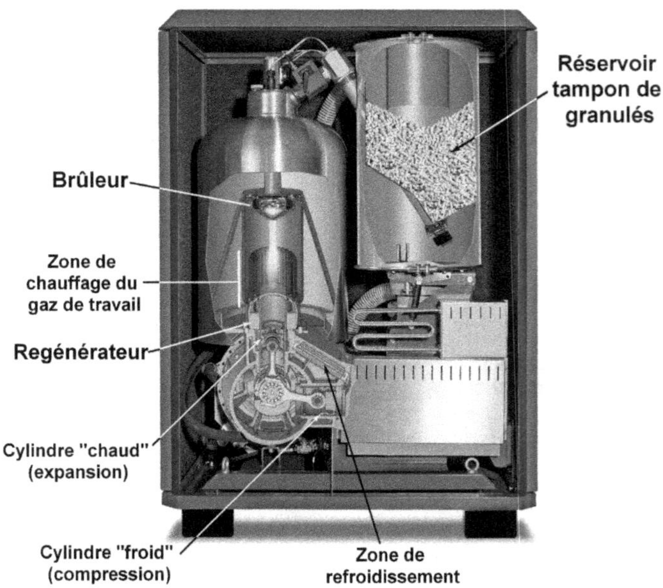

Figure 4.60 Fonctionnement de l'unité de micro-cogénération Sunmachine (source : Sunmachine GmbH).

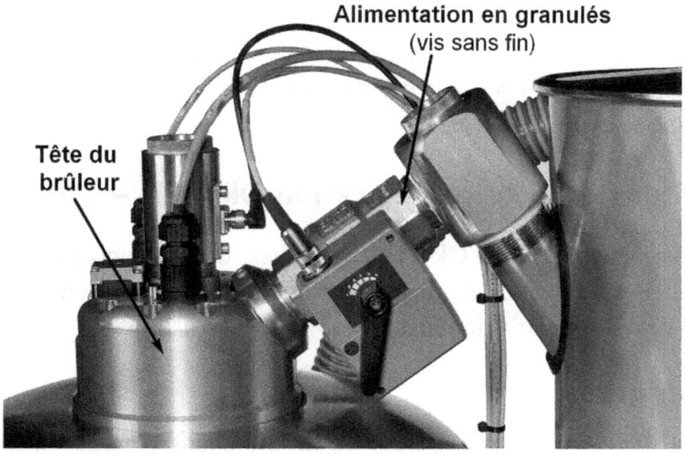

Figure 4.61 Alimentation du brûleur en granulés à partir du réservoir tampon (source : Sunmachine GmbH).

Maintenance

Pour l'unité de micro-cogénération, seule une maintenance annuelle ou toutes les 3 500 heures (principalement du brûleur) était nécessaire.

Autres caractéristiques

Émissions

Une sonde Lambda contrôlait la combustion. Elle était placée à la sortie de la chambre de combustion, dans le flux de gaz brûlés et permettait le pilotage de l'injection d'air (air secondaire) dans le brûleur.

> **Sonde Lambda**
>
> Une sonde Lambda mesure la quantité résiduelle d'oxygène contenue dans les gaz brûlés (elle est utilisée par exemple dans tout véhicule équipé d'un catalyseur) et envoie un signal proportionnel à cette quantité.

L'unité de micro-cogénération Sunmachine répondait aux normes allemandes concernant les installations fonctionnant au bois, particulièrement par rapport aux émissions de particules (moins de 75 mg/m^3).

Niveau sonore

Il était d'environ 49 dB(A).

Conclusion

Si des difficultés techniques et financières n'ont pas permis à la société Sunmachine d'amener son unité à maturité, le concept (utilisation de granulés avec un moteur Stirling) a depuis été repris par la société autrichienne ÖkoFEN par exemple.

4.3.7 Unités de micro-cogénération ÖkoFEN – 1 $kW_{él.}$

La société autrichienne ÖkoFEN, spécialisée dans la conception et la production de chaudières à granulés, a intégré un moteur Stirling à une chaudière. Ce moteur est celui développé par Microgen.

Description

L'unité Pellematic Smart_e est basée sur une chaudière à granulés de 4, 6 ou 8 $kW_{th.}$ (tableau 4.14) intégrant un moteur Stirling. Contrairement aux modèles précédents, le moteur est monté « tête-bêche » c'est-à-dire cylindre « chaud » vers le bas afin que la flamme du brûleur, situé à la partie inférieure, chauffe la zone chaude (figure 4.62).

Figure 4.62 Unité prototype de micro-cogénération Pellematic Smart_e avec moteur Stirling soulevé (source : ÖkoFEN).

Tableau 4.14 Caractéristiques générales de l'unité ÖkoFEN Smart_e.

Moteur	Stirling Piston libre
Générateur électrique	Linéaire 230 V, 50 Hz
Combustible	Gaz naturel, biogaz
Puissance électrique	1 kW
Puissance thermique Stirling	6 kW
Puissance thermique chaudière	4, 6 ou 8 kW
Espace nécessaire	1,5 m² pour l'unité Pellematic Smart_e 350 × 190 × 225 cm incluant un stockage de 3 tonnes de granulés

Fonctionnement

La tête du moteur Stirling est chauffée par le brûleur jusqu'à la température interne de 530 °C.

La programmation et le contrôle des paramètres se font par une interface tactile (Pelletronic Touch) permettant aussi le contrôle et pilotage à distance (liaison Internet).

Caractéristiques

L'encombrement est identique à celui d'une chaudière à granulés conventionnelle. Un ballon de 600 litres est intégré pour le stockage de chaleur.

Statut

Le premier prototype a été développé en 2010 et les objectifs de performance ont été atteints fin 2011. Les campagnes d'essais ont démarré en 2012 pour une commercialisation en 2013-2014.

4.4 Micro-turbine

4.4.1 Principe

Aujourd'hui les centrales thermiques fonctionnant au gaz, charbon… sont équipées de turbines dont la puissance peut atteindre plusieurs centaines de MW. En bas de l'échelle de puissance, on trouve des unités de quelques dizaines de kW.

Dans le domaine de la micro-cogénération (inférieure à 5 kW), à ce jour, aucun produit basé sur une micro-turbine n'est encore commercialement proposé.

Dans une turbine (figure 4.63), il n'y a qu'un seul groupe de composants en rotation, tous généralement sur le même axe, ce qui fait sa simplicité mécanique. Les vitesses de rotation sont par contre très élevées (des dizaines ou des centaines de milliers de tours/min).

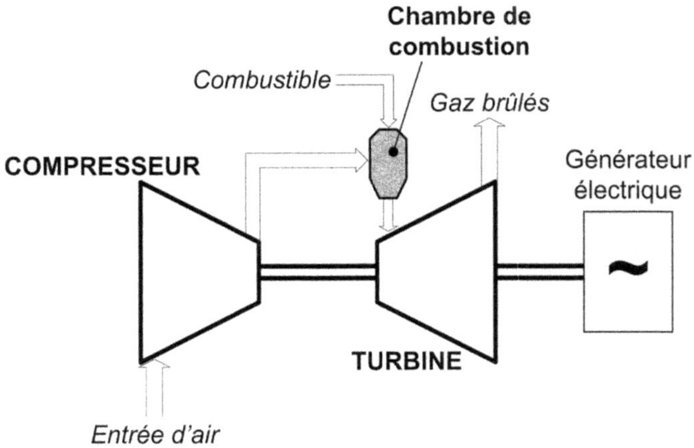

Figure 4.63 Principe d'une turbine.

La chambre de combustion alimentée en air et en combustible (gaz naturel, kérosène…) envoie les gaz chauds vers la turbine qui entraîne aussi le compresseur permettant d'augmenter le débit d'air.

Dans le cas de production de courant, le générateur peut être monté directement sur l'axe de la turbine.

Dans le cas d'une unité de micro-cogénération basée sur une turbine, le schéma de principe figure 4.64 montre comment la chaleur est récupérée. Elle sert à réchauffer l'air frais avant combustion (dans le récupérateur) par les gaz brûlés, puis elle passe dans le second échangeur pour l'utilisation finale envisagée (ici chauffer de l'eau).

Les avantages d'une turbine sont :

- Une simplicité mécanique.
- Une fiabilité et durée de vie importantes.
- De faibles émissions (CO et NO_x).
- Un faible niveau de bruit.
- Un fonctionnement à haute température (très bon rendement).
- Rendement électrique pouvant atteindre 30 %.

Parmi les inconvénients :

- Un fonctionnement à haute température (nécessite des matériaux résistants).

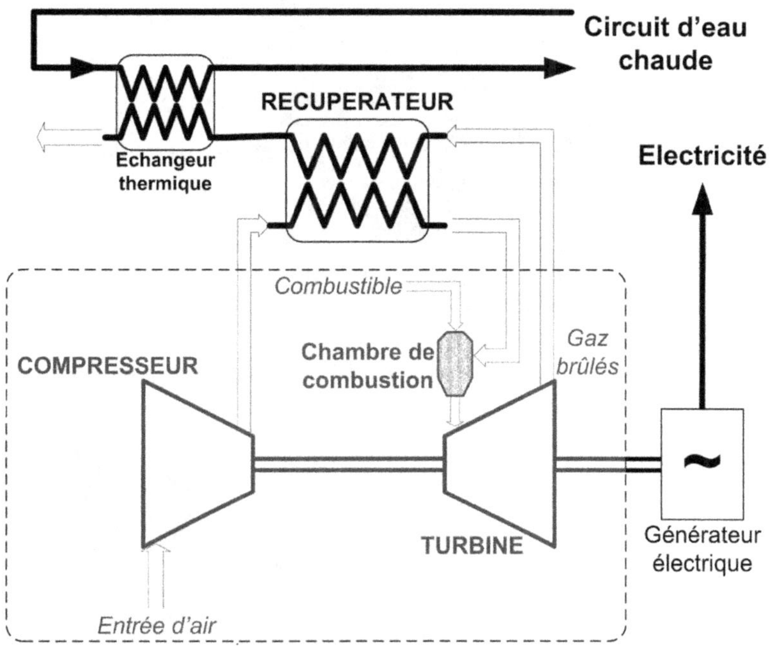

Figure 4.64 Micro-turbine et micro-cogénération.

4.4.2 MTT Micro-turbine – 3 $kW_{él.}$

La société hollandaise Micro Turbine Technology B.V. (MTT B.V.), créée en 2003, a développé un concept de micro-turbine de faible puissance (3 $kW_{él.}$) qu'elle applique à une unité de micro-cogénération.

Description

Si, à l'origine, l'unité de micro-cogénération à micro-turbine de MTT était prévue comme installation murale compacte, le modèle développé en vue de la commercialisation est posé au sol (figure 4.65).

Caractéristiques

Tableau 4.15 Caractéristiques de l'unité de micro-cogénération à micro-turbine MTT.

Moteur	Micro-turbine 240 000 tr/min
Générateur électrique	Aimant permanent Entraînement direct

Combustible	Gaz naturel, propane ou fioul
Puissance électrique	1,2 à 3,0 kW maximum
Puissance thermique	7,5 à 15 kW
Rendement électrique	15 % (objectif de 20 %)
Rendement global	≈ 90 %
Dimensions ($l \times p \times h$)	Non précisé
Poids	< 140 kg

Le concept de micro-turbine de MTT B.V. est basé sur un développement spécifique.

Figure 4.65 Unité de micro-cogénération MTT en évaluation (source : MTT B.V.).

Fonctionnement

La structure générale de l'unité de micro-cogénération MTT (figure 4.66) est conforme au schéma classique de l'utilisation d'une turbine en micro-cogénération.

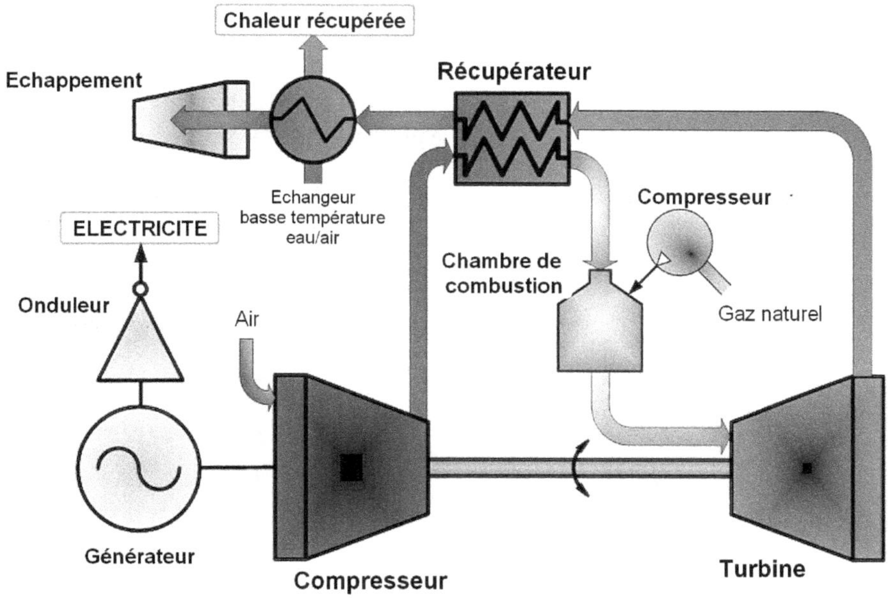

Figure 4.66 Principe de fonctionnement de la micro-turbine MTT (source : MTT B.V.).

Statut

L'unité de micro-cogénération MTT est en cours de développement. Une dizaine d'unités étaient en évaluation en 2012. Jusqu'en 2014, une campagne de démonstration avec plusieurs dizaines de turbines est prévue pour une commercialisation en 2013-2014.

Conclusion

Le concept de micro-turbine devrait permettre une unité de micro-cogénération fiable (dans la mesure où il n'y a qu'une seule pièce mobile) et un rendement électrique plus élevé que les moteurs Stirling par exemple.

4.5 Vapeur

4.5.1 Principe

L'utilisation de la vapeur pour produire de la chaleur et de l'électricité est une technologie bien implantée (centrales thermiques) ; cependant, l'utilisation de la vapeur pour de faibles puissances est relativement récente (figure 4.67).

Dans les transports, la plus ancienne utilisation de la vapeur, on fait appel au déplacement linéaire d'un piston qui entraîne à son tour les roues.

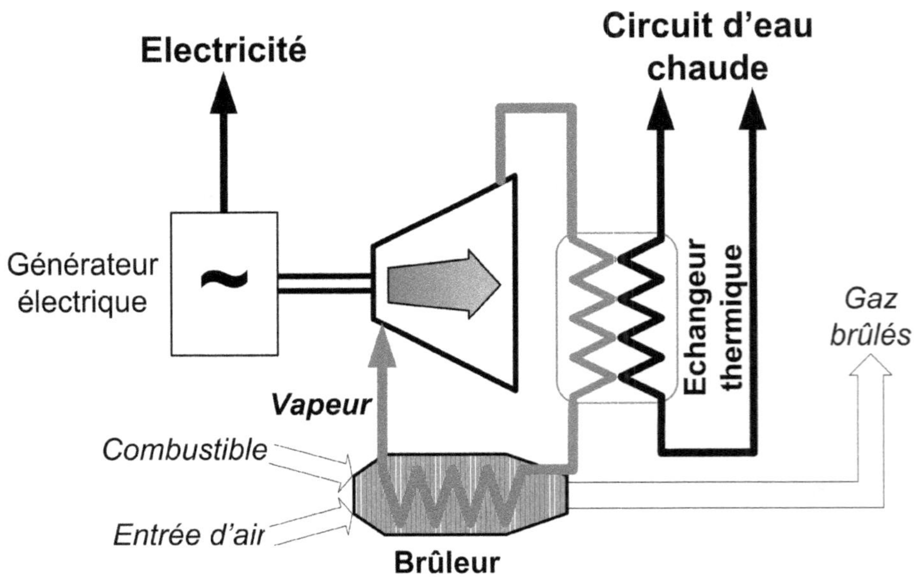

Figure 4.67 Principe de la cogénération par utilisation de la vapeur actionnant une turbine.

4.5.2 Unité de micro-cogénération Button Energy Lion Powerblock – 2 $kW_{él.}$

C'est le très ancien principe du déplacement d'un piston que la société allemande OTAG (OTAG Vertriebs GmbH & Co. KG), fondée en 2000, a repris sous une forme plus efficace, avec la collaboration de la société autrichienne Button Energy, pour produire une unité de micro-cogénération. Début 2012, la société OTAG est mise en faillite et les activités sont reprises par la maison mère Button Energy.

Description

L'aspect externe de l'unité de micro-cogénération Lion Powerblock (figure 4.68), qui combine esthétique et fonctionnalité, a été conçu par l'agence allemande de design WILDDESIGN, qui a obtenu le prix Red Dot Design Award en 2005.

Cette unité de micro-cogénération fournit une puissance électrique modulable dans une large plage (tableau 4.16).

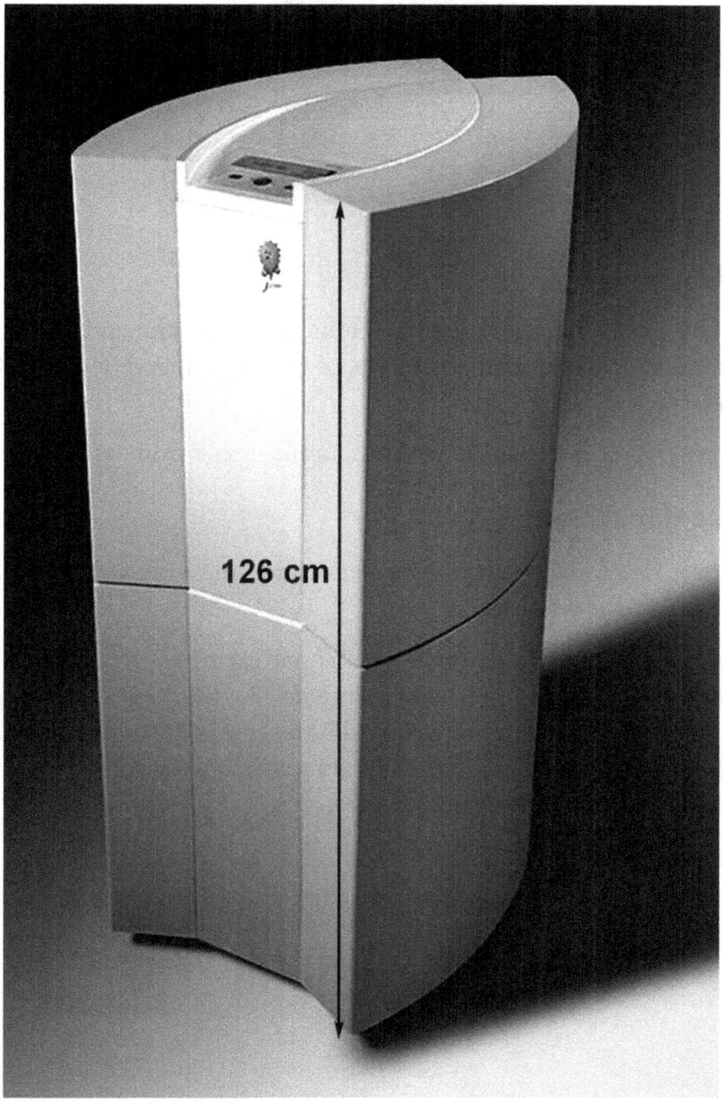

Figure 4.68 Unité de micro-cogénération Lion Powerblock (source : OTAG Vertriebs GmbH & Co. KG).

Caractéristiques

Tableau 4.16 Caractéristiques de l'unité de micro-cogénération Lion Powerblock.

Moteur	Vapeur Double cylindre
Générateur électrique	Linéaire 230 V, 50 Hz
Combustible	Gaz naturel, propane, granulés
Puissance électrique	0,2 à 2,0 kW
Puissance thermique	2,5 à 16 kW
Rendement global	≈ 94 %
Dimensions ($l \times p \times h$)	620 × 850 × 1 260 mm
Poids	≈ 110 kg

Démarrage

Le lancement du brûleur se fait par étincelle. Le générateur linéaire est mis en route par une courte impulsion électrique. Le brûleur demande environ 60 secondes pour démarrer.

Le générateur électrique fournit le courant après 8 minutes environ.

Fonctionnement

La base du système est le principe d'une machine à vapeur à piston libre avec générateur électrique intégré.

Pour cela, le combustible (gaz naturel par exemple) chauffe l'eau dans un circuit et crée de la vapeur à une température de 350-400 °C et sous une pression de 25 à 30 bar. Cette vapeur actionne les cylindres, qui sont soumis alternativement à une pression de chaque côté, et les déplace à une fréquence comprise entre 2 500 et 4 000 mouvements par minute (figure 4.69).

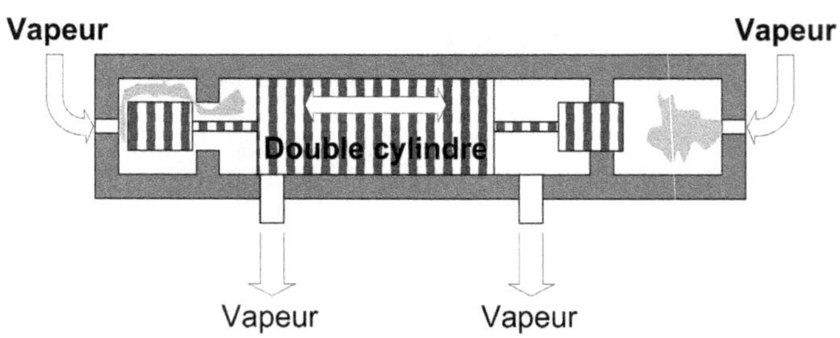

Figure 4.69 Principe de l'unité de micro-cogénération Otag Lion Powerblock.

Depuis 2010, le mélange eau-ammoniac utilisé initialement a été remplacé par de l'eau pure.

Générateur électrique

L'ensemble machine à vapeur / générateur est appelé LINATOR® (*Linear generator*).

Le générateur est du type linéaire (figure 4.70) dont la bobine, qui se déplace dans un champ magnétique, est entraînée directement par le double cylindre.

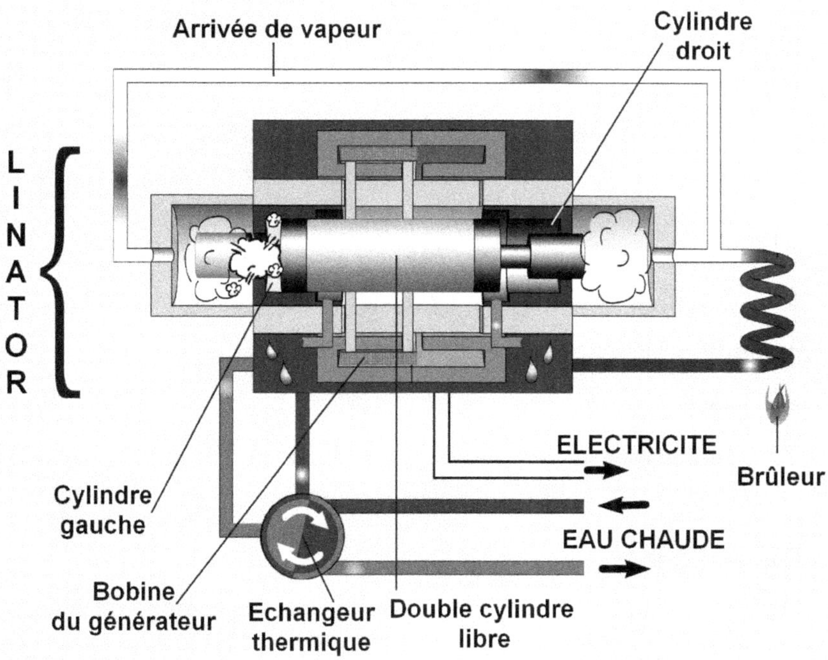

Figure 4.70 Système Lion Powerblock complet : machine à vapeur et générateur électrique (source : OTAG Vertriebs GmbH & Co. KG).

Paramètres

Le pilotage de l'unité de micro-cogénération Lion Powerblock se fait par l'intermédiaire d'un écran (figure 4.71). La priorité peut être donnée à la production thermique ou électrique ; dans ce dernier cas, il est possible de programmer la puissance électrique à fournir en fonction des tranches horaires.

L'unité de micro-cogénération Lion Powerblock peut être reliée par modem au siège de la société Button Energy pour un suivi ou diagnostic à distance.

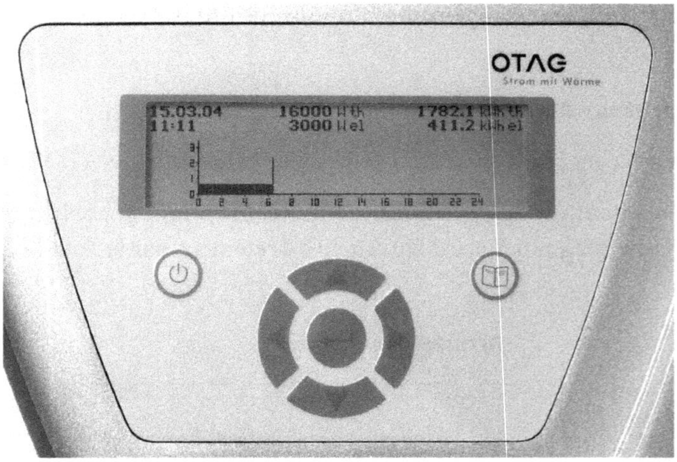

Figure 4.71 Écran de contrôle (source : OTAG Vertriebs GmbH & Co. KG).

Consommation de combustible

À pleine puissance, l'unité de micro-cogénération OTAG Lion consomme 18,35 kWh de gaz naturel.

Maintenance

Une seule maintenance annuelle d'une durée d'environ 1,5 heure est requise (au coût de 180 € en 2009).

Durée de vie

Lors de la maintenance générale, les composants d'usure sont échangés, ce qui devrait donner une durée de vie d'environ 15-20 ans pour l'unité de micro-cogénération.

Caractéristiques

Émissions

À puissance maximale (16 $kW_{th.}$), les gaz brûlés contiennent 9 % de CO_2.

Niveau sonore

Environ 48-54 dB(A).

Variantes – Modèle Bison

Utilisation de granulés

La société OTAG a aussi présenté en 2008 un prototype utilisant des granulés comme combustible (figures 4.72 et 4.73).

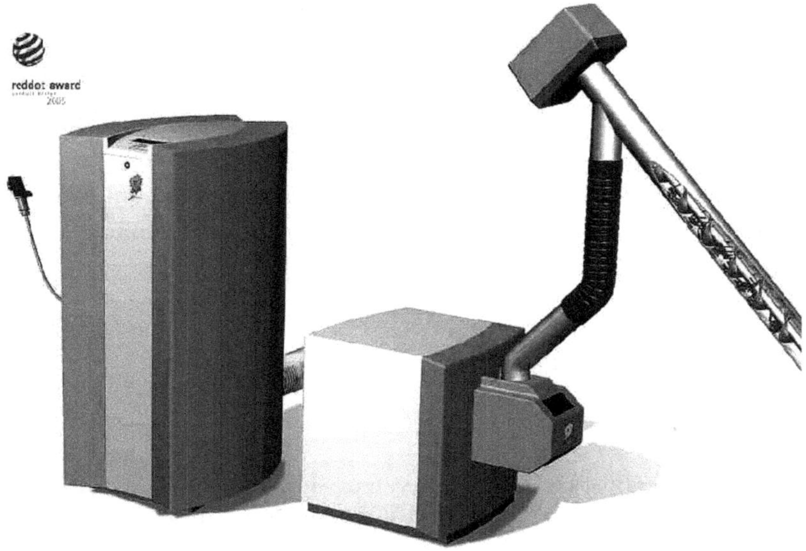

Figure 4.72 Premier concept de l'unité de micro-cogénération Bison Powerblock utilisant des granulés avec réservoir tampon (source : OTAG Vertriebs GmbH & Co. KG).

Figure 4.73 Alimentation directe en granulés (source : OTAG Vertriebs GmbH & Co. KG).

La commercialisation du modèle Bison a commencé en Autriche en 2011 et s'est étendue à l'Europe en 2012 avec une production de 120 unités. En France, c'est la société Exoès qui distribue ce modèle.

Statut

Les premiers essais sur le terrain avec le modèle Lion ont eu lieu en 2003 et la commercialisation a été lancée en 2005. Plusieurs centaines d'unités sont en service.

4.6 Pile à combustible

4.6.1 Principe

La pile à combustible est un générateur électrique qui se distingue des précédents dans la mesure où le combustible est transformé directement en électricité, sans passer par une étape de conversion mécanique.

Historique

La découverte de l'effet pile à combustible et des premières piles remonte à 1839 (réactions mises en évidence par le Suisse Schönbein) et 1839-1842 (les piles construites par l'Anglais William Grove).

Le cœur de la pile

La pile à combustible fonctionne par effet inverse de l'électrolyse : dans une électrolyse, l'eau est décomposée par un courant électrique en hydrogène et oxygène selon la réaction :

$$H_2O - \text{électricité} \rightarrow H_2 + ½\, O_2$$

Dans l'effet pile à combustible, la réaction de l'hydrogène et de l'oxygène produit un courant électrique selon la réaction :

$$H_2 + ½\, O_2 \rightarrow H_2O + [\text{électricité}] + [\text{chaleur}]$$

La réaction n'est malheureusement pas complète et des phénomènes « parasites » entraînent un dégagement de chaleur.

Les différents composants et réactifs sont schématiquement indiqués figure 4.74 : les deux gaz (ici hydrogène et oxygène), la membrane et les électrodes.

La figure 4.75 illustre le mode de fonctionnement : l'hydrogène et l'oxygène sont dissociés en atomes (l'hydrogène libère un électron qui se dirige vers l'anode) ; les ions hydrogène H^+ (ou protons) traversent la membrane (ou électrolyte, qui bloque par contre les électrons) et réagissent avec l'oxygène pour produire de l'eau ; les électrons, s'il y a une charge (tout équipement électrique comme lampe, électroménager...) l'alimentent et réagissent ensuite avec l'oxygène qui en contact avec les ions hydrogène donne de l'eau.

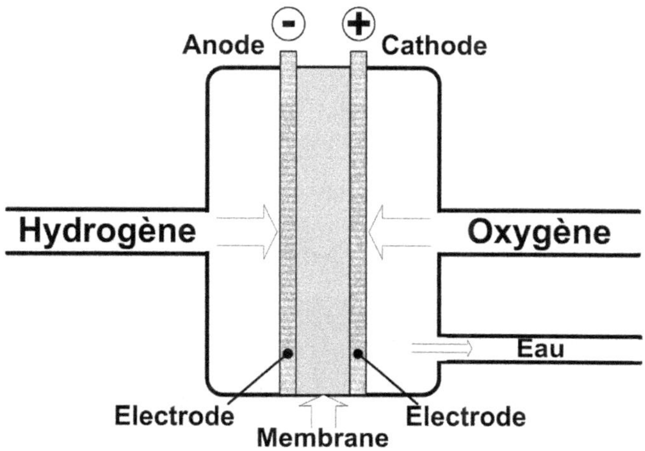

Figure 4.74 Schéma de principe d'une pile à combustible hydrogène/oxygène.

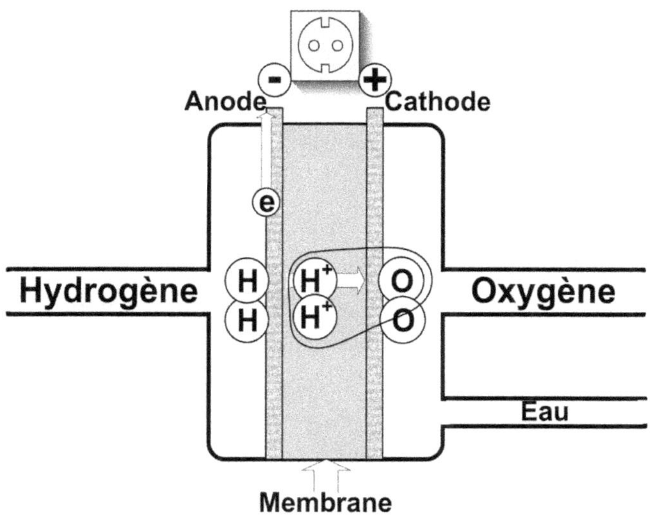

Figure 4.75 Cœur de pile à combustible.

Le cœur de la pile a donc besoin d'hydrogène et d'oxygène. Si ce dernier peut être fourni par l'air, il faudra par contre approvisionner de l'hydrogène.

Le module de base (anode/membrane/cathode) fournit une tension faible, de l'ordre de 0,5 à 1 V environ et un courant proportionnel à la surface de la membrane. Il faudra donc empiler des modules pour atteindre tension et intensités désirées : cet empilement est appelé « *stack* ».

Les types de piles à combustible

On classe généralement les différents types de piles à combustible en fonction de la nature de la membrane et éventuellement du combustible dans certains cas (tableau 4.17). La dénomination reprend la terminologie anglaise.

De plus, les piles à combustibles fonctionnent à des températures variables.

Tableau 4.17 Types de piles à combustible.

Type		Membrane/ Combustible	Température de fonctionnement
PEMFC	Proton Exchange Membrane Fuel Cell	Pile à membrane polymère ou à membrane échangeuse de protons	≈ 70 à 180 °C
DMFC DEFC	Direct Methanol Fuel Cell Direct Ethanol Fuel Cell	Pile au méthanol (direct) Pile à l'éthanol (direct)	≈ 80 °C
PAFC	Phosphoric Acid Fuel Cell	Pile à acide phosphorique	≈ 200 °C
AFC	Alkaline Fuel Cell	Pile alcaline	≈ 80 °C
MCFC	Molten Carbonate Fuel Cell	Pile à carbonate fondu	≈ 650 °C
SOFC	Solid Oxide Fuel Cell	Pile à oxyde solide	≈ 900-1 000 °C

Les équipements annexes

Le cœur de la pile ne constitue que l'organe central. Autour de lui, des équipements (appelés BoP – *Balance of Plant*) assurent un fonctionnement optimal. On trouve par exemple des pompes pour les gaz et l'eau produite, un échangeur thermique pour refroidir le cœur (et donc récupérer la chaleur), une régulation et conversion électriques (la pile fournit un courant continu de tension variable)…

Le combustible

Il est clair que pour une utilisation domestique ou tertiaire, la production et la distribution d'hydrogène posent de nombreux problèmes comme la rentabilité, la sécurité ou l'approvisionnement. Pour cela, on utilise un **reformeur** : c'est une unité qui permet d'« extraire » l'hydrogène de composants en contenant comme gaz naturel ou biogaz (surtout méthane CH_4), méthanol (C_2H_5OH)... Ces reformeurs sont la plupart du temps intégrés à la pile à combustible.

Ce reformage est une suite de réactions permettant, à partir du gaz naturel par exemple, d'obtenir de l'hydrogène qui alimentera le cœur de la pile à combustible. La première étape fournit un mélange appelé « Syngas » et composé d'hydrogène, de CO, CO_2... en proportions variables selon la technologie de reformage choisie. Ce mélange doit ensuite être purifié et l'hydrogène séparé.

Les piles fonctionnant à haute température (MCFC et SOFC) n'ont, par contre, pas besoin de reformeur, car la dissociation du combustible (gaz naturel, biogaz...) se fait dans le cœur de la pile.

Il est donc à retenir qu'aucune pile à combustible pour la cogénération n'utilise directement de l'hydrogène, mais que le combustible le plus répandu est le gaz naturel (avec éventuellement du biogaz comme alternative).

Le catalyseur

C'est une particularité des piles dites à basse température (PEMFC, DMFC, PAFC et AFC). Pour ces piles, la vitesse de transformation de l'hydrogène en ions et électrons est très lente. On utilise donc un corps qui accélère ce phénomène : un catalyseur qui est déposé sur les électrodes. Pour ces piles, le seul utilisable à ce jour est le platine qui est classé avec les métaux précieux (il est utilisé en bijouterie et pour les pots catalytiques de véhicules).

Il est malheureusement soumis à des fluctuations de cours très importantes (mi-2012, il coûtait environ 40 euros par gramme avec des pics dans le passé pouvant atteindre 55 euros), ce qui rend le prix des piles à combustible l'utilisant encore très élevé.

Les piles dites à haute température (MCF et SOFC) par contre peuvent se passer de platine.

Autres caractéristiques

Les piles à combustible se caractérisent par un niveau de bruit relativement faible (il n'y a aucune pièce mobile en dehors des équipements annexes).

Elles ont encore généralement un rendement électrique relativement faible, surtout pour les faibles puissances, celles qui nous intéressent. On atteint 50 % électriques pour les fortes puissances (plusieurs centaines de kW).

De plus, le cœur de la pile vieillit et ses performances diminuent avec le temps.

Ce sont ces deux derniers obstacles que les différents constructeurs essaient de surmonter.

4.6.2 Pile à combustible Vaillant - PEMFC – 5 kW$_{él.}$

Vaillant, en association avec Plug Power, a lancé en 1999 le développement d'une pile de type PEMFC. Elle a été soumise à de nombreux essais et a été utilisée dans des programmes particuliers. Elle n'a pas été commercialisée mais elle représente cependant une technologie qui était vue comme d'avenir. Nous n'en donnerons que les caractéristiques principales.

Description

Par son encombrement (figure 4.76), la pile Vaillant nécessitait un local approprié.

Figure 4.76 Pile à combustible Vaillant PEMFC (source : Vaillant).

La pile à combustible Vaillant a été évaluée à grande échelle à partir de 2004 dans le cadre du programme européen de centrale dite virtuelle (VPP – *Virtual Fuel Cell **Power Plant***) avec plus de 30 piles installées dans sept pays européens dont la France.

Caractéristiques

Tableau 4.18 Caractéristique de la pile à combustible Vaillant - PEMFC.

Cœur de pile	PEMFC
Combustible	Gaz naturel
Puissance électrique	1 à 4,6 kW
Puissance thermique maximale	≈ 7 kW
Brûleur secondaire	Jusqu'à 50 kW
Rendement électrique	≈ 30 à 35 %
Rendement global	≈ 90 %

Environ 60 unités ont été construites et testées. À fin 2006, elles avaient produit 1 million de kWh.

4.6.3 Pile à combustible Elcore – 0,3 $kW_{él.}$

Un concept original de faible puissance

La société allemande Elcore a lancé en 2012 une pile à combustible de très faible puissance (300 $W_{él.}$ « seulement »).

Son approche repose sur le fait que la **consommation électrique de base de l'habitat individuel** est de l'ordre de 200 à 400 W (réfrigérateur, congélateur, appareils en veille…). Une unité de micro-cogénération de 300 W fonctionnant toute l'année fournit 300 × 8 760 ≈ 2 600 kWh, soit près de 60 % de la consommation d'un foyer de 4 personnes (en se basant sur une consommation de 4 500 kWh). Dans cette approche, la rentabilité est plus facile à atteindre, sans « surproduction » et sans gestion complexe de l'électricité ou de la chaleur produites.

Description

La technologie utilisée par l'unité Elcore 2400 (figure 4.77) est de type PEMFC-HT (haute température de la membrane – jusqu'à 180 °C). C'est un modèle mural de faibles dimensions qui ne comporte pas de brûleur auxiliaire.

Caractéristiques

Tableau 4.19 Caractéristiques de la pile à combustible Elcore 2400.

Cœur de pile	PEMFC-HT
Combustible	Gaz naturel
Puissance électrique	0,3 kW (230 V, 50 Hz)

Rendement électrique	≈ 32 %
Puissance thermique	0,6 kW
Rendement global	≈ 98 %
Dimensions ($l \times p \times h$)	50 × 50 × 90 cm
Poids	≈ 60 kg
Temps de démarrage	1 heure environ

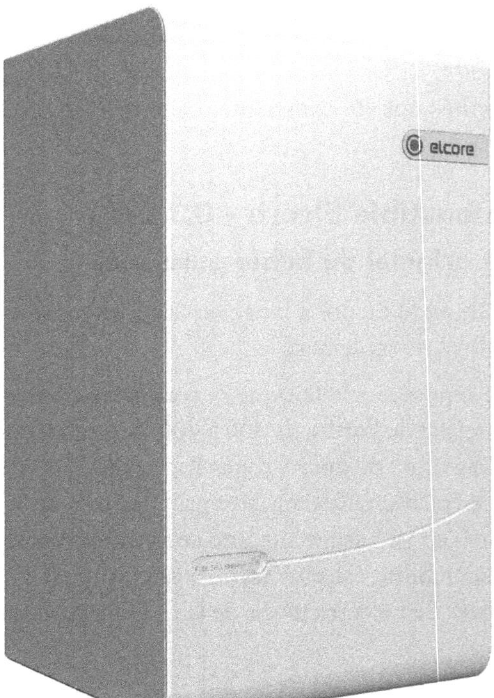

Figure 4.77 Unité de micro-cogénération Elcore 2400 (source : Elcore).

Émissions sonores

Le niveau est d'environ 49 dB(A).

Statut

La phase pilote s'est déroulée jusqu'en 2012. Une commercialisation en Allemagne est prévue pour 2013.

4.6.4 Pile à combustible Baxi Innotech GAMMA 1.0 - PEMFC – 1 $kW_{él.}$

À l'origine, les piles à combustible étaient développées par la société European Fuel Cell GmbH (efc), fondée en 1999, reprise par le groupe Baxi en 2002 puis intégrée sous le nom de Baxi Innotech en 2007. Baxi fait partie du groupe BDR Thermea.

La pile à combustible GAMMA 1.0 est la génération actuelle d'une famille dont les modèles précédents (BETA, BETA 1,5 et BETA 1,5 Plus) ont été éprouvés par de nombreuses campagnes d'essais.

Description

La pile à combustible Innotech (figure 4.78) est basée sur un cœur de pile de type PEMFC fonctionnant à basse température (70 °C).

Elle est cependant équipée d'un brûleur intégré pouvant soit fournir un appoint de chaleur, soit assurer l'approvisionnement thermique en cas d'arrêt de la pile à combustible.

Figure 4.78 Unité de micro-cogénération GAMMA 1.0 (source : Baxi Innotech GmbH).

Caractéristiques

Tableau 4.20 Caractéristiques de la pile à combustible GAMMA 1.0.

Cœur de pile	PEMFC
Combustible	Gaz naturel, biogaz
Puissance électrique	1,0 kW (230 V, 50 Hz)
Rendement électrique	32 %
Puissance thermique	1,8 kW
Modulation de la puissance	30 à 100 %
Rendement global	≈ 91 %
Dimensions (*l* × *p* × *h*)	600 × 600 × 1 600 mm
Poids	≈ 200 kg

Fonctionnement

Le temps de démarrage (jusqu'à fournir une tension stable) est de 45 minutes pour un démarrage à froid. Cette longue durée est prévue pour augmenter la durée de vie du cœur de la pile à combustible ; en conséquence, l'unité Baxi Innotech doit fonctionner le plus longtemps possible après démarrage.

La pile à combustible GAMMA 1.0 est commandée à partir d'un panneau tactile placé sur la face avant (figure 4.79).

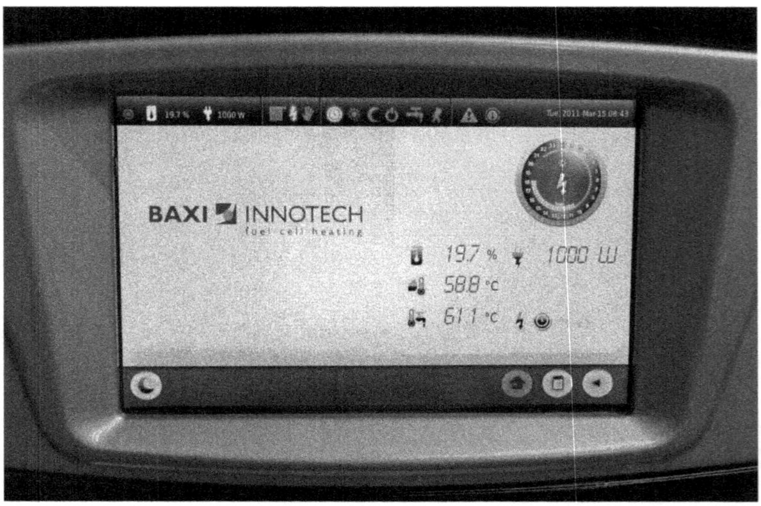

Figure 4.79 Panneau de commande de l'unité GAMMA 1.0 (photo de l'auteur).

Elle peut être contrôlée et pilotée à distance par un smartphone par exemple (figure 4.80).

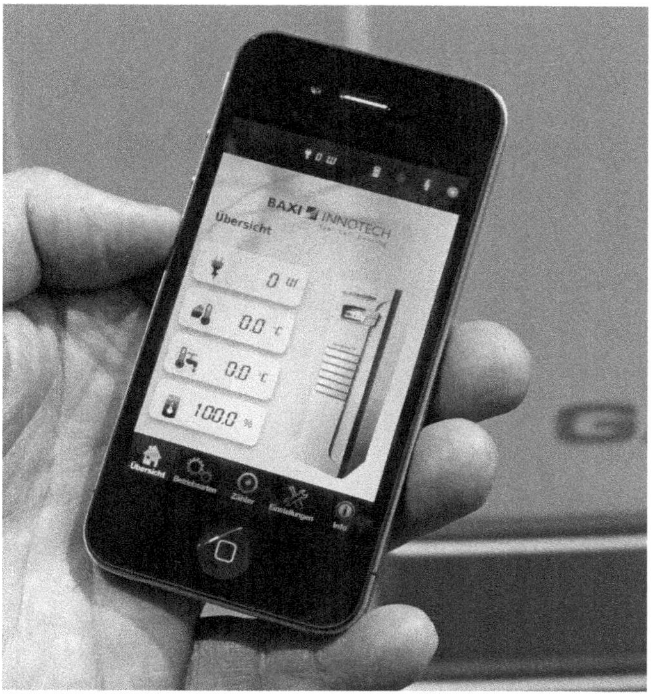

Figure 4.80 Suivi des performances par smartphone (photo de l'auteur).

« Générateur » électrique

Il s'agit d'une pile à combustible dont le cœur est le module FCgen-1030 fourni par la société canadienne Ballard Power Systems, un des leaders dans ce domaine.

Combustible

Le cœur de la pile est alimenté en hydrogène fourni par un reformeur utilisant du gaz naturel ou du biogaz.

Chaudière auxiliaire

Une particularité du modèle GAMMA 1.0 est la chaudière auxiliaire dont elle est équipée. Sa puissance thermique est variable entre 3,5 et 15 ou 20 kW.

Émissions sonores

Elles sont inférieures à 50 dB(A).

Statut

Cette unité de micro-cogénération est en phase d'évaluation (production en présérie) avec près de 140 unités en service. Elle fait partie du panel sélectionné pour le programme allemand Callux avec l'installation prévue de près de 800 piles à combustible à fin 2012.

4.6.5 Pile à combustible Ceres Power - SOFC – 1 $kW_{él.}$

Description

La société britannique Ceres Power, créée en 2001, a développé une pile à combustible sous forme de module adaptable à une chaudière pour un appoint thermique (figure 4.81).

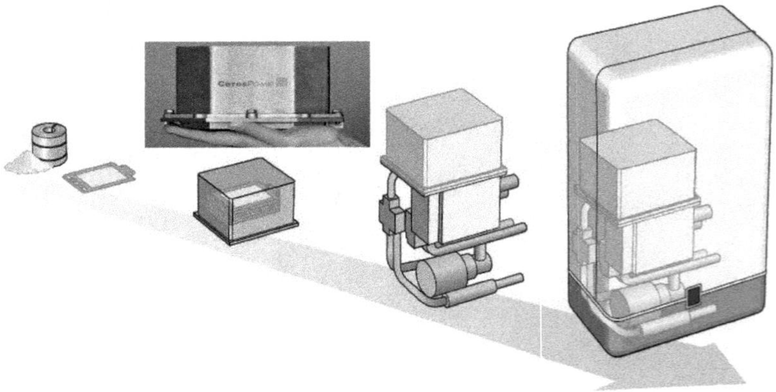

Figure 4.81 Unité de micro-cogénération Ceres Power (source : Ceres Power).

La technologie est de type SOFC basse température (500 à 600 °C).

Statut

La première unité a fonctionné en 2007. En 2012, Ceres Power a signé un accord avec British Gas (Royaume-Uni) et Itho-Daalderop (Pays-Bas) pour la livraison de 174 unités à partir de 2014 pour des évaluations en Grand-Bretagne et aux Pays-Bas dans le cadre du programme européen ENE.FIELD.

4.6.6 Pile à combustible Hexis Sulzer Galileo 1000 N - SOFC – 1 $kW_{él.}$

Description

La pile à combustible de la société suisse Hexis (figure 4.82) utilise un cœur de pile de type SOFC fonctionnant à haute température (800-900 °C). Hexis a commencé le développement au début des années 1990. Les premiers essais ont eu lieu en

1997-1998 en Allemagne et en Suisse. Le modèle actuel, en évaluation depuis 2007, porte la référence 1000 N.

Figure 4.82 Pile à combustible Hexis Galileo 1000 N (source : Hexis AG).

Caractéristiques

Tableau 4.21 Caractéristique de la pile à combustible Hexis Galileo.

Cœur de pile	SOFC
Combustible	Gaz naturel
Puissance électrique	1 kW
Puissance thermique	1,7 kW
Rendement électrique	≈ 30 %
Rendement global	≈ 86 %
Dimensions ($l \times p \times h$)	640 × 560 × 1 640 mm
Poids	170 kg

Les valeurs de rendement sont issues de mesures d'unités installées dans des habitations basse consommation.

Fonctionnement

Le cœur de la pile à combustible Hexis Galileo, basé sur le type SOFC, se compose de disques de matériau céramique empilés (figure 4.83). Le combustible circule du centre vers la périphérie.

Les hautes températures nécessaires au fonctionnement nécessitent un temps de démarrage de plusieurs heures, d'où la nécessité d'assurer un fonctionnement en continu sur de longues périodes.

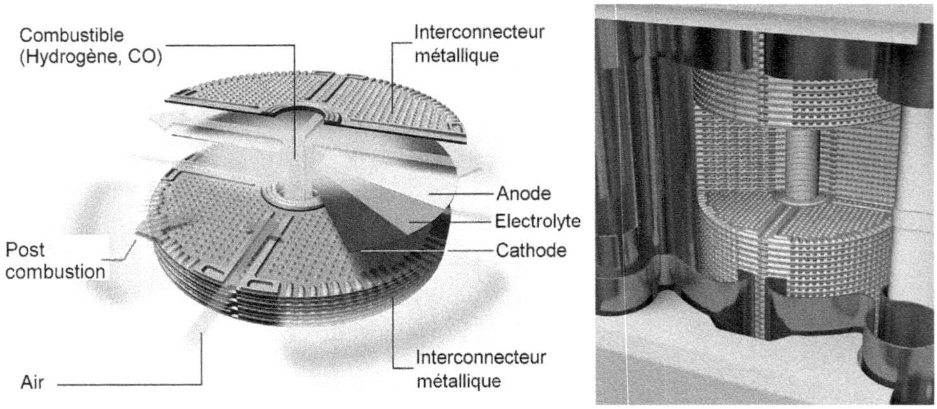

Figure 4.83 Cœur de pile SOFC (source : Hexis AG).

Tous les éléments sont regroupés dans une unité compacte (figure 4.84).

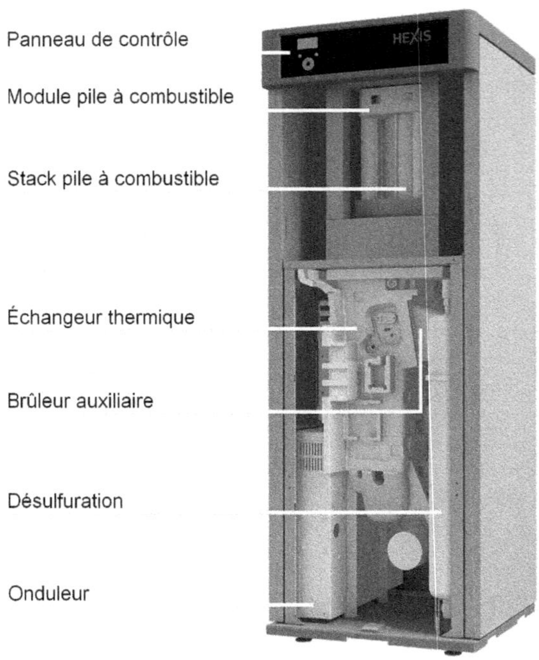

Figure 4.84 Éléments de la pile à combustible Hexis Galileo 1000 N (source : Hexis AG).

Statut

Plus d'une centaine d'unités Galileo 1000 N sont en phase d'évaluation en 2012 dans le cadre du programme allemand Callux. Une commercialisation est prévue vers mi-2013.

4.6.7 Pile à combustible Vaillant - SOFC – 1 $kW_{él.}$

La société Vaillant, après avoir développé une pile à combustible basse température de type PEMFC d'une puissance de 5 $kW_{él.}$, a choisi de s'attaquer au marché domestique avec un modèle compact de type SOFC. Vaillant s'est appuyé sur les travaux effectués depuis 1992 par l'institut Fraunhofer IKTS, qui a créé en 2005 une startup, Staxera.

Description

L'unité SOFC de Vaillant est une unité murale compacte dans la mesure où elle n'intègre pas de brûleur complémentaire (figure 4.85).

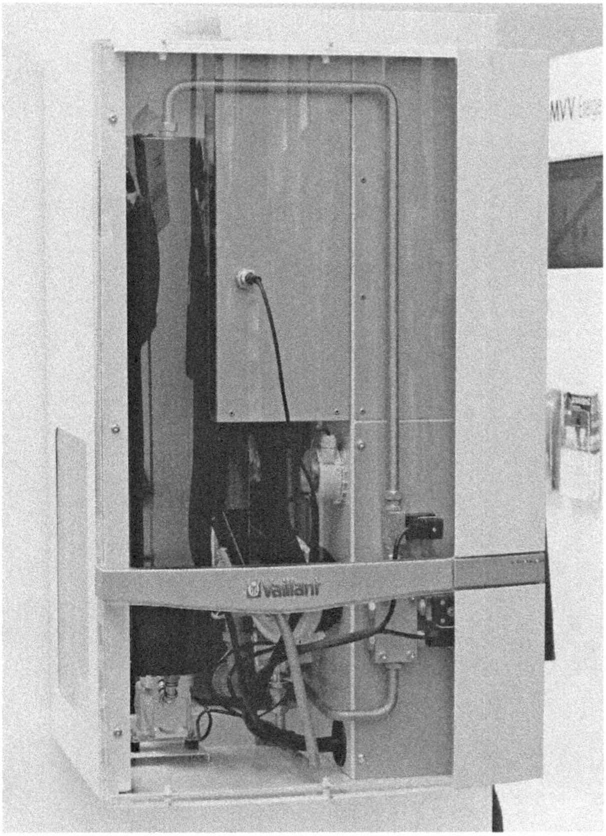

Figure 4.85 Unité de micro-cogénération Vaillant SOFC (source : Vaillant).

Caractéristiques

Tableau 4.22 Caractéristiques de la pile à combustible Vaillant - SOFC.

Cœur de pile	PEMFC
Combustible	Gaz naturel, biogaz
Puissance électrique	1,0 kW (230 V, 50 Hz)
Rendement électrique	32 %
Puissance thermique	1,7 kW
Modulation de la puissance	30 à 100 %
Rendement global	> 85 %
Dimensions (*l* × *p* × *h*)	600 × 600 × 1 600 mm
Poids	≈ 200 kg

Fonctionnement

La pile SOFC Vaillant fait partie d'un ensemble comprenant une unité hydraulique et de commande, une chaudière à condensation et un ballon de stockage (figure 4.86).

Figure 4.86 Équipements autour de l'unité Vaillant - SOFC (source : Vaillant).

« Générateur » électrique

Il est basé sur un cœur de pile développé depuis 2005 par la société allemande Staxera. Celui-ci produisait 1,1 à 1,4 $kW_{él.}$ et a été testé pendant plusieurs milliers d'heures. Le démarrage de l'unité Vaillant - SOFC s'effectue en 2,5 heures environ.

Statut

L'unité SOFC Vaillant est évaluée depuis l'automne 2011 dans le cadre du programme allemand Callux. Une vingtaine d'unités sont en service fin 2012 et une centaine doivent suivre à partir de 2013. La commercialisation n'est pas prévue avant 2016.

4.6.8 Pile à combustible CFCL BlueGen - SOFC – 1,5 $kW_{él.}$

La société australienne CFCL (*Ceramic Fuel Cells Limited*), formée en 1992, a développé une unité de micro-cogénération basée sur une pile à combustible de type SOFC avec un rendement électrique élevé comparé aux autres unités de micro-cogénération, quel que soit le type.

Description

L'unité BlueGen est une pile à combustible sans brûleur complémentaire sous forme d'élément à poser au sol (figure 4.87).

Figure 4.87 Unité de micro-cogénération BlueGen (source : CFCL).

Caractéristiques

Tableau 4.23 Caractéristiques de la pile à combustible CFCL BlueGen.

Cœur de pile	SOFC
Combustible	Gaz naturel
Puissance électrique	0 à 1,5 kW (230 V, 50 Hz)
Rendement électrique	**Jusqu'à 60 % à 1,5 kW**
Puissance thermique	0,3 à 0,61 kW
Modulation de la puissance	0 à 100 %
Rendement global	≈ 85 %
Dimensions (*l* × *p* × *h*)	600 × 660 × 1 010 mm
Poids	≈ 200 kg

La consommation en eau pour le reformage varie entre 0 et 1,25 litre par heure à pleine puissance.

Fonctionnement

L'unité BlueGen (figure 4.88) dispose de plusieurs modes de fonctionnement :

- Démarrage (en présence du courant du réseau).
- Production d'électricité uniquement nécessaire à son fonctionnement.
- Production d'électricité consommée (ou injectée) avec une modulation comprise entre 0 et 100 %.
- Phase d'arrêt (en présence du courant du réseau), le refroidissement du cœur de la pile à combustible nécessite 36 à 72 heures.

La température de fonctionnement nécessaire au cœur de la pile SOFC étant de l'ordre de 700 à 1 000 °C, le temps de démarrage est d'environ 25 heures pour atteindre la puissance nominale et stabiliser la production électrique. Ceci en fait une unité destinée à fonctionner sur de très longues périodes (idéalement entre deux maintenances).

« Générateur » électrique

Il s'agit du module GENNEX™, développé par CFCL, qui est optimisé pour une production optimale d'électricité, d'où le rendement très élevé comparé aux autres piles à combustible (figure 4.89).

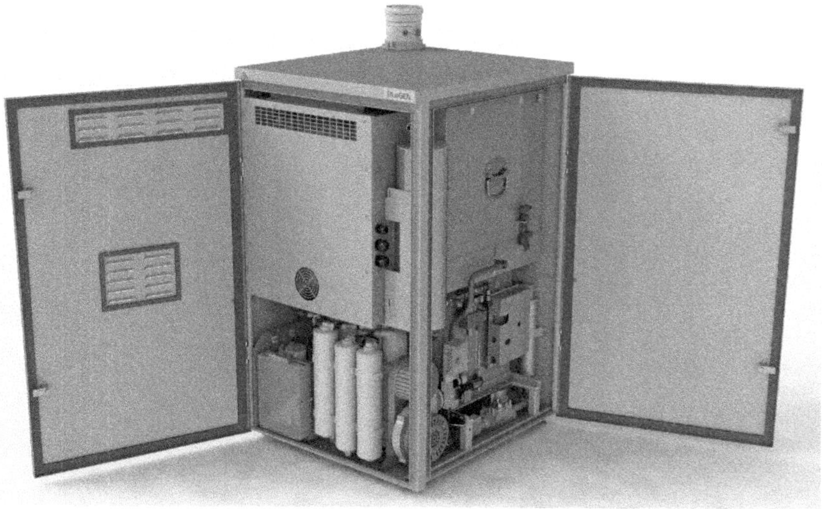

Figure 4.88 Composants de l'unité CFCL BlueGEN (source : CFCL).

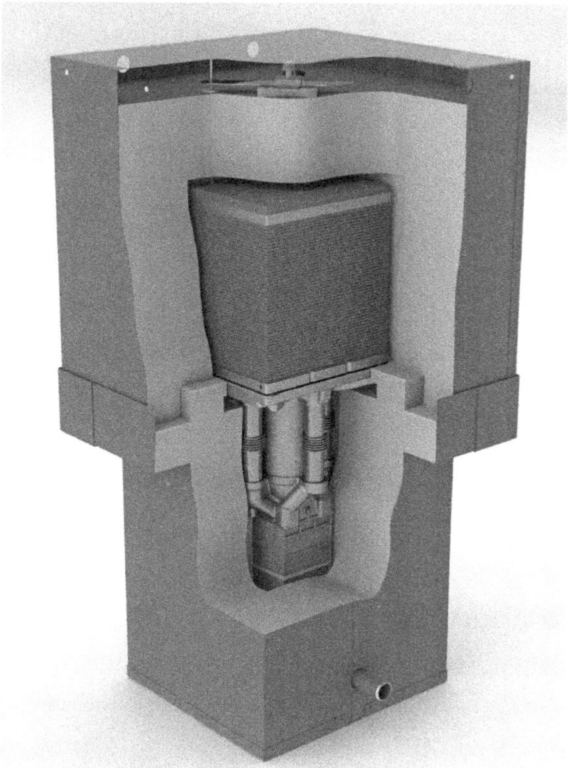

Figure 4.89 Module SOFC GENNEX™ (source : CFCL).

La récupération par un échangeur thermique de la chaleur dégagée en fait une unité de micro-cogénération proche du modèle idéal (plus d'électricité que de chaleur produite – figure 4.90).

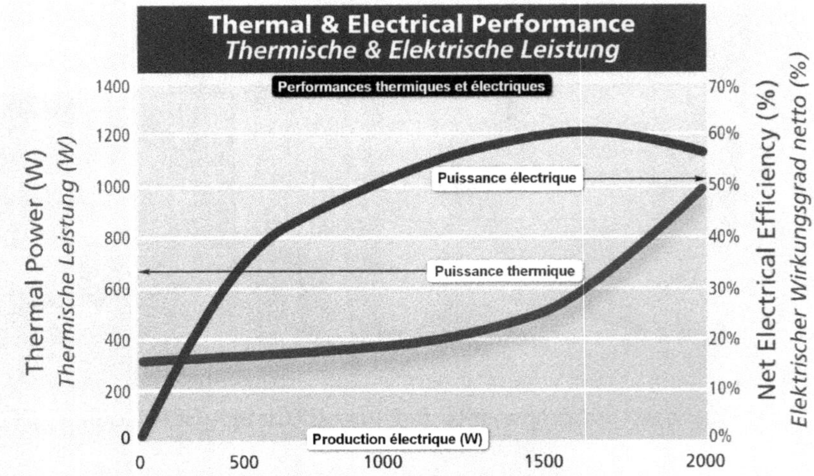

Figure 4.90 Courbes de rendement électrique et thermique en fonction de la production électrique (source : CFCL).

Émissions sonores

Elles sont inférieures à 45 dB(A).

Statut

CFCL a démarré en 2009 une usine de production en Allemagne (Heinsberg) d'une capacité initiale de 10 000 unités/an. Prévue pour 2009, la commercialisation a été retardée jusqu'au début 2012, tout d'abord en Allemagne. À mi-2012, près de 140 unités étaient en service.

Début 2012, une unité BlueGen a été couplée à une chaudière à condensation par De Dietrich Thermique pour former le système Ceramis Power ; une campagne d'essais européenne est prévue avec GDF SUEZ pour la France.

4.6.9 Pile à combustible à l'hydrogène IRD - PEMFC – 1,5 $kW_{él.}$

La société danoise IRD, dans le cadre du programme danois de micro-cogénération (Danish µCHP), a évalué une pile à combustible utilisant directement de l'hydrogène produit par une source extérieure.

C'est la localité de Vestenskov, située sur l'île de Lolland, qui a été choisie pour cette expérimentation. Un électrolyseur, alimenté en électricité d'origine éolienne, produit de l'hydrogène stocké dans un réservoir et distribué par un mini-réseau. Cinq piles à combustible de première génération ont été testées en 2008.

Description

Cette unité de type PEMFC est un modèle à accrocher de dimensions comparables à une chaudière (figure 4.91). Elle ne comprend pas de brûleur auxiliaire.

L'utilisation directe d'hydrogène simplifie le système en éliminant la partie reformage, d'où une réduction des coûts et une meilleure fiabilité.

Figure 4.91 Unité de micro-cogénération IRD Gamma (source : IRD Fuel Cells A/S).

Caractéristiques

Tableau 4.24 Caractéristiques de la pile à combustible IRD.

Cœur de pile	PEMFC
Combustible	Hydrogène
Puissance électrique	1,5 kW (variable entre 0,9 et 2,0 kW) 230 V, 50 Hz
Puissance thermique	1,5 kW (variable entre 0,8 et 2,0 kW)
Rendement électrique	47 %
Rendement global	94 %

Statut

L'unité de micro-cogénération IRD Gamma utilisant directement de l'hydrogène est prévue pour une commercialisation vers 2014. Une campagne d'essais avec 35 unités en service à Vestenskov a démarré en 2012.

4.6.10 Pile à combustible ClearEdge Power PEMFC – 5 kW$_{él.}$

Description

La société américaine ClearEdge Power fondée en 2003 est pratiquement la seule à commercialiser une pile à combustible d'une telle puissance (figure 4.92).

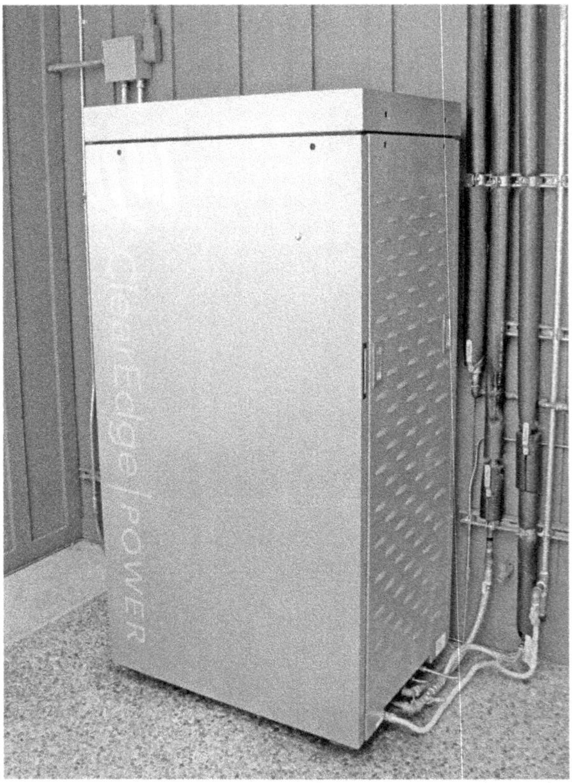

Figure 4.92 Unité de micro-cogénération ClearEdge5 (source : ClearEdge Power).

Le cœur de la pile à combustible (figure 4.93) fonctionne à haute température (de l'ordre de 160 °C). Cette technologie est moins sensible à la teneur en CO dans l'hydrogène ; de plus, la chaleur disponible l'est à une plus haute température que les piles dites basse température (≈ 60 °C).

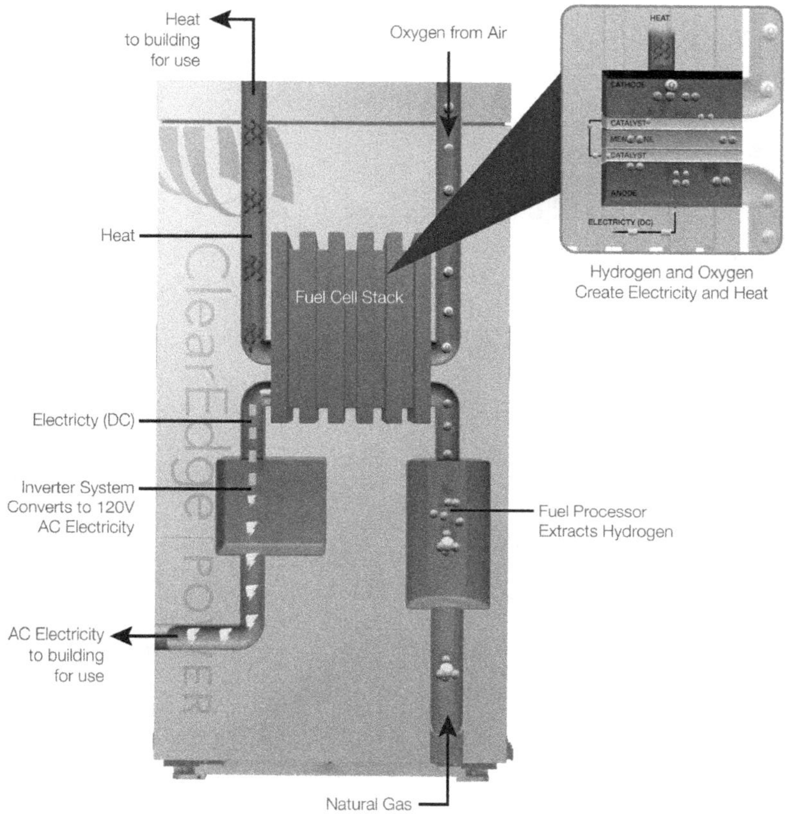

Figure 4.93 Schéma interne de l'unité de micro-cogénération ClearEdge5 (source : ClearEdge Power).

Caractéristiques

Tableau 4.25 Caractéristiques de la pile à combustible ClearEdge5.

Cœur de pile	HT-PEMFC
Combustible	Gaz naturel, propane
Puissance électrique	5 kW
Puissance thermique	6 kW
Rendement électrique	≈ 40 %
Rendement global	≈ 90 %
Dimensions (*l* × *p* × *h*)	670 × 920 × 1 760 mm
Poids	≈ 600 kg

L'unité de micro-cogénération ClearEdge5 peut s'installer aussi bien à l'intérieur (niveau de bruit de l'ordre de 60 dB(A)) qu'à l'extérieur sans protection spéciale (figure 4.94).

Figure 4.94 Unités ClearEdge5 installées à l'extérieur (source : ClearEdge Power).

Statut

Les premières évaluations sur le terrain ont commencé en 2008. L'unité de micro-cogénération ClearEdge5 est commercialisée depuis 2011 au prix public de 50 000 US$ (soit environ 42 000 €). Une centaine d'unités sont en service aux États-Unis en 2012.

En Europe, ClearGen Power a signé un contrat avec le fournisseur d'énergie autrichien Güssing Renewable Energy GmbH pour la fourniture de plusieurs centaines d'unités à fin 2020 pouvant aussi fonctionner au biogaz ; la commercialisation en Europe est prévue à partir de 2013.

4.6.11 Programme japonais ENE-FARM et SOFC – 0,75 $kW_{él.}$

Alors que les constructeurs européens se sont focalisés principalement sur les unités utilisant un moteur Stirling, le Japon a choisi deux voies différentes. La première est l'utilisation d'un moteur à combustion interne (voir le paragraphe 4.4.2 sur

Honda MCHP) ; la seconde est celle des piles à combustibles dans le cadre du programme ENE-FARM (pour « Energy Farm » c'est-à-dire « production d'énergie chez soi »).

Une alliance entre fournisseurs de gaz (Tokyo Gas, Osaka Gas...), les constructeurs d'équipements et le gouvernement a permis l'établissement d'un cahier des charges commun et d'une politique d'incitations fiscales pour les utilisateurs.

Piles à combustible de type PEMFC

Historiquement, c'est le premier type développé à partir de 1998 (programme LIFUEL). Tokyo Gas, par exemple, était impliqué dans le programme américain TARGET de micro-cogénération domestique début des années 1970. La première unité a été installée en 2005 au domicile du Premier ministre japonais. En 2008, ce programme a été nommé ENE-FARM.

Chaque unité (figure 4.95) se compose d'un reformeur permettant la production d'hydrogène à partir de gaz naturel, d'une pile à combustible et d'un ballon de stockage de chaleur (eau chaude sanitaire et chauffage).

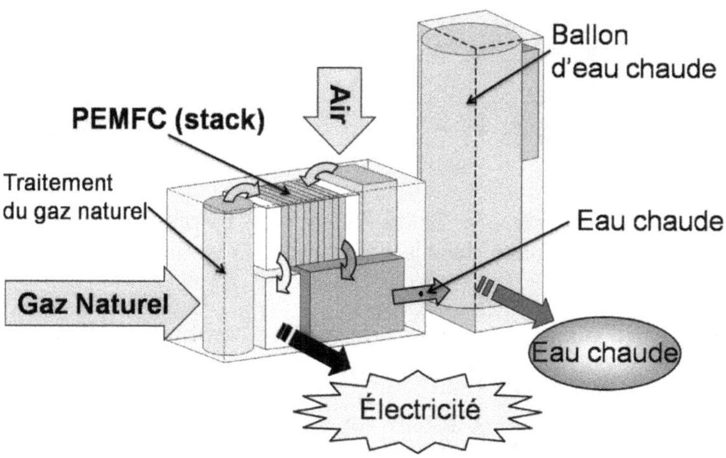

Figure 4.95 Schéma de principe d'une unité ENE-FARM.

Les sociétés impliquées dans la fourniture d'unité de micro-cogénération du programme ENE-FARM étaient au départ ENEOS Celltech, EBARA-Ballard, Toshiba FCP, Toyota et Panasonic.

Modèle Panasonic

Le modèle 2011 est une unité intégrant tous les composants (figure 4.96).

Figure 4.96 Unité Panasonic – La pile à combustible se trouve dans la partie à droite (source : Tokyo Gas).

Tableau 4.26 Caractéristiques de la pile à combustible Panasonic ENE-FARM.

Cœur de pile	PEMFC
Combustible	Gaz naturel
Puissance électrique	250 à 750 W
Rendement électrique	40 %
Puissance thermique	≈ 0,9 kW
Rendement thermique	50 %
Rendement global	> 90 %
Dimensions (*l* × *p* × *h*)	750 × 480 × 1 880 mm
Poids	≈ 250 kg

Panasonic seul a produit 5 000 unités entre mai 2009 et mai 2011. Les lignes de production ont une capacité de 6 000 unités/an.

La couverture des besoins électriques dépasse 50 % en hiver (figure 4.97).

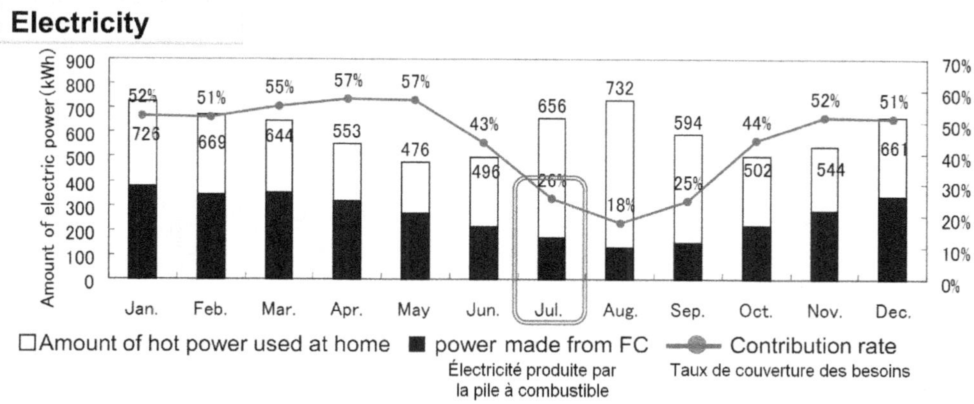

Figure 4.97 Couverture des besoins électriques par une unité de micro-cogénération ENE-FARM (source : Tokyo Gas).

Piles à combustible de type SOFC

Cette technologie dont le développement a été lancé en 2007 est, en 2012, encore dans cette phase (78 unités en évaluation en 2008). Les limitations, liées principalement aux hautes températures de fonctionnement, sont la durée de la phase de démarrage et la dégradation avec le temps qui réduit encore les performances ces équipements. L'avantage d'une unité de type SOFC est la possibilité d'utiliser directement le gaz naturel donc de se passer de reformeur, ce qui devrait réduire les coûts (figure 4.98).

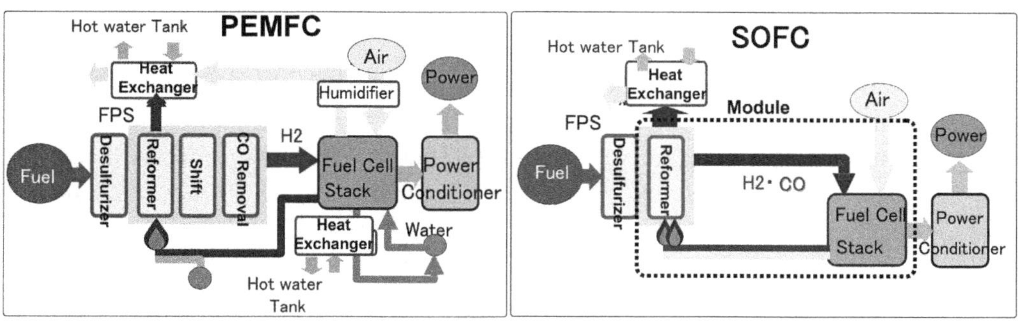

Figure 4.98 Comparaison des systèmes PEMFC et SOFC (source : ENEOS CellTech).

En novembre 2011, ENEOS CellTech, filiale du groupe JX Holdings, Inc., a introduit une pile de type SOFC fournissant 700 $W_{él.}$ (figure 4.99). La température élevée de fonctionnement permet de stocker l'eau à une température de 70 °C.

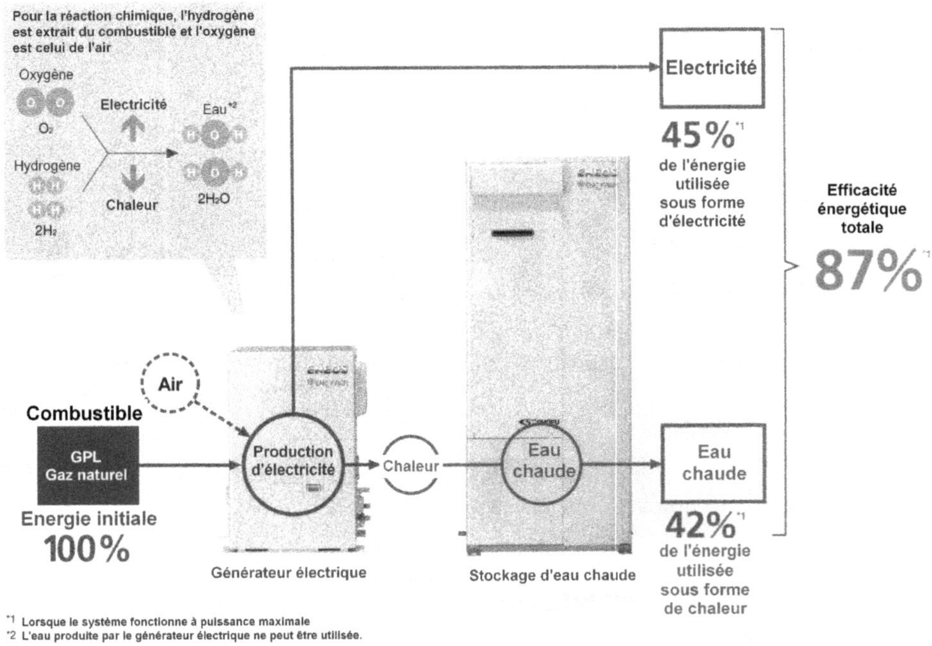

Figure 4.99 Unité SOFC (source : ENEOS CellTech).

Début 2012, Osaka Gas a aussi lancé une unité de type SOFC « ENE-FARM Type S », développée avec Aisin Seiki Co., Kyocera Corp., et Toyota Motor Corp. Le rendement électrique atteint 46,5 %.

Micro-cogénération à piles à combustible au Japon

C'est grâce à une collaboration étroite entre toutes les parties impliquées que les unités proposées ont pu avoir un tel succès relatif. Le facteur principal en a été et en est encore l'incitation fiscale gouvernementale. En 2009, chaque unité coûtait environ 3,4 millions de yens (environ 32 000 euros) avec une prime de 1,4 million de yens (environ 12 000 euros). En 2012, pour une unité (PEMFC ou SOFC) dont le coût était de 2,7 millions de yens (environ 26 000 euros), le gouvernement offrait une prime de 1,05 million de yens soit près de 10 000 euros !

Le succès (relatif tout de même) des unités de micro-cogénération à pile à combustible au Japon s'est traduit par des installations sans équivalent dans d'autres pays, atteignant plus de 20 000 unités mi-2012 (l'Allemagne a installé moins de 300 piles, sur les 800 prévues, fin 2012 dans le cadre du programme Callux et ceci dans un programme d'expérimentation).

4.6.12 Statut des unités de micro-cogénération à pile à combustible

La possibilité d'utiliser des piles à combustible en cogénération remonte aux années 1970 où, par exemple, le programme américain TARGET (*Team to Advanced Research on Gas Energy Transformation*) a permis d'évaluer 65 piles à combustible de 12,5 kW aux États-Unis, au Canada et au Japon entre 1971 et 1973.

À ce jour (2012), seules les piles à combustible basse température de type PEMFC du programme japonais ENE-FARM sont commercialisées.

Une vision toujours très (trop ?) optimiste

La société australienne CFCL a eu une approche très optimiste du marché : en 2008, un contrat pour la livraison de 50 000 unités sur cinq ans avait été signé avec le fournisseur hollandais d'énergie NUON, si les performances répondaient au cahier des charges. En 2012, CFCL n'avait des options d'achat que pour quelques centaines d'unités. Cet « optimisme » n'est pas propre à CFCL, d'autres constructeurs ont, dans le passé (et même certains encore aujourd'hui), confondu réalité et chiffres de cabinets d'analyse.

Ceres Power (Grande-Bretagne) a annoncé en 2009 un accord avec le distributeur d'énergie Calor Gas Limited prévoyant la livraison de 20 000 unités fonctionnant au propane (pour les sites non desservis en gaz naturel) à partir de 2012. Le statut fin 2012 est que seules 174 unités seront livrées à British Gas Limited et Itho-Daalderop à partir de 2014.

L'autre pays actif, à une moindre échelle cependant, reste l'Allemagne. Le programme Callux a été lancé fin 2008 par le ministère allemand de la circulation, construction et du développement urbain (BMVBS) avec neuf partenaires sur une durée totale de sept ans. Dans une première phase (à fin 2012), moins de 300 piles à combustible de puissance électrique de 1 à 5 kW ont été installées au lieu des 800 exemplaires prévus. Les fournisseurs sont Baxi, Hexis, Vaillant et Viessmann pour des piles de type PEMFC ou haute température SOFC. Ces piles utilisent le gaz naturel comme énergie primaire avec un reformage pour celles de type PEMFC au sein de la pile à combustible pour produire l'hydrogène. L'objectif de ce programme dont le coût est de 86 millions d'euros (soit environ 100 000 euros par pile !) est de montrer la viabilité de la pile à combustible comme unité de cogénération domestique et éventuellement d'amorcer une production industrielle en plus grande série avec commercialisation vers 2014-2015 (?).

Micro-cogénération et piles à combustible en France

En 2004, le programme GECOPAC basé sur la technologie SOFC a été lancé par le CEA avec comme objectifs une maquette de 1 $kW_{él.}$ puis un prototype de 5 $kW_{él.}$. Par manque de soutien et de filière industrielle, ce programme n'a pas abouti : seul en est resté un modèle de démonstration de 300 $W_{él.}$.

La société Helion (filiale d'Areva) avait aussi développé un prototype de type PEMFC de 4,6 $kW_{él.}$ (COREPAC). Là aussi, le programme a été arrêté.

Cependant, le facteur limitatif, à côté des inconnues techniques comme la durée de vie réelle par exemple et des évolutions constantes des modèles présentés en Europe, est principalement le prix. Vaillant prévoyait en 2001 la commercialisation de son modèle PEMFC de 4,7 $kW_{él.}$ à un prix de 10 000 euros. En 2012, une pile à combustible PEMFC du programme ENE-FARM (0,75 $kW_{él.}$) coûte encore plus de 25 000 euros (figure 4.100).

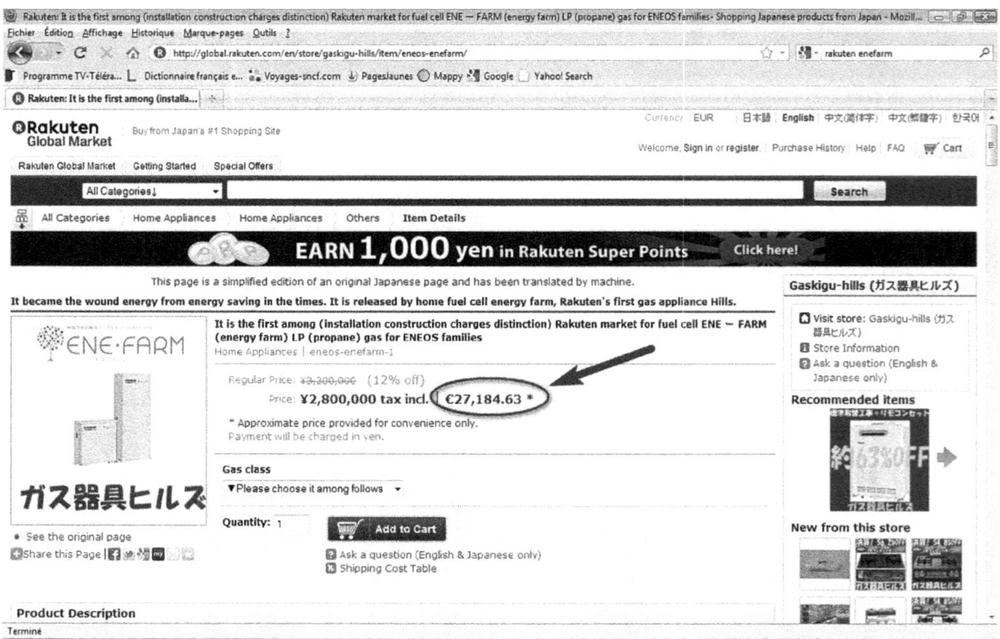

Figure 4.100 Annonce pour une unité ENE-FARM sur le site japonais Rakuten (juin 2012).

4.7 Autres

4.7.1 Solaire

Il ne s'agit pas de solaire photovoltaïque et thermique, bien que l'on puisse concevoir récupérer la chaleur absorbée par ce type de panneaux, mais plutôt d'utiliser l'énergie thermique solaire pour produire chaleur et électricité avec un seul équipement.

Le principe de base (figure 4.101) est de concentrer le rayonnement solaire sur une unité qui permette donc cette production simultanée de chaleur et d'électricité. Le miroir de concentration est mobile sur au moins deux axes pour une efficacité maximale. Le moteur Stirling (utilisant ici comme « combustible » le rayonnement solaire) se prête idéalement à cette application.

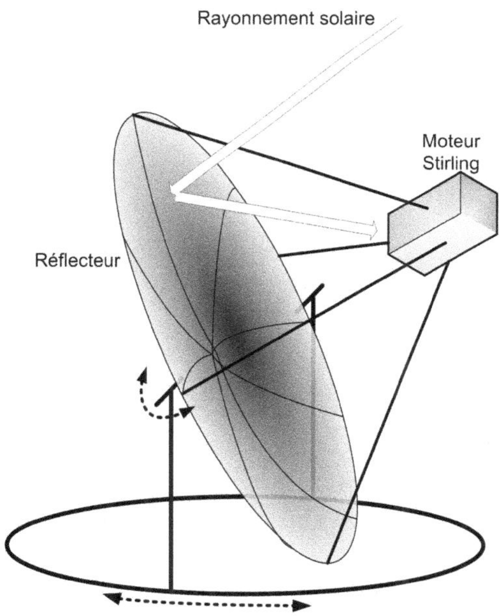

Figure 4.101 Principe d'unité de micro-cogénération solaire avec miroir parabolique et moteur Stirling.

Pour une utilisation domestique ou tertiaire par exemple, il faut que l'ensemble soit proche du lieu d'utilisation. Ceci n'est cependant pas toujours facile à implanter étant donné les dimensions nécessaires pour le réflecteur.

Comme exemple, le concept de la société Sunmachine qui utilisait son unité Stirling de 3 $kW_{él.}$ (voir le paragraphe 4.3.6) nécessitait une parabole de 4 m de diamètre composée de 8 segments concentrant le rayonnement solaire sur ce moteur (figure 4.102).

Un brûleur auxiliaire au gaz naturel devait permettre de maintenir le moteur Stirling en fonctionnement lorsque le rayonnement était insuffisant ou pendant la nuit.

Figure 4.102 Concept d'unité de micro-cogénération solaire Stirling (source : Sunmachine).

Une autre option est le concept Exoès Solar (figure 4.103) avec des concentrateurs solaires plans et un module basé sur le cycle de Rankine (voir le paragraphe 4.7.2).

La société américaine Cool Energy, Inc. a développé une unité de cogénération basée sur un moteur Stirling (SolarHeart® – figure 4.104) fonctionnant avec toute source de chaleur dont celle solaire. Un prototype SolarFlow de 1,5 à 2 $kW_{él.}$, avec un rendement électrique de 17 à 25 % selon la température, fonctionne avec la chaleur issue de panneaux solaires thermiques. La température de fonctionnement devant se situer entre 100 et 250 °C, un fluide basé sur une huile minérale circule dans les panneaux solaires et l'échangeur.

Remarque

Pour des puissances très élevées (plusieurs centaines de kW), ce type d'approche est utilisé dans les centrales solaires à concentration (Espagne, États-Unis ou Égypte par exemple) où le rayonnement solaire est renvoyé par des miroirs sur un foyer où un fluide est chauffé et vaporisé. Ce fluide entraîne généralement une turbine reliée à un générateur. Cependant, la chaleur ne sert qu'à produire de l'électricité, ces centrales étant souvent éloignées du lieu d'utilisation.

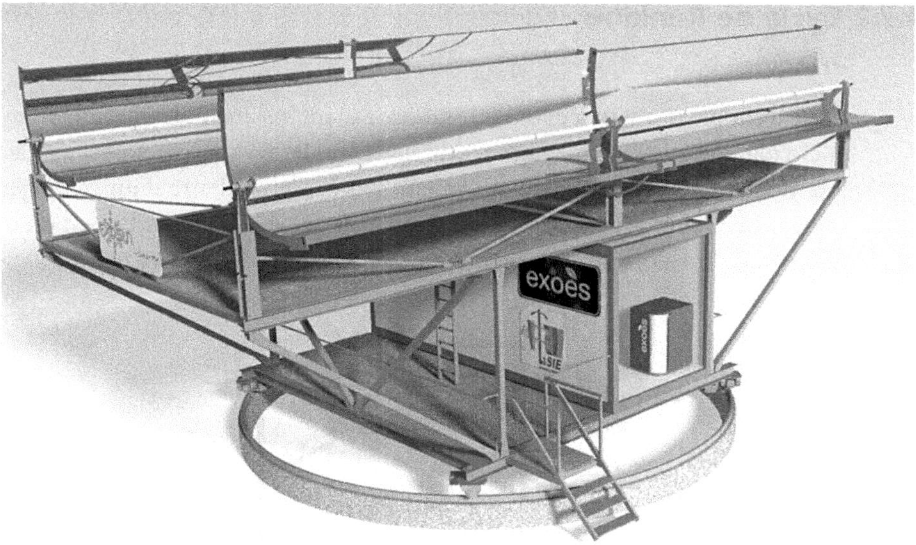

Figure 4.103 Concept d'unité de micro-cogénération solaire Exoès (source : Exoès).

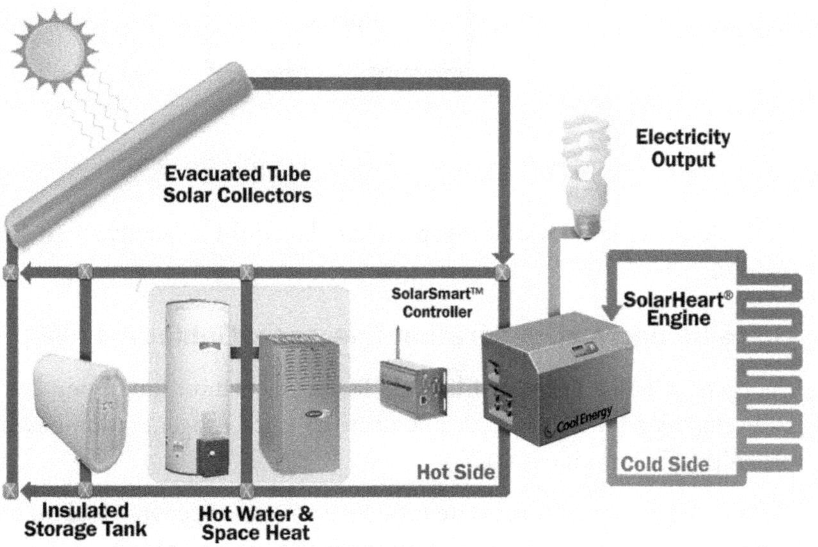

Figure 4.104 Concept SolarFlow de micro-cogénération solaire (source : Cool Energy, Inc.).

4.7.2 Cycle de Rankine

Principe

Cette technologie est basée sur l'utilisation d'au moins un fluide intermédiaire chauffé et circulant en cycle fermé (figure 4.105). Ce fluide se vaporise et peut soit actionner une turbine, soit transmettre sa chaleur, par l'intermédiaire d'un échangeur thermique, au circuit de chauffage et/ou d'eau chaude. Si le fluide utilisé est un composé organique, on a alors un cycle organique de Rankine (ORC ou *Organic Rankine Cycle*).

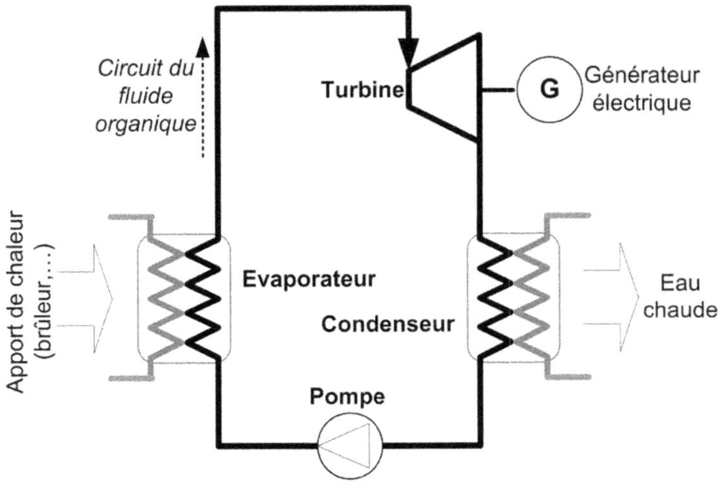

Figure 4.105 Principe du cycle de Rankine.

Ce cycle porte le nom de l'ingénieur anglais qui l'a découvert en 1859, William Rankine.

Unité de micro-cogénération Energetix Genlec – 1 $kW_{él.}$

Energetix Genlec Ltd, une filiale de la société britannique Energetix Group plc, a développé, à partir de 2003, une unité de micro-cogénération basée sur le cycle organique de Rankine (ORC).

Ce système est conçu comme un module de micro-cogénération devant être intégré à une chaudière afin de proposer un système à un coût réduit.

Principe

Un liquide organique en circuit fermé est vaporisé par la chaleur fournie indirectement par le brûleur (figure 4.106) d'une chaudière conventionnelle et un échangeur thermique primaire. La vapeur sous pression passe ensuite par un expanseur à spirale (*Scroll expander*) et l'entraîne ; il actionne à son tour un générateur électrique qui est intégré à l'expanseur.

La vapeur détendue traverse un échangeur thermique (condenseur) où la chaleur est récupérée pour le circuit de chauffage et d'eau chaude. Cette vapeur se condense puis est à nouveau comprimée, et le cycle reprend.

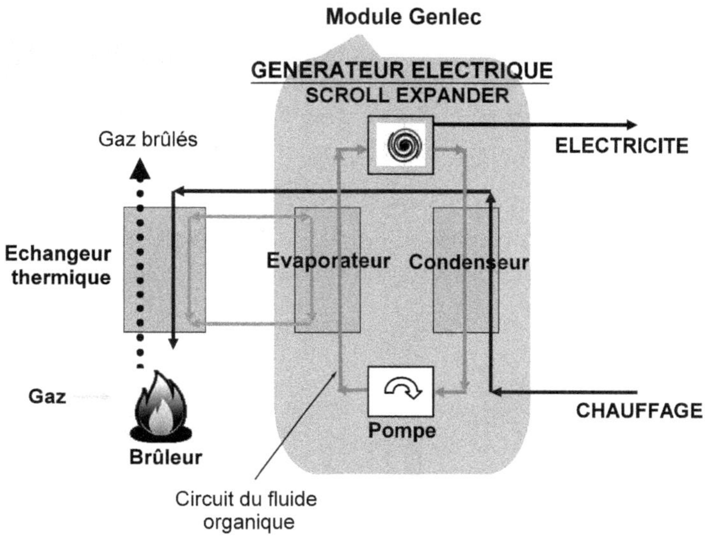

Figure 4.106 Principe de l'ensemble de micro-cogénération basé sur le module Genlec (source : Energetix Genlec Limited).

Caractéristiques

Tableau 4.27 Caractéristiques du module Genlec modèle 2009.

Moteur	ORC
Générateur électrique	À aimant permanent 230 V, 50 Hz
Combustible	Gaz naturel (pour la chaudière)
Puissance électrique	Jusqu'à 1 kW
Puissance thermique	Fonction de la chaudière
Rendement électrique	10 à 12 %
Rendement global	> 90 %
Dimensions (*l* × *p* × *h*)	Intégré à une chaudière
Poids	≈ 35 à 40 kg + chaudière

Statut

En 2011, une cinquantaine d'unités auraient été fabriquées pour évaluation (la production du module est sous-traitée puis intégrée à une chaudière développée par un autre constructeur).

Il n'a pas été possible de connaître le statut en 2012, Energetix n'ayant pas fourni d'information pour une mise à jour.

Unité de micro-cogénération Exoès – 3 $kW_{él.}$

La société Exoès, créée en 2009 et basée près de Bordeaux, a développé un concept basé sur le cycle de Rankine avec source de chaleur externe.

Elle décline son module SHAPE (*Sustainable Heat And Power Engine*) pour plusieurs températures (entre 100 et 1 000 °C) et plusieurs puissances (1 à 100 $kW_{él.}$) et distingue les applications stationnaires et embarquées.

Seules les applications stationnaires de micro-cogénération sont traitées dans ce paragraphe.

Description

La première application stationnaire de 3 $kW_{él.}$ nécessite une température minimale de 180 °C et est adaptable à toute source de chaleur (SHAPE Stationnary 3500 – figure 4.107). Exoès a commencé ses travaux sur l'utilisation de sources d'énergies renouvelables (granulés de bois et concentration solaire principalement…).

Figure 4.107 Exemple de module SHAPE Stationnary 3500 (source : Exoès).

Ce module contient l'ensemble des éléments nécessaires au fonctionnement d'un système Rankine :

- Les circuits hydrauliques.
- Le détendeur mécanique (à pistons) équipé d'un alternateur.
- Le système de régulation électrique.

L'évaporateur qui permet la récupération de chaleur de la source chaude et donc la transformation de l'eau en vapeur n'est pas inclus dans la figure 4.107. La géométrie de l'évaporateur dépend en effet de la source chaude. Dans une chaudière par exemple, il s'agit d'un serpentin, dans le cas de la concentration solaire, de miroirs cylindro-paraboliques...

Principe

L'eau pressurisée est envoyée dans un échangeur situé à l'intérieur de la chaudière. La flamme permet la transformation de l'eau en vapeur, utilisée d'abord pour produire de l'électricité puis pour générer de la chaleur lors de sa condensation (figure 4.108). Le système SHAPE Biomass utilise la vapeur d'eau pour déplacer un ensemble piston/bielle/manivelle qui est relié à une génératrice électrique.

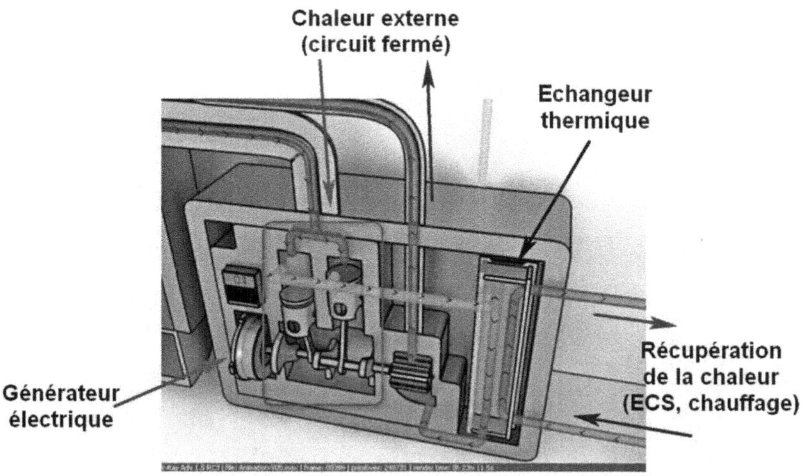

Figure 4.108 Principe du module SHAPE (source : Exoès).

L'innovation réside dans la miniaturisation d'un système Rankine (figure 4.109) ainsi que dans la non-lubrification à l'huile du couple piston/segment. Le résultat est une architecture spécifiquement adaptée à la micro-cogénération et des matériaux développés sur mesure pour SHAPE, ce qui s'est traduit par plusieurs brevets en partenariat avec le CEA, Leroy Somer, Exosun...

Figure 4.109 Parties mécaniques du module SHAPE sur banc de test (source : Exoès).

Caractéristiques

Tableau 4.28 Caractéristiques du module SHAPE Stationnary 3500.

Moteur	ORC
Générateur électrique (type)	Synchrone à aimant permanent 220 V, 50 Hz
Combustible	Biomasse, solaire...
Température de vapeur : min/nom/max	180/350/500 °C
Température minimale de la source chaude	200 °C
Puissance électrique	1 à 3 kW
Puissance thermique du module SHAPE	7 à 20 kW
Rendement électrique	15 %
Rendement global du module SHAPE	10 %
Dimensions (*l* × *p* × *h*)	640 × 850 × 1 100 mm
Poids	120 kg

Intégration

Sources extérieures. Le module SHAPE Stationnary 3500 exploite toute source de chaleur ayant une température minimale de 180 °C. Il peut ainsi être associé à toute source de chaleur externe répondant à cette caractéristique (chaudière, solaire, fumées...).

En 2010, Exoès a signé un accord de partenariat avec la société autrichienne ÖkoFEN, un des leaders dans le domaine des chaudières à bois. Ceci devrait permettre l'intégration du module SHAPE aux chaudières ÖkoFEN (figure 4.110).

Figure 4.110 Exemple d'intégration du module Exoès à une chaudière à granulés (source : Exoès).

Statut

Le module SHAPE est en cours de tests par certains laboratoires, avec des chaudières bois ou des concentrateurs solaires. La commercialisation de produits série est attendue pour 2015. Les années 2012 et 2013 sont consacrées à des travaux sur la fiabilité ainsi qu'à l'industrialisation. L'année 2014 sera consacrée à la certification et aux tests longue durée de la version finale ainsi qu'à la mise en place du réseau de distribution et de commercialisation.

Volant d'inertie

Principe

Un volant d'inertie est une masse en rotation très rapide (jusqu'à plusieurs milliers de tours/min) qui, une fois lancée (il faut donc fournir une énergie), maintient sa rotation et peut restituer l'énergie sous forme mécanique ou électrique.

Le lancement et le maintien de la vitesse de rotation peut se faire par un moteur externe (avec un système d'accouplement/désaccouplement) ou électriquement, le volant étant à la fois moteur et générateur électrique (figure 4.111).

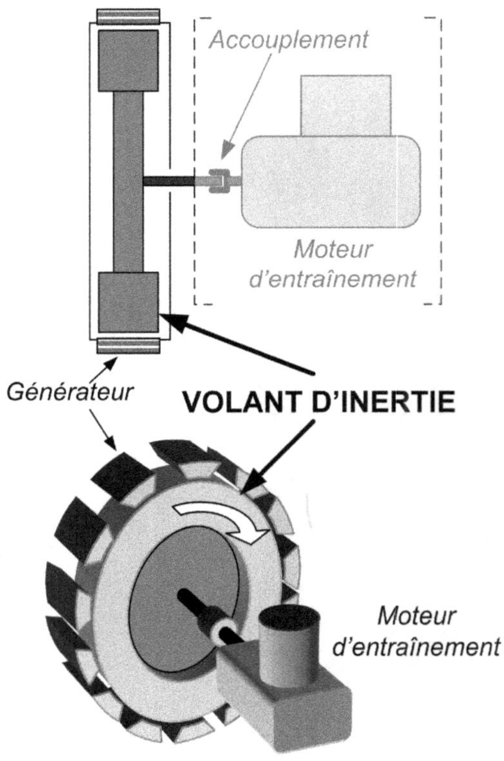

Figure 4.111 Principe du volant d'inertie.

Afin de réduire les pertes par frottements qui ralentiraient le volant, celui-ci est en général placé sous vide et on utilise des paliers sans frottements (magnétiques par exemple).

Pour la production d'électricité, soit le volant est relié à un générateur, soit il constitue lui-même une partie du générateur (aimants permanents sur la périphérie par exemple).

Le volant d'inertie est utilisé depuis longtemps comme stockage d'énergie pour différentes applications :

- Dans les véhicules pour récupérer l'énergie de freinage par exemple.
- Comme alimentation de secours (alternative aux batteries ou aux groupes électrogènes) allant jusqu'à plusieurs centaines de kW ou même plusieurs MW (système de la société américaine Active Power Inc.), utilisée pour les serveurs informatiques ou les centres de télécommunication.

Unité de micro-cogénération Energiestro

La société française Energiestro, créée en 2001, a développé une unité de micro-cogénération basée sur un volant d'inertie.

Elle est plus particulièrement adaptée pour alimenter un site isolé (habitations, villages, chantiers, relais de communication pour l'électricité...).

Caractéristiques

Le volant d'inertie entraîné par un moteur diesel est enfermé dans une enceinte sous vide.

Tableau 4.29 Caractéristiques de l'unité de micro-cogénération Energiestro.

Moteur	Combustion interne 3 cylindres, 1 000 cm^3 Volant d'inertie tournant à 3 400 tr/min
Générateur électrique	Synchrone à fréquence variable 400 V triphasé
Combustible	Huile végétale
Puissance électrique	6 kW Modulable de 0 à 200 % 12 kW au démarrage
Puissance thermique	12 kW (lorsque le moteur fonctionne)
Rendement électrique	30 %
Rendement global	90 %
Dimensions (*l* × *p* × *h*)	1 000 x 2 000 x 1 000 mm
Poids	1 tonne

Description

Un moteur diesel (3) entraîne le volant d'inertie (1) placé dans une enceinte sous vide (5). Le volant est intégré au générateur électrique (2) ; l'ensemble est placé dans un caisson assurant l'isolation phonique. Un embrayage permet de désaccoupler le moteur lorsque le volant atteint sa vitesse de rotation nominale (figure 4.112).

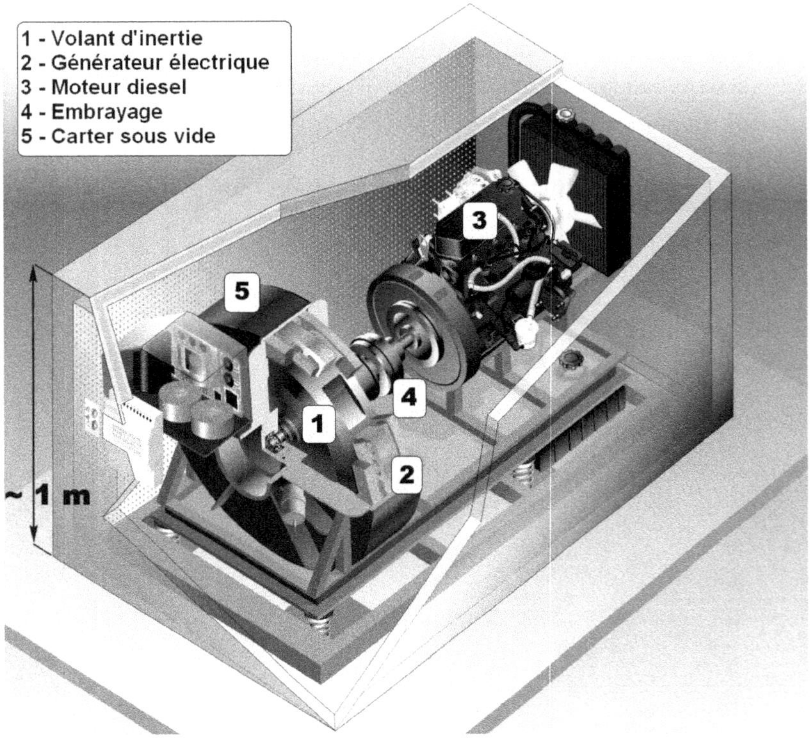

Figure 4.112 Unité de micro-cogénération Energiestro (source : Energiestro).

Fonctionnement

Le pilotage de l'unité Energiestro est fait selon la demande en électricité : lors d'une demande faible, le volant d'inertie, une fois lancé et ponctuellement relancé, assure seul la production électrique ; si la demande est forte, le moteur diesel prend la relève. À ce moment-là, la chaleur produite par le moteur et celle des gaz d'échappement sont récupérées pour le chauffage et l'eau chaude.

L'avantage d'associer un volant d'inertie à un moteur à combustion interne est de réduire la durée de fonctionnement de ce moteur tout en assurant une production continue d'électricité.

Par rapport à une unité de micro-cogénération conventionnelle, la durée de vie du moteur est fortement augmentée, celui-ci ne fonctionnant que par intermittence pour relancer le volant d'inertie.

La figure 4.113 montre que, pour une même durée de production d'électricité, le moteur avec volant d'inertie ne fonctionne que partiellement. Par rapport à un groupe classique, Energiestro permet une division par trois de la consommation de combustible et une durée de vie du moteur pouvant atteindre 20 ans.

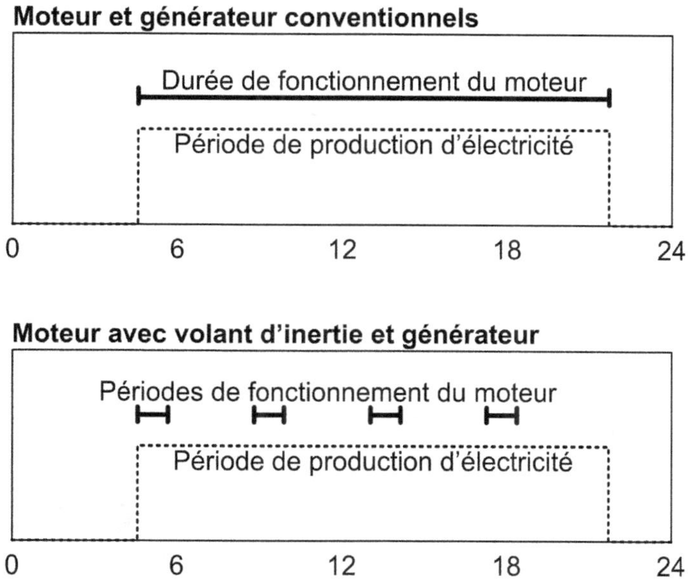

Figure 4.113 Comparaison du fonctionnement d'unité de micro-cogénération avec et sans volant d'inertie (représentation schématique).

Combustibles

Les combustibles utilisables sont l'huile végétale pure ou des agro/biocarburants.

Statut

Le développement des stations de télécommunications dans des zones non desservies en électricité a entraîné une demande en moyens fiables de produire cette électricité sur place. Si les batteries sont une première approche, leurs coûts et durée de vie ont poussé vers des unités comme celle d'Energiestro, qui assure une production d'électricité fiable avec très peu de maintenance. Face à cette demande, Energiestro est en phase d'unités pilotes : environ cinq unités devaient être testées en 2012 avant validation. Cependant, l'utilisation en cogénération est toujours envisagée. Une telle unité est d'ailleurs en fonctionnement au siège d'Energiestro depuis 2010, assurant fourniture d'électricité (autonomie à 100 %) et de chaleur (figure 4.114).

Figure 4.114 Unité Energiestro au siège de la société (source : Energiestro).

4.8 Technologies pour demain

Il n'est pas toujours facile d'extrapoler d'éventuelles nouvelles technologies à partir de celles existantes. Cet exercice de prospective peut cependant permettre d'esquisser quelques voies pour de futurs équipements.

4.8.1 Moteur Stirling sans piston

Comme pour les moteurs à combustion interne, les frottements mécaniques entraînent des pertes d'énergie. Les avantages du moteur Stirling, surtout en termes de sources d'énergies utilisables, pourraient être améliorés en réduisant les frottements des cylindres.

C'est ce que la société canadienne Etalim, basée à Vancouver et fondée en 2006, développe en utilisant l'effet thermo-acoustique dans un moteur Stirling modifié (TAC ou *Thermal Acoustic Converter*) : un piston est remplacé par une plaque métallique et l'autre par une fine membrane. L'hélium chauffé amplifie des vagues acoustiques qui font vibrer la plaque métallique ; ces vibrations entraînent des oscillations de la membrane. Cette dernière vibre à une fréquence très élevée (jusqu'à 500 cycles par seconde) avec une amplitude d'environ 200 µm. Un alternateur linéaire spécialement développé produit de l'électricité. Le premier prototype (figure 4.115) a un rendement d'environ 10 % avec un objectif de 40 % pour l'unité commerciale (pour une puissance variant entre 1,6 et 3 kW).

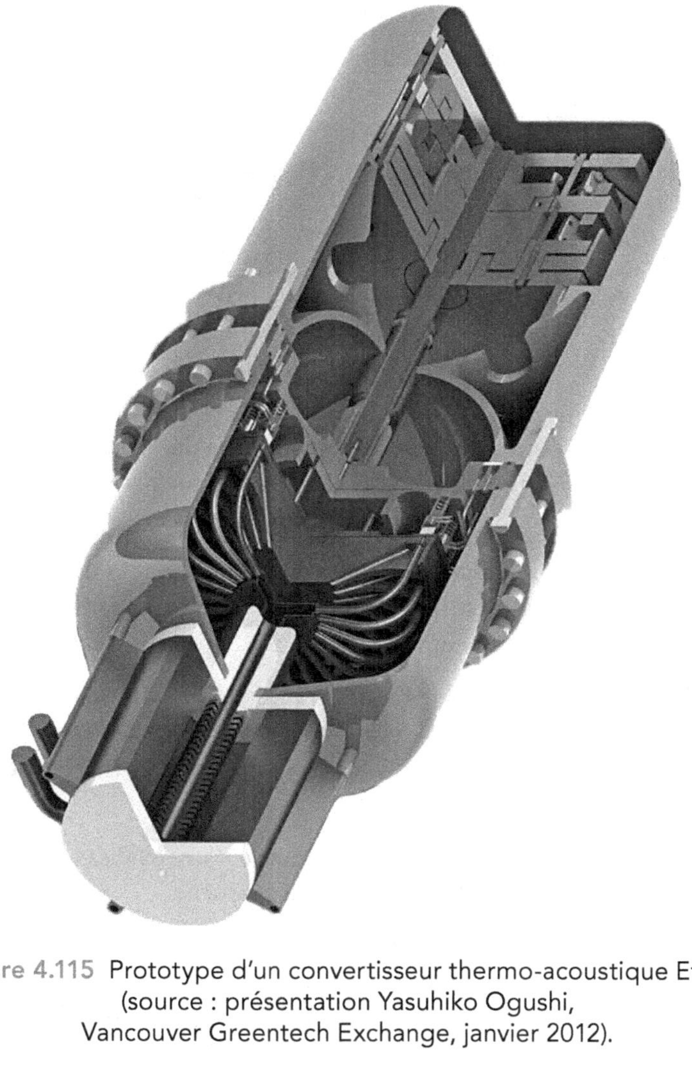

Figure 4.115 Prototype d'un convertisseur thermo-acoustique Etalim (source : présentation Yasuhiko Ogushi, Vancouver Greentech Exchange, janvier 2012).

4.8.2 Thermoélectricité

La base est l'effet Seebeck où une différence de température entre les deux faces de matériaux semi-conducteurs entraîne la production d'électricité (figure 4.116). Parmi les matériaux étudiés, on peut citer les tellures (Bi_2Te_3, Sb_2Te_3) ou des composés ternaires ($AgSbTe_2$).

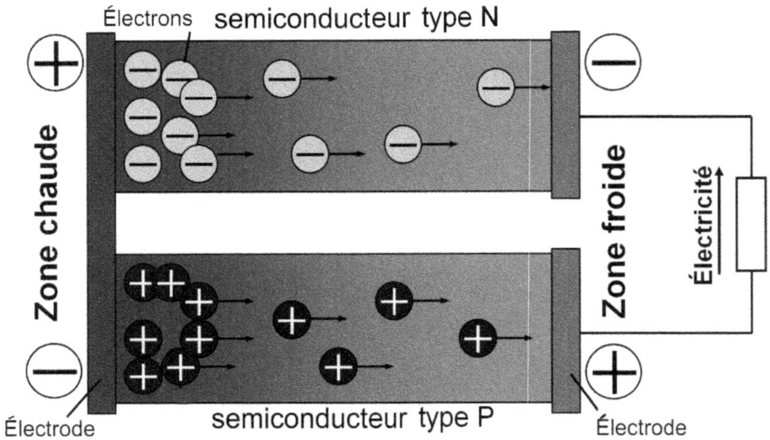

Figure 4.116 Principe de l'effet Seebeck.

Appliqué à la cogénération, cela correspondrait à une unité sans aucune pièce mobile (la pile à combustible a besoin d'auxiliaires comme pompe, ventilateur, vannes…).

Si aucune réalisation commerciale n'existe, quelques prototypes ont été développés (dès les années 1920 pour les premières recherches). Les difficultés sont dans l'obtention de matériaux semi-conducteurs efficaces (caractérisés par le facteur ZT) et à un coût économiquement viable.

En Autriche, dans le cadre du programme K*plus* (projet BIOTHEG – *biomass furnaces with thermoelectric generators*), l'Austrian Bioenergy Centre a modifié un poêle à granulés de 10 kW en l'équipant de modules thermoélectriques pouvant générer 200 W (figure 4.117).

Cette approche, si elle est encore loin d'une commercialisation pour la micro-cogénération, montre la faisabilité d'une telle approche.

La société Biolite propose une unité portable (figure 4.118) plus prévue pour la cuisson (mais dont la chaleur – 3,4 à 5,5 kW – peut servir aussi pour se chauffer) et fournissant une puissance électrique de 2 W sous 5 V (port USB) : une nano-cogénération ?

Figure 4.117 Module thermoélectrique de 200 W (source : Austrian Bioenergy Centre GmbH).

Figure 4.118 Unité Biolite Stove (source : Biolite).

Voitures et thermoélectricité

Des constructeurs automobiles, comme BMW ou Toyota en 2005 par exemple, ont développé des prototypes de générateurs thermoélectriques (TEG ou *Thermoelectric Generator*) récupérant la chaleur de la ligne d'échappement pour la convertir en électricité avec une puissance de 300 W.

4.9 Comparaison des unités de micro-cogénération

Parmi les critères de classement, on choisira celui qui correspond le mieux à la priorité donnée à l'unité de micro-cogénération : production électrique maximale, production thermique maximale ou adéquation entre besoins électriques et thermiques.

4.9.1 Classement en fonction de la puissance électrique

La classification (figure 4.119) a été faite en fonction de la technologie utilisée pour produire l'électricité. On constate que les puissances électriques les plus importantes, supérieures ou égales à 5 kW sont obtenues avec les moteurs à combustion interne (que ce soit avec générateur direct ou roue d'inertie).

L'autre tendance est le nombre d'unités de micro-cogénération d'une puissance électrique de l'ordre du kW, mieux adaptée à une maison individuelle.

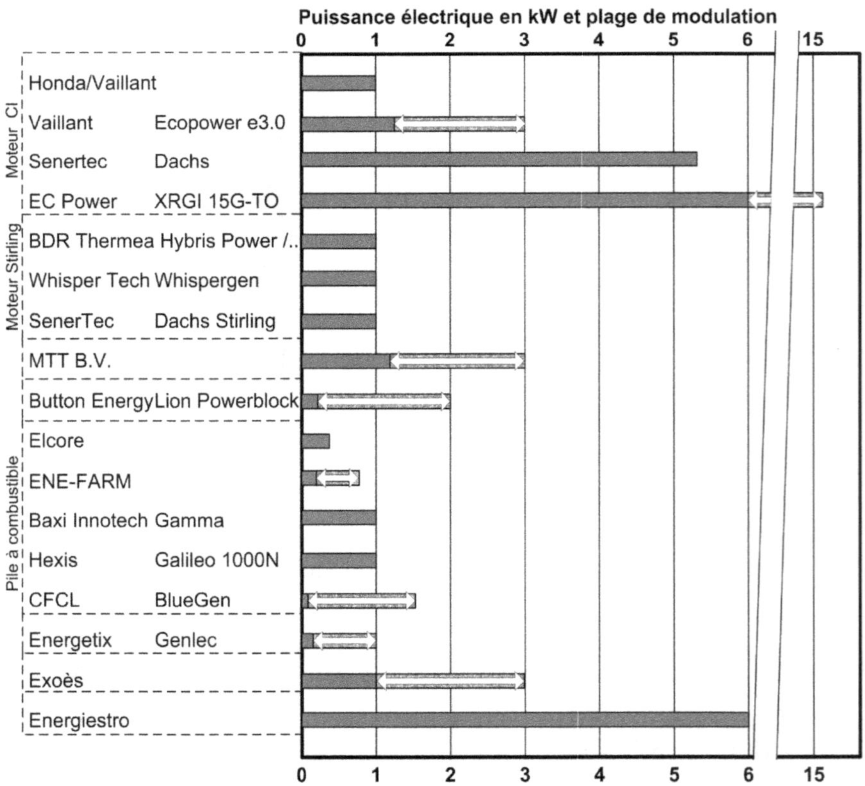

Figure 4.119 Puissance électrique des unités de micro-cogénération décrites.

4.9.2 Classement en fonction de la puissance thermique

Pour la plupart des unités de micro-cogénération, le rendement électrique est généralement faible (sauf exceptions, de l'ordre de 10 à 30 %) et, en conséquence, la quantité de chaleur produite est élevée (figure 4.120).

La puissance thermique fournie sur une année dépend de la durée de fonctionnement mais aussi des capacités de stockage de la chaleur produite (ballon ou tout autre moyen). Pour une durée de fonctionnement de l'ordre de 4 000 heures, une unité à moteur Stirling de 1 $kW_{él.}$ et 6 $kW_{th.}$ produira 4 000 × 6 = 24 000 $kWh_{th.}$/an. Si l'habitat répond à la RT 2012 (en moyenne moins de 50 kWh/m².an), pour une surface de 120 m² par exemple, les besoins thermiques ne seront que de 50 × 120 = 6 000 kWh/an ; pour un habitat plus ancien consommant 250 kWh/m².an, les besoins seront de 250 × 120 = 30 000 kWh/an, plus en adéquation avec la chaleur produite.

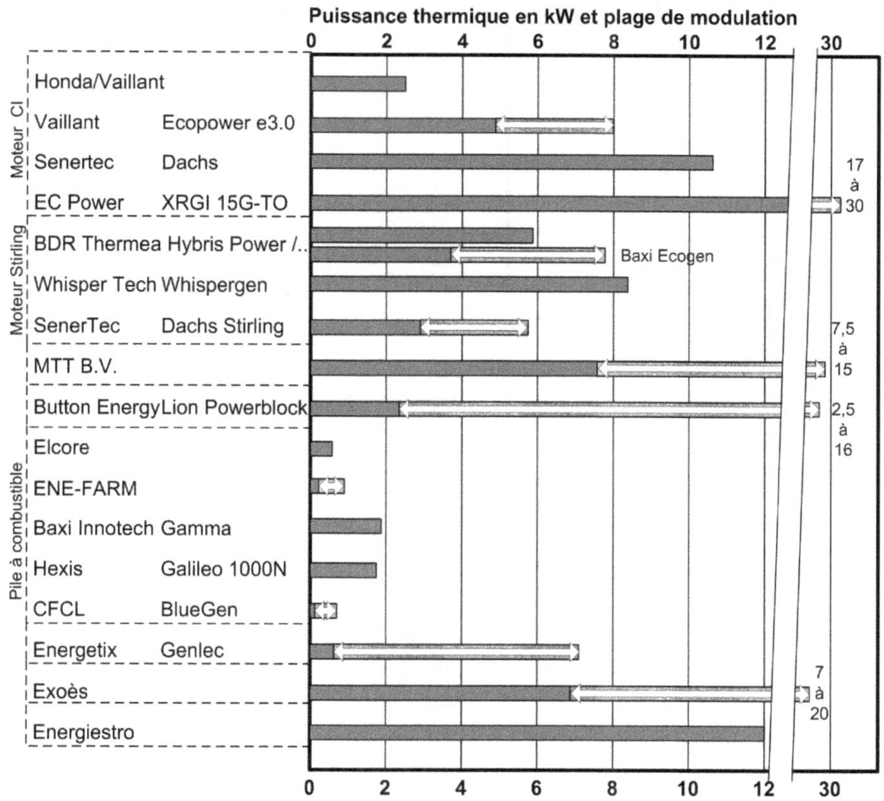

Figure 4.120 Puissance thermique des unités de micro-cogénération décrites.

B

Unités de micro-cogénération – Critères de sélection et législation

4.9.3 Classement en fonction du rapport puissance thermique/ puissance électrique

Cette classification (figure 4.121) permet une première approche dans le choix d'une unité de micro-cogénération en optimisant la puissance thermique et électrique fournie par rapport aux besoins thermiques et électriques globaux pour l'utilisation envisagée en tenant compte des capacités de stockage de chaleur, à court, moyen ou long terme.

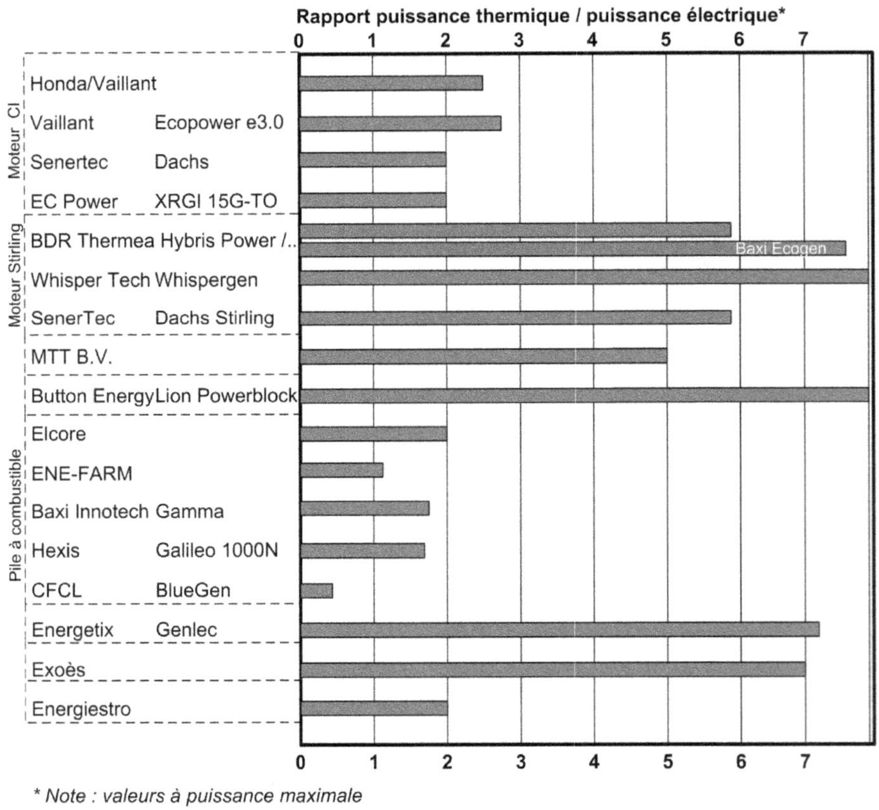

Figure 4.121 Rapport puissance thermique/puissance électrique des unités de micro-cogénération décrites.

5 Combustibles

Les combustibles utilisables par les unités de micro-cogénération peuvent être d'origine non renouvelable comme le gaz naturel ou renouvelable comme le bois ou les granulés. Le choix va dépendre de leur disponibilité sur le lieu d'installation, de la technologie mis en place mais aussi du degré d'autonomie recherché. Si actuellement le gaz naturel a le vent en poupe par ses qualités et sa disponibilité, le développement des combustibles d'origine renouvelable comme le biogaz ou ceux issus de la biomasse peuvent modifier le marché.

5.1 Gaz naturel

De tous les combustibles d'origine fossile, le gaz naturel est, après le charbon, celui dont les réserves sont les plus importantes avec, malgré tout, un avantage certain par rapport au charbon ou au fioul en termes de faible pollution lors de sa combustion.

L'exploitation de gaz de schiste a encore augmenté de façon considérable les réserves disponibles. Aux États-Unis, il représentait près de 30 % de la production gazière en 2011.

Les autres réserves potentielles sont les hydrates de méthane (le méthane est contenu dans un réseau de molécules d'eau) au fond des océans dont les volumes sont cependant difficiles à estimer.

Le gaz naturel est en fait un mélange de différents gaz dont le plus important est le méthane (CH_4). La composition varie en fonction des gisements de production.

Gaz de schiste

Contrairement aux gisements « classiques » où le gaz naturel se trouve dans des poches géologiques, le gaz de schiste se trouve dispersé de manière diffuse dans des roches. Son extraction se fait en injectant sous de très fortes pressions, après forage, un mélange d'eau, de sable et de produits chimiques permettant ainsi au gaz de s'échapper et d'être récupéré.

Les inconvénients de cette technique sont la forte consommation d'eau, la toxicité des produits chimiques utilisés qui peuvent se trouver dans les nappes phréatiques, les risques sismiques possibles en surface ainsi que les fuites de méthane, un gaz à effet de serre ayant un fort pouvoir réchauffant comparé au CO_2.

La France importe pratiquement tout le gaz naturel nécessaire et ceci sous deux formes : gaz comprimé par gazoduc et GNL (Gaz Naturel Liquéfié) par méthanier. Les principales sources sont la Norvège, la Russie, les Pays-Bas et l'Algérie (à eux quatre représentant près de 80 % des importations). Il est aussi à noter que la production européenne (la Norvège, les Pays-Bas, le Royaume-Uni…) est en diminution constante.

En France, un réseau de distribution de près de 180 000 km permet d'alimenter une très grande part de la population (près de 80 % des résidants d'une commune).

On parle du gaz naturel comme de la source d'énergie du XXIe siècle avec le GNL prenant une importance croissante par sa facilité de transport maritime.

5.2 Biogaz

Le biogaz est un mélange de gaz issus de la dégradation biologique anaérobique (sans oxygène) de matières organiques (figure 5.1). Il est composé principalement de méthane et de gaz carbonique ; les autres gaz peuvent être de l'azote, des composés soufrés, des siloxanes, de l'ammoniac…

Les matières premières peuvent provenir de la biomasse (plaquettes de bois…), d'exploitations agricoles (marc de raisin, lisier, résidus laitiers…) ou d'autres sources (boues papetières, ordures ménagères, boues de stations d'épuration – STEP…).

Le rendement est fonction du produit de départ. Les déchets de maïs permettent d'obtenir environ 200 m^3 de biogaz (à 52 % de méthane) par tonne ; le lisier de porc donne 40 m^3 de gaz à 65 % de méthane par tonne.

Avant utilisation, le gaz doit être purifié soit pour l'utilisation locale envisagée, soit pour être injecté dans le réseau de gaz naturel (les premières injections ont démarré en France en 2012). Il doit alors répondre aux mêmes critères que le gaz naturel (teneur en méthane et autres gaz, odorisation…).

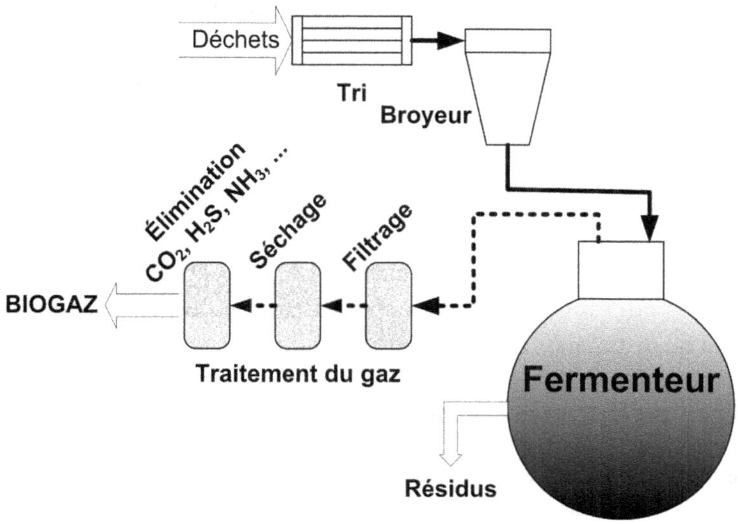

Figure 5.1 Préparation du biogaz (schématisée).

Le biogaz aujourd'hui

Bien qu'il ne représente en France qu'une fraction encore négligeable comparé au gaz naturel, il est cependant appelé à se développer, le nombre d'installations de méthanisation croissant rapidement face au problème du volume des ordures ménagères en augmentation et de la nécessité de valoriser énergétiquement tous les déchets.

Au niveau européen, l'Allemagne est largement en tête avec une production de 6,67 Mtep en 2010 (contre 4,2 en 2009 et 2,4 en 2008). L'Angleterre occupe la deuxième position avec 1,77 Mtep alors que la production de la France, qui se place en troisième position, ne représentait que 0,53 Mtep en 2009. L'Allemagne favorise l'injection de biométhane dans le réseau de gaz naturel : fin 2011, près d'une centaine d'installations injectaient en moyenne environ 60 000 m^3/h. L'Allemagne espère couvrir près de 20 % de ses besoins en gaz naturel en 2020.

5.3 Fioul

L'utilisation du fioul domestique comme combustible pour des chaudières est en diminution ne serait-ce que pour des raisons de coûts, le cours du pétrole ayant connu des pics importants ces dernières années. Et ceci même si les constructeurs présentent des modèles performants.

La tendance peut être étendue aux unités de micro-cogénération dont peu l'utilisent.

5.4 Agrocarburants / Biocarburants

Les agrocarburants (appelés parfois « biocarburants ») dont le développement a été motivé par des alternatives aux combustibles fossiles utilisés dans les transports peuvent constituer, selon leur origine, une alternative renouvelable au carburant liquide conventionnel qu'est le fioul.

Pour l'utilisation avec des chaudières ou pour la micro-cogénération on les trouve actuellement sous forme de « biodiesel » (que l'on devrait appeler plutôt « agrodiesel ») qui est généralement obtenu à partir d'huiles végétales (de tournesol, de colza ou de palme) ; ce sont les agrocarburants de première génération.

5.4.1 Agrocarburants de première génération

Ces agrocarburants sont dits de première génération, car ils sont produits principalement à partir de plantes vivrières (figure 5.2).

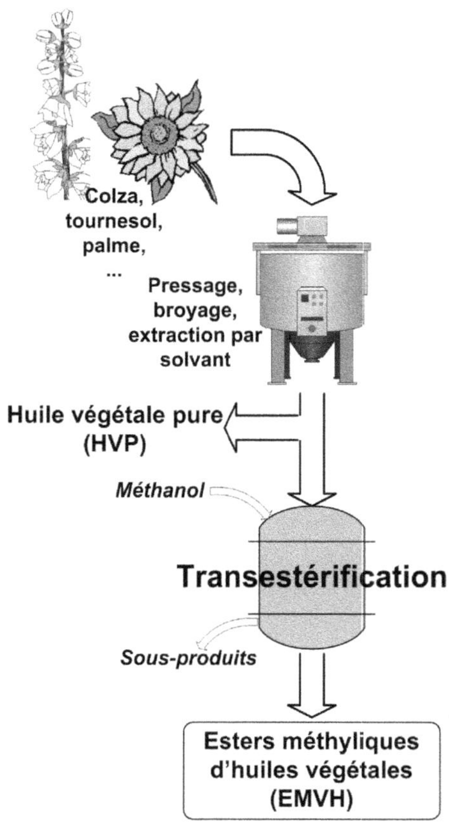

Figure 5.2 Production du « biodiesel ».

À partir des graines (tournesol, colza ou palme), l'huile est extraite par pression, broyage ou par solvant. On obtient alors une huile végétale pure (HVP) qui peut être utilisée sous certaines conditions comme combustible. On peut aussi utiliser des huiles usagées – de friture par exemple – ou des graisses animales.

Dans l'étape suivante, ces huiles végétales, après préparation (semi-raffinage), sont transformées en une opération de transestérification avec un alcool (méthanol) et donnent des esters méthyliques d'huiles végétales (EMVH) appelés « biodiesel » ou Diester® en France.

Une tonne d'huile végétale semi-raffinée traitée (avec utilisation de 100 kg de méthanol) donne une tonne de Diester®.

Les rendements sont malgré tout faibles : 1 ha de colza ou de tournesol fournit au mieux l'équivalent énergétique d'une tonne d'équivalent pétrole. La consommation finale d'énergie du seul secteur résidentiel en 2010 était d'environ 45 Mtep qui nécessiteraient 45 millions d'ha de culture, soit 450 000 km^2!

En 2011, la production européenne était supérieure à 10 millions de tonnes, soit 60 % de la production mondiale, et les usines de production ne tournaient qu'à moitié de leur capacité suite à une faible demande.

Leur coût de production global est aussi plus élevé que celui des produits pétroliers équivalents (fonction aussi du cours du pétrole) et seule une défiscalisation importante (TIPP réduite) leur assure un prix compétitif par rapport aux combustibles fossiles.

Ils soulèvent de plus de nombreux problèmes :

- **Éthiques** car l'utilisation de plantes alimentaires comme combustible n'est pas toujours acceptée.
- **Sociaux** car la priorité donnée à leur production soustrait une partie à l'alimentation animale ou humaine et entraîne aussi une augmentation des prix (« révolte de la tortilla » en 2007 au Mexique suite à l'augmentation du prix du maïs, utilisé pour produire de l'éthanol).
- **Écologiques** car certains pays se lancent dans la monoculture (palmiers à huile en Indonésie) intensive et industrielle (déforestation, utilisation d'engrais, d'eau, de pesticides...) avec toutes les conséquences sur la biosphère.
- **Énergétiques** car le bilan énergétique global (« du puits à la roue » c'est-à-dire de la plantation à la livraison du combustible) est sujet à controverse. Selon les hypothèses de départ des organismes le chiffrant, l'énergie totale nécessaire à la production d'agrocarburants et les gains potentiels en CO_2 varient dans une plage importante (sources : étude de l'OCDE de 2007 « *Biofuels : is the cure worse than the disease ?* » ou de l'EPA – *Environmental Protection Agency* – américaine de 2009, étude comparative de l'ADEME en 2006 « Bilan énergétique et émissions de GES des carburants et biocarburants conventionnels », « Les avis de l'ADEME » en novembre 2011).

5.4.2 Agrocarburants de seconde génération

Beaucoup plus d'espoir est mis dans les agrocarburants de seconde génération qui devraient pouvoir être produits à partir de la biomasse (bois, paille, résidus agricoles, déchets verts...) ou de plantes non alimentaires (jatropha). Ce sont les procédés GTL (*Gas To Liquid*) ou BTL (*Biomass To Liquid*).

La production de carburants de synthèse est un processus connu et utilisé depuis les années 1930. Pour la biomasse (figure 5.3), on la transforme en gaz de synthèse, composé principalement de CO et H_2, puis on fait réagir ces deux gaz (réaction avec catalyseur dite de Fischer-Tropsch) dans un réacteur dont le choix des paramètres (température, pression...) permet, par exemple, la production de biodiesel.

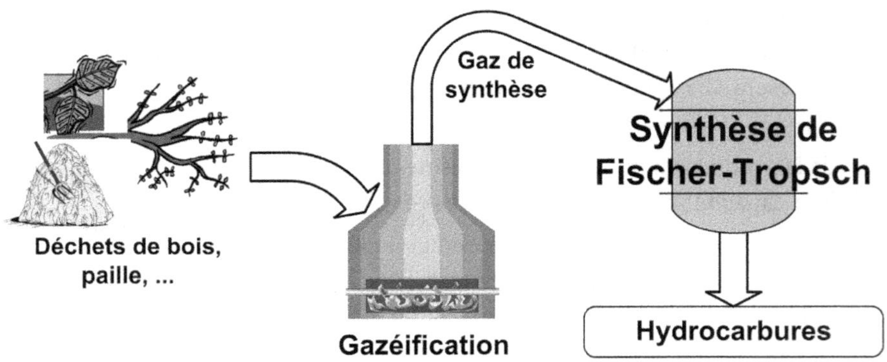

Figure 5.3 Processus simplifié de traitement de la biomasse.

Les développements dans cette voie vont vers une amélioration des rendements et du coût de production pour passer à une phase industrielle non sans difficultés. La société allemande Choren Industries, qui avait inauguré une unité de production de biodiesel à partir de la biomasse (surtout du bois), a cessé ses activités fin 2011 face surtout aux problèmes techniques qui n'ont pas permis d'atteindre la rentabilité prévue (le prix du biodiesel produit était estimé à 3 euros par litre).

Deux autres voies sont explorées : production de bioéthanol (projet français Futurol) ou production variable de gaz de synthèse (puis éventuellement d'hydrogène et de méthane), de méthanol ou de combustible synthétique (projet allemand BioLiq). Ces deux projets prévoient une unité pilote de production avec une éventuelle industrialisation vers 2016.

Probablement à plus long terme, si les recherches aboutissent, certaines algues ou des procédés à base d'enzymes pourraient aussi permettre de produire du biodiesel.

Quel que soit le procédé choisi pour les agrocarburants de seconde génération, ceux-ci ne seraient disponibles en volumes importants que dans un délai de 5-10 ans (?)

selon les études. Cependant, pour la micro-cogénération, ils constitueront une approche environnementalement plus soutenable que ceux de première génération.

5.5 Bois

5.5.1 Les granulés (ou pellets)

En micro-cogénération, seuls les granulés sont utilisés comme combustible. Apparus aux États-Unis dans les années 1970, ils se sont ensuite étendus en Europe.

Ce sont des cylindres de 4 à 10 mm de diamètre et de 50 mm de longueur maximale (figure 5.4).

Figure 5.4 Granulés de bois (source : ÖkoFEN).

Ils sont produits à partir de sciure de bois compressée (figure 5.5), généralement sans ajout d'additifs, la lignine du bois jouant le rôle de colle naturelle lorsqu'elle est chauffée.

L'Europe est le premier utilisateur mondial de granulés (10 millions de tonnes en 2010 dont 5,5 millions de tonnes sont utilisées dans les centrales), surtout les pays nordiques où ils sont brûlés dans les centrales au charbon, soit mélangés, soit comme remplacement.

La qualité des granulés est garantie par la certification répondant à la norme européenne EN 14961-2 parue en 2011. Les granulés de classe A1 sont utilisés pour les installations individuelles. Cette norme précise entre autres les caractéristiques physiques, énergétiques, taux de cendres...

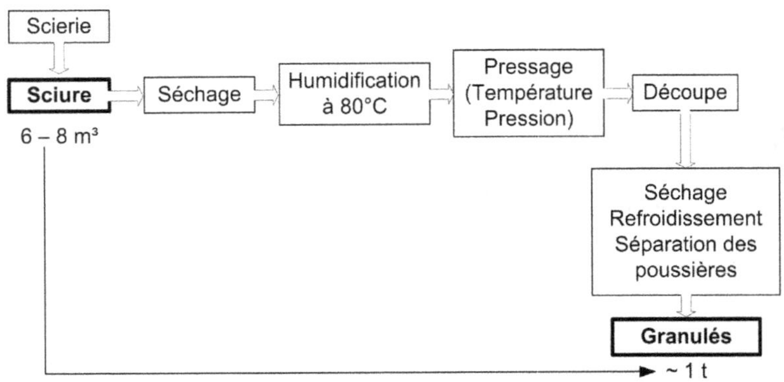

Figure 5.5 Exemple de préparation de granulés de bois.

Remarque

Les granulés peuvent être aussi produits à partir de paille ou d'autres végétaux.

5.5.2 Utilisation des granulés en micro-cogénération

Parmi les unités utilisant les granulés, on trouve entre autres des équipements basés sur le moteur Stirling (ÖkoFEN) ou la vapeur (Lion Powerblock) déjà décrits.

Livraison et stockage

Les granulés sont généralement livrés en vrac (unité : la tonne) par camion souffleur (figure 5.6) ou en sacs.

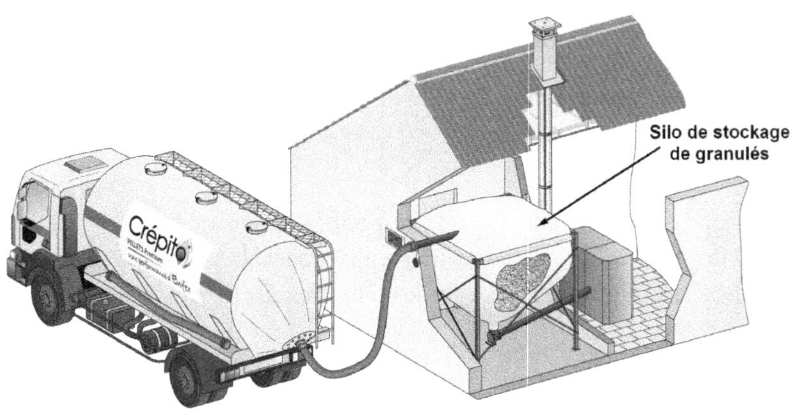

Figure 5.6 Livraison de granulés par camion souffleur (source : Crépito® – société Euro Énergies).

Le stockage peut se faire dans un local approprié ou dans un silo souple (figure 5.7) à partir duquel il alimente la chaudière ou l'unité de micro-cogénération.

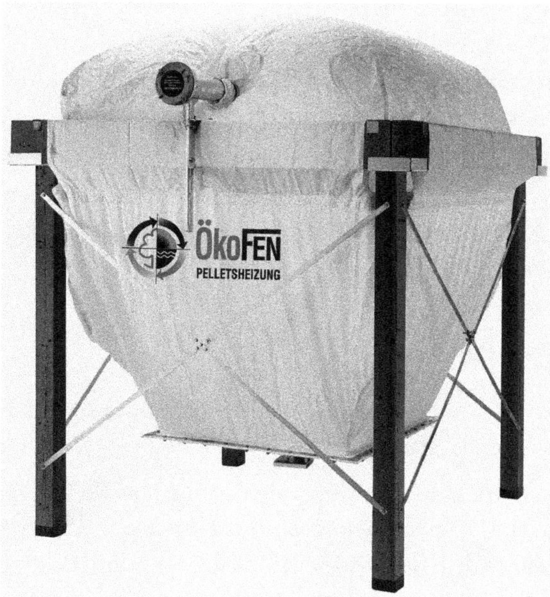

Figure 5.7 Silo souple de stockage de granulés (source : ÖkoFEN).

Utilisation

Avantages

Sur le plan environnemental, les granulés sont presque neutres en termes d'émissions de gaz à effet de serre. On considère que la quantité de CO_2 émise lors de la combustion correspond à celle absorbée par l'arbre lors de sa croissance (photosynthèse figure 5.8).

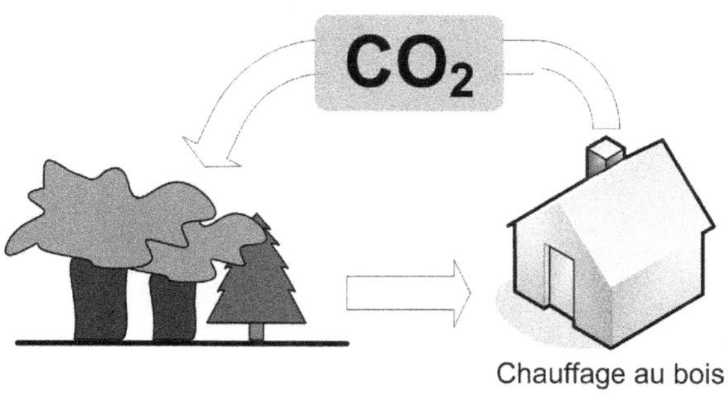

Figure 5.8 Cycle du CO_2.

Inconvénients

La combustion des granulés produit des fines particules (comme le fioul) qui sont entraînées par les gaz brûlés. En Allemagne, la concentration des particules fait déjà l'objet d'une limitation.

D'autre part, par rapport aux autres combustibles, le volume des granulés, à quantité d'énergie constante, est plus important (650 kg/m^3).

Par l'abondance de ressources forestières en France (plus de 15 millions d'ha) et en Europe, ce combustible peut être considéré comme une alternative écologique viable et aussi fiable en termes d'approvisionnement (fin 2011, il y avait plus de 650 unités de production en Europe).

5.6 Hydrogène

L'hydrogène, mentionné comme combustible pour le cœur des piles à combustible n'existe pas à l'état naturel.

Il est produit aujourd'hui principalement (à plus de 95 %) à partir de charbon ou de gaz naturel. L'électrolyse qui serait un procédé « propre » (obtenir l'hydrogène à partir de l'eau et de l'électricité) nécessite cependant des volumes d'eau importants (environ 9 litres par kg d'hydrogène) ainsi que d'importantes quantités d'électricité (de l'ordre de 5 kWh/Nm^3).

L'hydrogène produit aujourd'hui est utilisé principalement pour désulfurer les produits issus de la distillation du pétrole, comme le carburant diesel par exemple, et dans l'industrie chimique pour la production d'ammoniac (qui est à la base de la production d'engrais). Seule une faible quantité ($\approx$ 5 %) est disponible sur le marché pour l'industrie chimique fine ou électronique, les laboratoires...

Sa production et compression (hydrogène gazeux) ou liquéfaction (hydrogène liquide) sont consommatrices d'énergie et contribuent à la pollution – CO_2 – lors du reformage à partir du gaz naturel. On estime qu'environ 10 à 15 % de l'énergie contenue dans l'hydrogène est utilisée pour la compression et plus de 25 % pour la liquéfaction.

Les unités de micro-cogénération à pile à combustible actuelles utilisent plutôt le gaz naturel, biogaz... qui sont reformés pour produire de l'hydrogène utilisé par le cœur de pile.

5.7 Comparaison

5.7.1 Données thermiques

La caractéristique principale d'un combustible (tableau 5.1) est son pouvoir calorifique : quelle quantité de chaleur peut-on obtenir par unité de poids ou de volume ?

Tableau 5.1 Caractéristiques comparées de combustibles utilisables en micro-cogénération.

Combustible	Pouvoir calorifique (PCI)	Masse volumique
Fioul domestique	9,8 kWh/l	≈ 820 à 850 g/l
Agrocarburants (« biodiesel » / Diester®)	9,2 kWh/l	≈ 880 à 890 g/l
Bois (granulés)	≈ 5 kWh/kg	≈ 650 kg/m³
Gaz naturel (1 bar)	≈ 10 kWh/Nm³	0,7 g/l 1 kg = 1,428 m³
Biogaz (1 bar)	5 à 7,5 kWh/Nm³	≈ 1,2 g/l 1 kg = 0,83 m³
Hydrogène (1 bar)	3 kWh/Nm³	0,0899 g/l 1 kg ≈ 11,1 m³
Hydrogène liquide	2,36 kWh/l	70,8 g/l 1 kg = 14 litres

Remarque

Nm³ : mètre cube normal (mesuré à 0 °C et 1 atmosphère).

PCI (Pouvoir Calorifique Inférieur) : c'est l'énergie dégagée lors de la combustion avec formation de vapeur d'eau éliminée avec les fumées. L'autre notion est le PCS (Pouvoir Calorifique Supérieur) qui est l'énergie dégagée lors de la combustion avec condensation de la vapeur d'eau.

À partir des valeurs du pouvoir calorifique, on peut déterminer les équivalents énergétiques :

- 1 m³ de gaz naturel est équivalent à 1,5-2 m³ de biogaz ou 3 m³ d'hydrogène.
- 1 000 litres de « biodiesel » équivalent à environ 950 litres de fioul domestique.
- 1 tonne de granulés équivaut à 0,5 m³ de gaz naturel ou à 540 litres de « biodiesel ».

On peut aussi déterminer le poids ou volume de combustible nécessaire : pour une maison de 100 m² ayant un besoin thermique de 120 kWh/m².an (soit un total de 12 000 kWh sur l'année) et utilisant une unité de micro-cogénération ayant un rendement de 90 %, il faudra par exemple 1 330 m³ de gaz naturel ou 2,7 tonnes de granulés.

5.7.2 Gaz à effet de serre

La production et l'utilisation de combustibles entraînent la formation de gaz à effet de serre (GES) : CO_2 lors de la production et/ou de la transformation (traitements thermiques...) ou de la culture ainsi que N_2O issu des engrais, lors du transport (carburant des différents modes comme bateau, camions...) et lors de la combustion dans l'unité de micro-cogénération (figure 5.9).

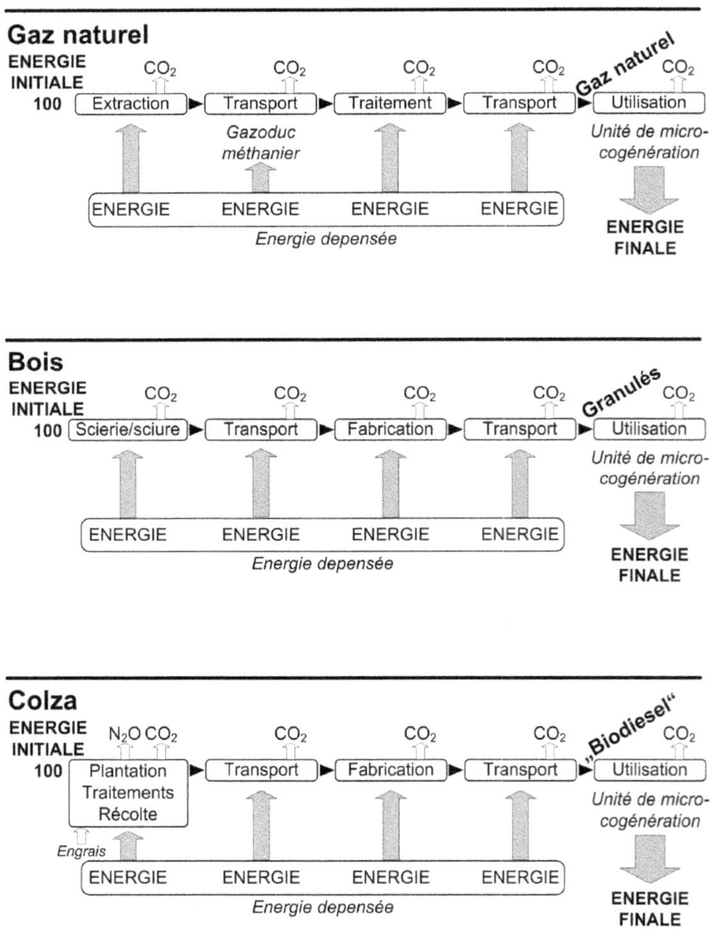

Figure 5.9 Méthode de détermination du bilan énergétique WTW de certains combustibles.

La réduction des émissions des GES par rapport aux combustibles fossiles dépend donc de nombreux facteurs et de la méthode d'évaluation environnementale (selon les hypothèses sur les différentes étapes).

5.7.3 Bilan énergétique – Cycle de vie

Du point de vue efficacité énergétique de chaque combustible, une analyse du cycle de vie (ACV), c'est-à-dire chiffrer les énergies et produits entrant à chaque étape et jusqu'à la distribution au consommateur, permet de comparer ces valeurs à l'énergie tirée lors de l'utilisation (figure 5.9).

C'est le bilan dit WTW ou « *Well-to-Wheel* » (« du puits à la roue »), expression venue du monde des transports. Dans le cas de la cogénération, ce serait à partir de l'énergie ou source primaire (gaz naturel, pétrole, bois, végétaux...) jusqu'à l'unité de micro-cogénération.

Le bilan énergétique global est, dans une première approximation, égal à l'énergie contenue initialement à laquelle on soustrait les énergies nécessaires (directes ou indirectes) pour chaque étape de production.

L'étape énergétique finale est basée sur l'efficacité de l'unité de micro-cogénération à partir du bilan précédent.

Une unité fonctionnant au gaz naturel et d'un rendement global égal à 90 % utilise donc 90 % de l'énergie contenue dans le gaz naturel livré ; l'énergie dépensée pour extraire, traiter et transporter le gaz naturel étant d'environ 18 % de l'énergie initiale, on a donc utilisé ≈ 74 % (0,82 × 0,90) de cette énergie initiale.

Une unité ayant le même rendement et fonctionnant au biodiesel de seconde génération (avec une dépense énergétique de 50 % pour la production à partir de la biomasse livrée) n'utilisera au mieux que 45 % (0,50 × 0,90) de l'énergie contenue dans la biomasse.

Le choix d'un combustible, lorsque l'option existe, ne doit pas être basé aujourd'hui uniquement sur les propriétés énergétiques intrinsèques, mais aussi tenir compte des dépenses énergétiques globales et de la contribution écologique.

6 Critères de sélection d'une unité de cogénération

Une unité de micro-cogénération ne pourra pas couvrir de façon économique tous les besoins électriques et thermiques sur toute l'année. Le choix devra se faire sur la stratégie de fonctionnement, qui pourra soit favoriser la couverture de la consommation électrique de base, soit répondre à la consommation maximale. L'optimum sera à trouver entre ces deux options extrêmes par une approche théorique basée sur des logiciels de simulation mais aussi pragmatique basée sur les mesures de consommation et le style de vie des occupants de l'habitation par exemple.

6.1 Introduction

6.1.1 Critères de choix de l'utilisateur

L'installation d'une unité de cogénération résulte en général d'un choix basé sur différents paramètres (figure 6.1). Parmi ceux-ci, on peut considérer :

- L'économie d'énergie, car dans la solution conventionnelle, le faible rendement des centrales électriques (au niveau national de l'ordre de 35 %) entraîne une importante déperdition énergétique par rapport à l'énergie initiale du combustible, due au fait que la chaleur produite est simplement dissipée dans l'atmosphère. La cogénération, par contre, a l'avantage d'utiliser au maximum une source d'énergie primaire pour les besoins en électricité, chauffage et eau chaude.
- L'économie financière par vente d'électricité ou par autoconsommation partielle ou complète, éventuellement sans raccordement au réseau (« *off-grid* »).
- La sécurité locale d'approvisionnement assurant une autonomie même limitée en cas de coupure de courant.
- Des considérations environnementales comme la réduction des émissions de gaz à effet de serre ou d'autres polluants.

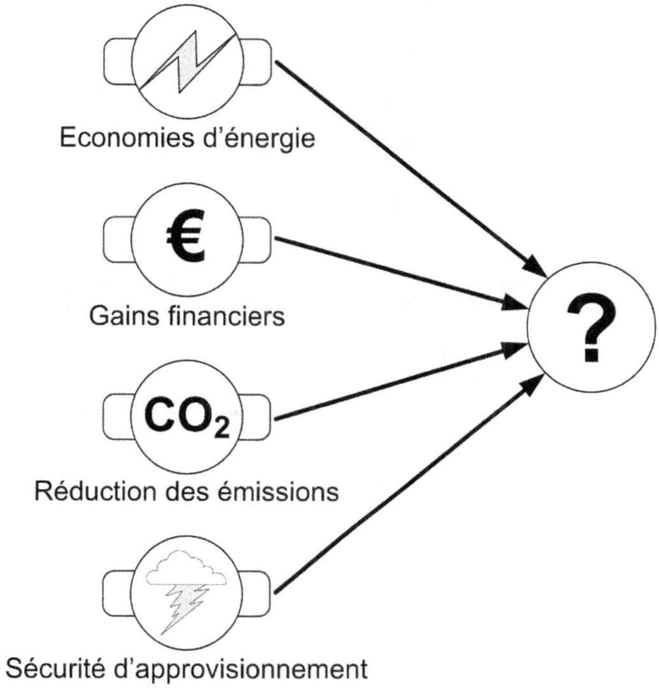

Figure 6.1 Critères de choix possibles pour une unité de micro-cogénération.

6.1.2 Critères de sélection du concepteur

Le concepteur ou maître d'œuvre doit intégrer les critères mis en avant par l'utilisateur et les convertir en une proposition technique et financière basée sur :

- Les modes opératoires possibles (favoriser la production de chaleur ou d'électricité ?).
- Les besoins et profils de consommation de chaleur et d'électricité (couvrir tous les besoins ou une partie seulement ?).
- Le ou les combustibles disponibles.
- La ou les technologies de cogénération envisageables.
- Les contraintes techniques éventuelles (espace disponible…).

Tous les facteurs vus dans les chapitres précédents comme :

- prix des énergies primaires non renouvelables croissant,
- sources d'énergies primaires non renouvelables en voie d'épuisement,
- economies d'énergie potentielles non négligeables,

- coût du réseau de distribution aussi croissant,
- qualité et fiabilité du réseau de distribution de moins en moins garanties,

nous conduisent à la seule approche logique pour de faibles puissances :

la **MICRO-COGÉNÉRATION**.

Quels sont les critères pour choisir une unité de micro-cogénération optimale ?

Remarque

Il est à noter que chaque application est un cas particulier. Il est donc difficile même dans un ouvrage extensif de couvrir toutes les possibilités et de donner des graphiques reflétant la situation réelle. C'est pour cela que le choix a été fait de ne représenter que les allures de graphiques de façon à illustrer l'approche. Cependant quelques courbes avec des valeurs réelles seront données à titre d'exemples.

6.2 Méthodologie

Afin d'optimiser une unité de micro-cogénération, il faut choisir le mode de fonctionnement c'est-à-dire savoir sur quel élément énergétique (chaleur ou électricité) sera mise la priorité.

L'étape suivante est la détermination des besoins thermiques et électriques. Ceci peut se faire, entre autres, par mesure directe, par simulation logicielle ou utilisation de modèles pré-établis.

Les résultats obtenus doivent ensuite être mis sous une forme exploitable pour le choix et le dimensionnement de l'unité de micro-cogénération. Cette mise en forme graphique aboutit à une courbe dite monotone annuelle de chaleur ou d'électricité.

Puis, il s'agira de déterminer le taux de couverture (pourcentage des besoins à couvrir par l'unité de micro-cogénération) que l'on peut envisager.

Se basant sur les résultats précédents (besoins journaliers et annuels), on peut alors simuler différentes approches en termes de puissance nécessaire et de types de fonctionnement.

On peut aussi utiliser des logiciels de choix d'une unité de micro-cogénération pour une approche plus rapide.

Le diagramme 6.2 résume les différentes étapes.

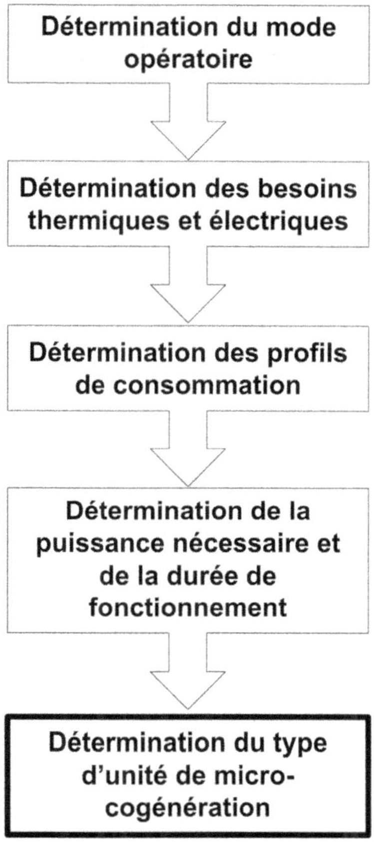

Figure 6.2 Étapes pour l'optimisation d'une unité de micro-cogénération.

6.3 Modes opératoires

La micro-cogénération par sa flexibilité en termes de programmation permet de choisir le (ou les) mode(s) de fonctionnement en fonction des besoins thermiques ou électriques (tableau 6.1). Cependant, une optimisation énergétique et financière devra s'appuyer sur des facteurs comme le stockage possible, un appoint externe, le coût de l'énergie…

Le rapport entre la quantité d'électricité et la quantité de chaleur produites est en général constant pour une unité de cogénération donnée. Il peut varier entre 1:8 pour les petites unités de type Stirling à 1:2 pour des unités comme la pile à combustible ou les moteurs classiques à combustion interne (voir figure 4.121).

Tableau 6.1 Modes opératoires thermiques et électriques en micro-cogénération.

Mode	1	2	3	4
Couverture des besoins électriques	100 %	100 %	partielle	partielle
Couverture des besoins thermiques	100 %	partielle	100 %	partielle
Surplus d'énergie thermique	Stockage du surplus de chaleur dans un ballon ou pour d'autres utilisations (piscine, serre...).	Stockage du surplus de chaleur dans un ballon ou pour d'autres utilisations (piscine, serre...).	Stockage du surplus de chaleur dans un ballon ou pour d'autres utilisations (piscine, serre...).	Stockage du surplus de chaleur dans un ballon ou pour d'autres utilisations (piscine, serre...).
Appoint externe thermique		Chaudière, solaire...		Chaudière, solaire...
Surplus d'énergie électrique	Vente Stockage possible (batteries).	Vente Stockage possible (batteries).	(Vente) Stockage possible (batteries).	(Vente) Stockage possible (batteries).
Appoint externe électrique			Réseau électrique ou photovoltaïque.	Réseau électrique ou photovoltaïque.

6.3.1 Priorité à la production de chaleur ou d'électricité ?

Faut-il favoriser la production de chaleur ?

La chaleur en surplus peut être stockée (le plus simplement est dans un ballon). Comme il n'y a pas de « marché » de la chaleur et que le stockage est quand même limité, il est donc judicieux de ne pas tendre vers un surdimensionnement de la capacité thermique de l'unité de micro-cogénération (figure 6.3).

Les besoins thermiques étant très variables (chauffage surtout) au cours de l'année et aussi en fonction des années (hivers rigoureux ou non), il faudra se fixer la limite basse à couvrir par la cogénération. Celle-ci dépendra des besoins « instantanés » (sur une journée par exemple) et globaux (sur l'année).

Un système d'appoint (poêle, chaudière, solaire thermique...) peut assurer le complément pour couvrir les besoins à 100 %.

Dans le cas d'individuel groupé, de collectif ou de tertiaire, la gestion de la chaleur produite sera facilitée, car les besoins sont plus divers et probablement mieux répartis (mélange d'habitations, de bureaux...) et une optimisation est donc plus facile à atteindre.

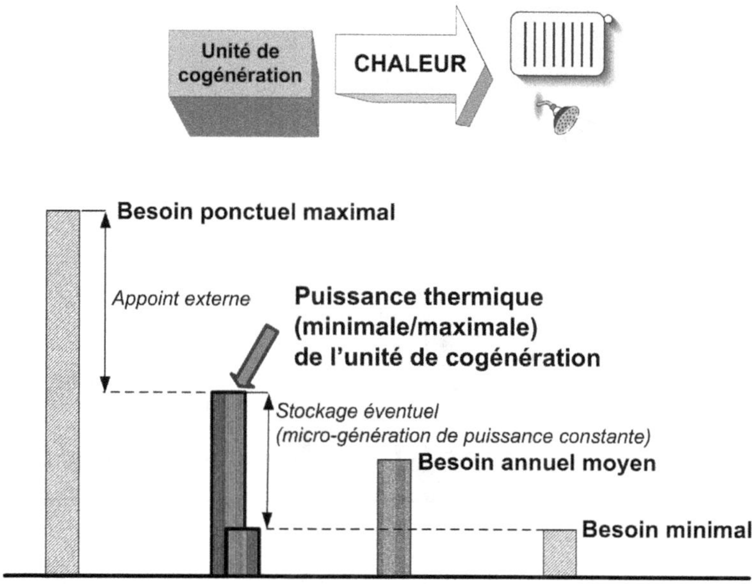

Figure 6.3 Couverture des besoins thermiques.

Pour la chaleur produite (chauffage, eau chaude sanitaire), il n'y a pas d'autre alternative que l'autoconsommation collective ou individuelle.

Cependant, le rapport généralement fixe entre quantités de chaleur et électricité produites par une unité de cogénération limite la valeur de la quantité minimale de chaleur à produire.

Faut-il couvrir les besoins électriques à 100 % ?

L'électricité ne peut être stockée de manière directe, facile et économique à petite échelle (c'est-à-dire pour les besoins domestiques, par exemple, et, à fortiori, pour une application dans le tertiaire ou le collectif).

Le choix de couvrir ou non tous les besoins est plus ouvert que pour la partie chaleur dans la mesure où l'électricité en surplus peut être vendue (figures 6.4 et 6.5).

On peut donc envisager une puissance électrique équivalent au maximum de consommation possible ou, à l'autre bout de l'échelle, une couverture des « besoins électrique de base » pour les équipements en fonctionnement continu (réfrigérateur, congélateur…) et ceux pouvant en avoir besoin dans les cas d'urgence (pompe de chaudière et éclairage minimal, en cas de coupure de courant par exemple), l'appoint étant dans ce dernier cas couvert par le réseau.

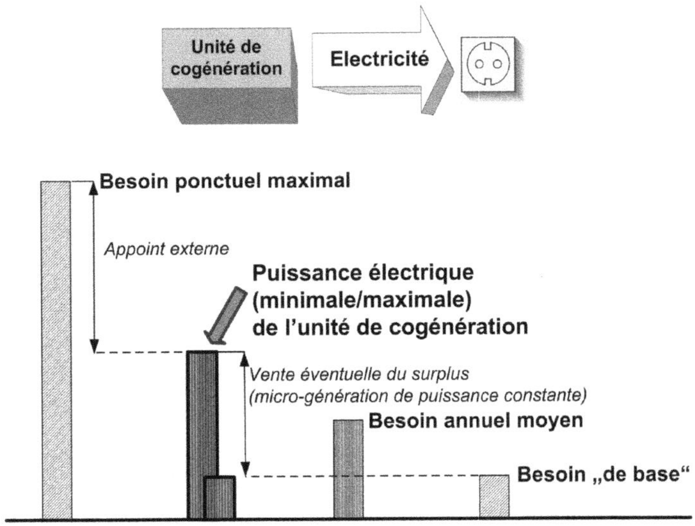

Figure 6.4 Couverture partielle des besoins électriques.

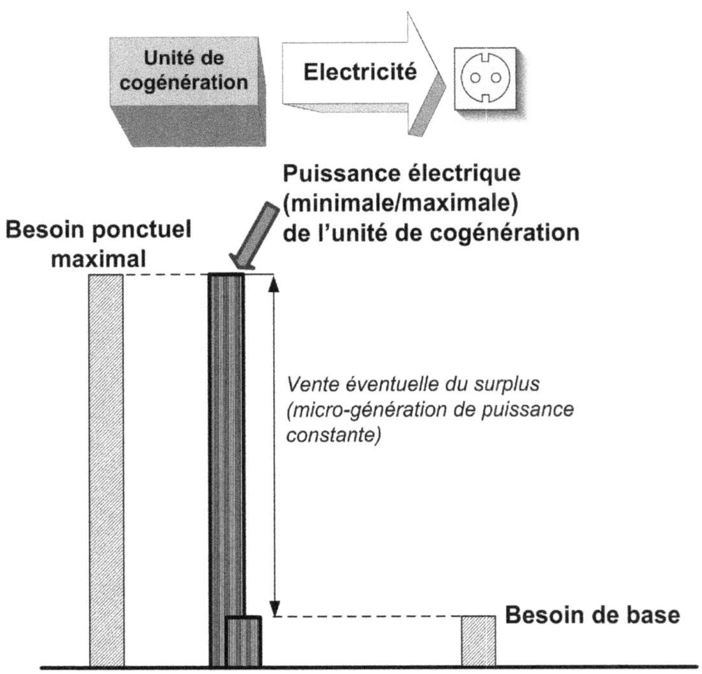

Figure 6.5 Couverture complète des besoins électriques.

Le choix sera facilité par l'installation d'une unité de micro-génération de puissance variable.

6.3.2 Autoconsommation totale ou vente d'électricité ?

Comme pour la chaleur, au niveau maison individuelle ou appartement, la marge de manœuvre est réduite suite aussi à la consommation variable d'électricité ; pour le cas d'individuel groupé, de collectif, de tertiaire, on peut mieux optimiser l'électricité produite.

Sur le plan énergétique global, si l'on adopte une approche de maximisation de l'efficacité pour l'électricité produite, la logique voudrait qu'elle soit d'abord utilisée localement.

Cela réduit les pertes dues à la production centralisée d'électricité avec rejet de la chaleur dans l'atmosphère ainsi que celles dues au transport. De plus, la charge du réseau de distribution électrique est réduite.

Quel compromis adopter ?

La fonction primaire d'une unité de cogénération étant de produire de l'électricité avec un rendement énergétique (électrique + thermique) global le plus élevé possible, il serait préférable et logique de piloter son fonctionnement selon la demande en électricité. Le choix devra se fixer sur une unité de puissance variable dans une plage importante afin de ne pas « surproduire » d'électricité, dans une optique d'optimisation besoins/ressources.

6.4 Besoins énergétiques et profil de consommation

6.4.1 Détermination des besoins

Le choix, le dimensionnement optimal et le mode de fonctionnement journalier d'une unité de cogénération impliquent la connaissance, détaillée de préférence, des besoins électriques et thermiques (chauffage, eau chaude sanitaire et éventuellement chaleur utilisée à d'autres fins pour commerce, industrie).

Les besoins seront mesurés journellement avec une fréquence permettant d'avoir des valeurs représentatives (fréquence variable selon la précision voulue qui doit être plus élevée pour les mesures de consommation électrique suite aux pics de courte durée, fréquence allant généralement d'une mesure toutes les quelques minutes à une mesure par heure).

Si la consommation pour le chauffage et l'eau chaude varie lentement (inertie thermique), la consommation d'électricité présente des pics plus marqués par rapport à la consommation moyenne suite à une demande rapide et importante de certains équipements (lave-vaisselle, lave-linge, toaster…).

La figure 6.6 montre par exemple l'allure type simplifiée de courbes de besoins thermiques et électriques correspondant à une habitation avec occupation journalière en hiver (d'où la consommation thermique en journée) avec la courbe de consommation électrique lissée.

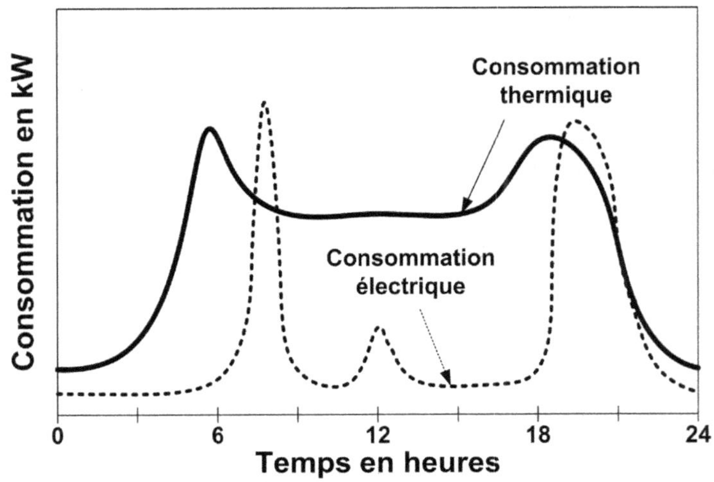

Figure 6.6 Exemple type de consommation journalière d'une habitation occupée en journée (courbes lissées).

Ces valeurs journalières permettront ensuite d'établir une moyenne conduisant à une évaluation hebdomadaire (figure 6.7 pour le même type d'habitation).

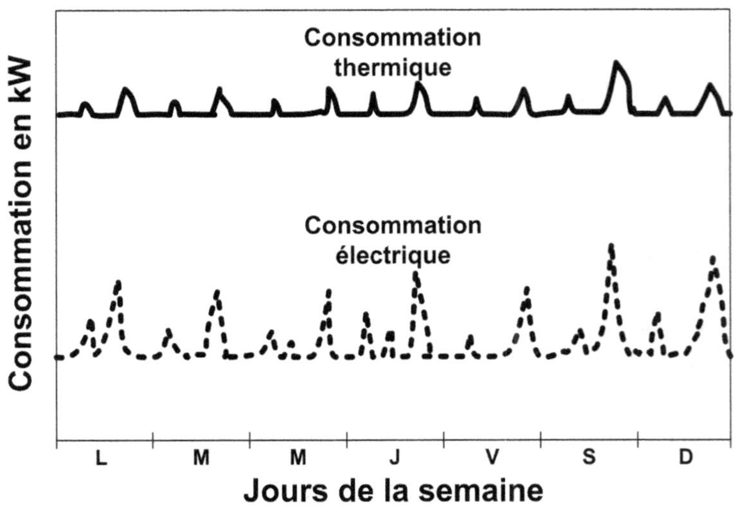

Figure 6.7 Consommation hebdomadaire type (courbes lissées).

Ces mêmes valeurs moyennes journalières compilées sur un an donneront le profil annuel et les valeurs maximales de consommation (figure 6.8).

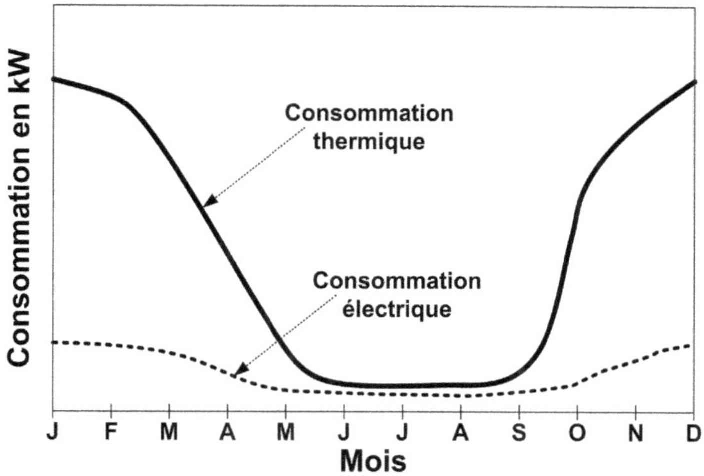

Figure 6.8 Consommation annuelle type (courbes lissées).

La méthode à utiliser pour la détermination de la consommation thermique ou électrique dépendra du temps disponible et du degré de précision que l'on souhaite obtenir.

Comment la déterminer ? On peut s'appuyer sur diverses approches qui vont de la mesure de la consommation réelle à la simulation par logiciel.

Mesure en temps réel

C'est la méthode qui donnera les informations les plus fiables. Cependant, afin de tenir compte de tous les éléments comme, par exemple, une météo variable selon les années, il faudrait idéalement avoir une mesure sur plus d'une année, ce qui est difficile à réaliser au niveau individuel.

Les mesures seront effectuées de manière directe par lecture d'un paramètre ou indirecte par mesure et intégration de divers paramètres, selon le type d'installation électrique ou thermique.

Mesure de l'énergie thermique

Par mesure des températures d'entrée et de sortie ainsi que du débit d'eau, on peut déterminer en continu la consommation selon la relation :

$$Q_{th} = D \times K \times (T_{sortie} - T_{entrée})$$

avec Q_{th} la quantité de chaleur, T_{sortie} et $T_{entrée}$ les températures respectives de sortie et d'entrée de l'eau du circuit de chauffage. Le paramètre K ou coefficient d'enthalpie tient compte du fluide (en général de l'eau) et de ses propriétés thermiques (coefficient du calcul de l'énergie pour l'eau à deux températures données).

La figure 6.9 illustre le schéma caractéristique d'un système de mesure de la consommation de chaleur avec les trois sous-ensembles qui sont les capteurs de température, la mesure de débit et le boîtier de traitement des données.

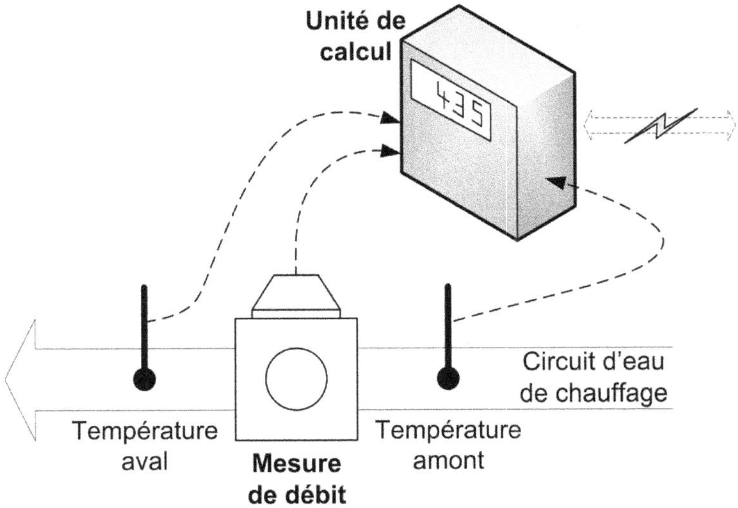

Figure 6.9 Principe du compteur d'énergie thermique.

Il existe deux technologies pour la mesure de débit : une variante mécanique où l'eau fait tourner une turbine que l'on calibre pour avoir le débit et une variante sans pièce mobile utilisant des ultrasons. Pour cette dernière, deux transducteurs envoient un faisceau d'ultrasons dans la canalisation. La vitesse de transmission varie selon la direction du flux, ce qui permet de calculer le débit.

Un calculateur intègre les informations reçues et les corrections éventuelles (coefficient correcteur d'enthalpie) pour calculer la quantité d'énergie et l'afficher (généralement en kWh).

D'autres informations comme par exemple les températures mesurées et le débit sont aussi généralement accessibles. Les données peuvent être stockées (data logger) ou transmises par liaison filaire ou sans fil, selon les modèles.

Un exemple de compteur individuel d'énergie thermique est donné figure 6.10. Ce modèle utilise deux sondes au platine, avec la sonde de mesure de température froide montée dans le corps du compteur. Il est possible, par exemple, d'exporter les données vers une centrale d'acquisition (par concentrateur MBus dans cet exemple) où l'on peut alors consulter toutes les données mesurées et calculées. La puissance instantanée est disponible toutes les minutes.

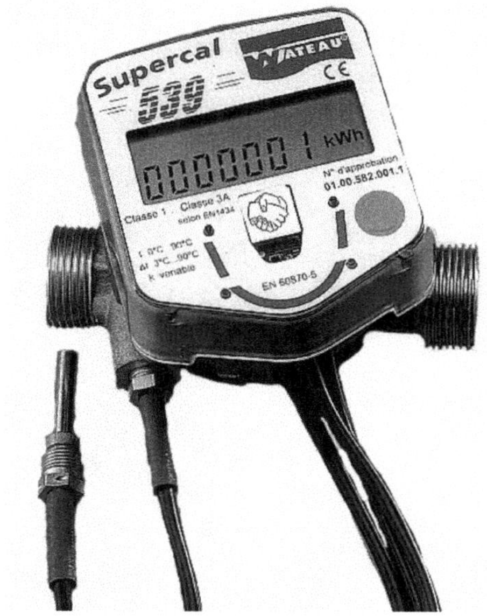

Figure 6.10 Compteur d'énergie thermique Supercal 539 (source : Elster Comptage, Compteurs Wateau).

L'affichage (figure 6.11) permet de consulter directement l'état du compteur et les données mesurées (températures, débit) ou calculées (quantité de chaleur).

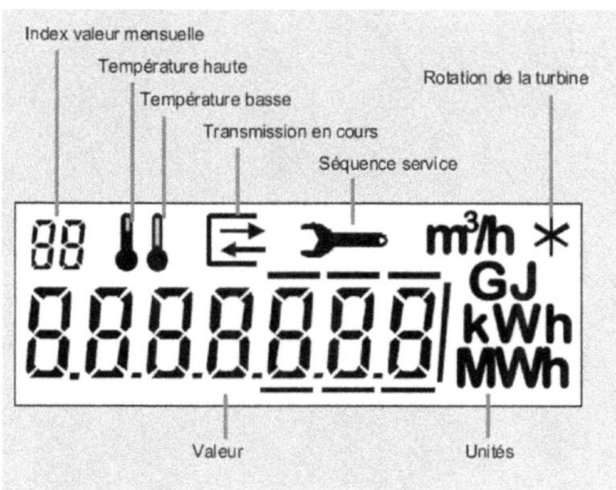

Figure 6.11 Affichage d'un compteur d'énergie thermique Supercal 539 (source : Elster Comptage, Compteurs Wateau).

Mesure de l'énergie électrique sur compteurs existants

Les compteurs électromécaniques ou électroniques conventionnels ne possèdent pas de signal de sortie pour mesurer la consommation électrique. Les solutions consistent en l'utilisation d'un capteur externe adapté au type de compteur.

Le capteur de consommation est un « compte-tours » pour les compteurs électromagnétiques (figure 6.12) ou un détecteur de clignotement de diode pour les compteurs électroniques (figure 6.13).

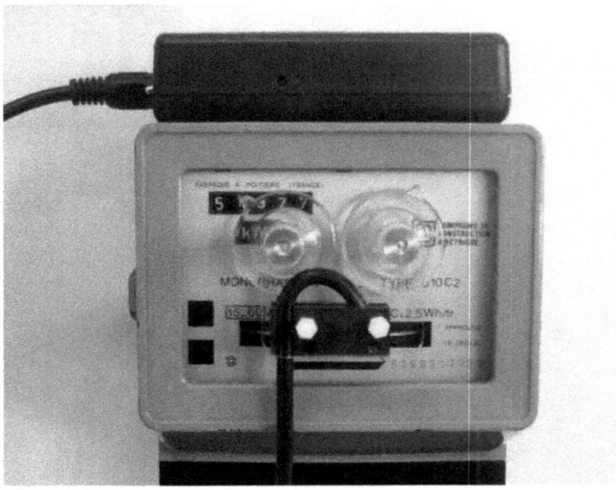

Figure 6.12 Détecteur pour compteur électromécanique (source : Fludia).

Figure 6.13 Détecteur pour compteur électronique (source : Fludia).

Le capteur est relié à un boîtier enregistreur (figure 6.14) où les données sont stockées à une fréquence modifiable (toutes les minutes par exemple) et peuvent ensuite être récupérées (dans cet exemple, par le port USB).

Figure 6.14 Boîtier enregistreur (source : Fludia).

Les données enregistrées sont ensuite exploitées par un logiciel pouvant donner soit la consommation journalière (figure 6.15), soit sur une période donnée (figure 6.16) ainsi que la valeur moyenne sur une période choisie (figure 6.17).

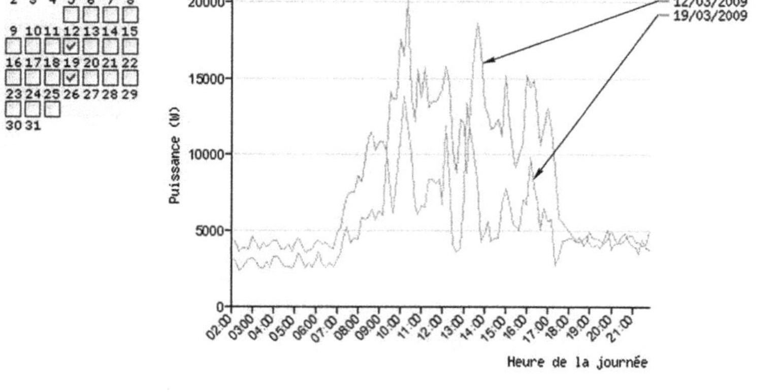

Figure 6.15 Exemple de consommation journalière (source : Fludia).

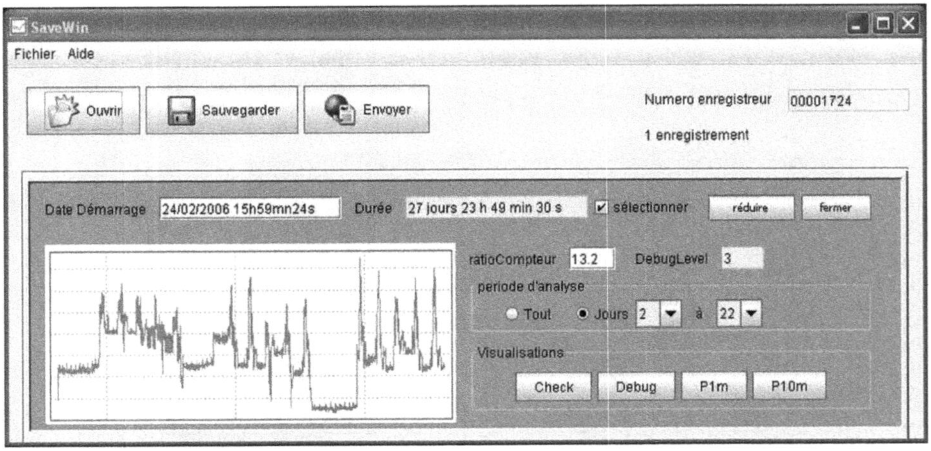

Figure 6.16 Exemple de consommation sur une période donnée (source : Fludia).

Figure 6.17 Exemple de consommation journalière moyenne sur une période donnée (source : Fludia).

L'analyse logicielle permet d'explorer différentes options comme les pics de consommation journaliers, les jours de plus forte consommation…

Compteur communicant (« Smart Meter »)

Cette nouvelle génération de compteurs dits « intelligents » (ou plus exactement communicants) permet une mesure fine de la consommation électrique et une communication bidirectionnelle. En France, le compteur Linky, dont la diffusion a été décidée, aurait pu être une aide appréciable pour déterminer sa consommation. Cependant, il semble que l'accès aux données ne soit pas aussi évident : il existe certes une sortie USB mais incompatible avec les clefs du commerce. EDF/ERDF va-t-il faire payer directement ou indirectement l'accès à ces données ? De plus, aucun affichage déporté n'est prévu pour un suivi facile de sa consommation.

Compteur à pince ampèremétrique

Une autre approche globale est l'utilisation d'un compteur basé sur le principe de la pince ampèremétrique.

Ce type de compteur se compose généralement de trois composants :

- Une pince (capteur) qui s'installe autour du câble d'alimentation général.
- Un émetteur sans fil relié à cette pince.
- Un récepteur avec écran d'affichage.

Le capteur s'installe autour du câble d'alimentation général venant du compteur (figure 6.18) ; il est relié à un émetteur alimenté par une pile ou une batterie.

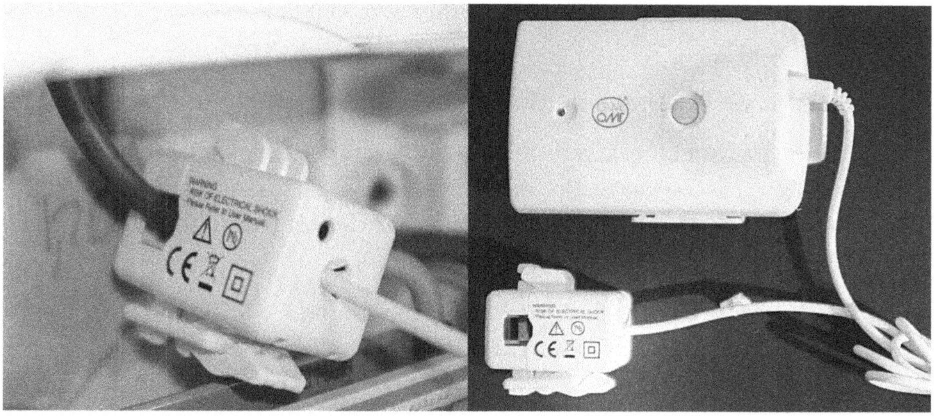

Figure 6.18 Capteur ampèremétrique installé sur câble compteur et ensemble avec émetteur (photo de l'auteur).

Le récepteur (figure 6.19), que l'on peut placer n'importe où dans l'appartement ou la maison (en tenant compte de la portée de l'émetteur), permet d'afficher soit la consommation instantanée ou moyennée en W ou kW, soit la consommation totale en kWh. Selon les modèles, d'autres fonctions sont possibles comme par exemple la mise en mémoire des données pour une durée plus ou moins longue, ce qui permet un suivi statistique de la consommation.

Ce type d'affichage permet un contrôle visuel de sa consommation et devrait même être partie intégrante de toute installation électrique.

Figure 6.19 Boîtier récepteur affichant la consommation réelle (photo de l'auteur).

Mesure de la consommation électrique détaillée par appareil

Afin de pouvoir affiner l'optimisation de l'unité de micro-cogénération, il est possible de mesurer la consommation électrique (instantanée ou sur une durée plus ou moins longue) de certains appareils afin de connaître leur consommation maximale (pics de demande) ou sur une longue durée.

Cette mesure peut se faire par un wattmètre (figure 6.20) que l'on branche entre l'appareil dont on veut mesurer la consommation et la prise électrique.

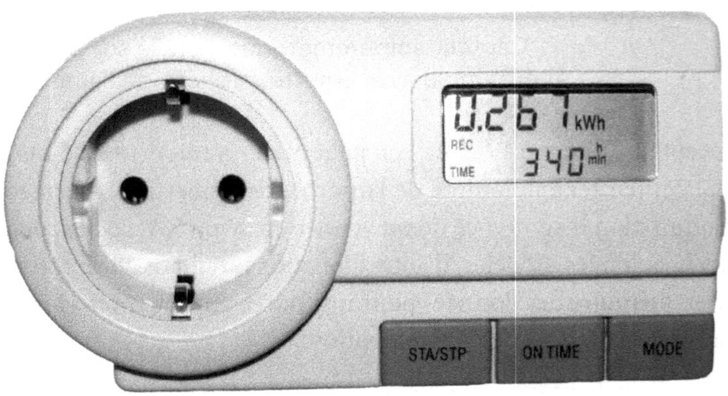

Figure 6.20 Wattmètre avec affichage de la consommation et de la durée de la mesure (photo de l'auteur).

Tableau 6.2 Table pour la mesure directe de consommation électrique.

Appareil	Consommation sur une longue durée	Consommation maximale	Consommation minimale
Lave-vaisselle	kWh	W	W
Lave-linge	kWh	W	W
Téléviseur	kWh	W	W
Congélateur	kWh	W	W
Réfrigérateur	kWh	W	W
Chaudière	kWh	W	W
Éclairage (nombre d'ampoules × puissance)		W	W
...			
TOTAL			

Ceci peut, par exemple, permettre d'avoir une première estimation pour dimensionner l'unité de micro-cogénération afin de couvrir les besoins de base comme l'éclairage, le réfrigérateur ou congélateur, la chaudière….

Simulation logicielle de consommation thermique

Si la mesure en temps réel donne la consommation réelle, elle est cependant limitée par la durée de mesure ainsi que les variations d'une année sur l'autre par exemple.

La simulation par logiciel permet de s'affranchir de ces limitations et d'affiner l'analyse des besoins en jouant sur les paramètres comme les variations climatiques.

On utilise des logiciels spécifiques ou des logiciels plus généralistes en leur adjoignant un module dédié.

Étapes de simulation

La première étape consiste à « bâtir » la maison (2D puis 3D) soit existante en la reconstituant, soit celle à construire. Pour cela, on définit les dimensions, l'orientation et les matériaux utilisés par exemple (figures 6.21 et 6.22).

Puis on choisit la saison ; on peut aussi simuler la météo (soleil, temps couvert…).

En fonction des données précédentes, le logiciel calcule les températures dans les différentes pièces (figure 6.23 en hiver avec chauffage intermittent ; figure 6.24 en été avec détail d'une journée figure 6.25).

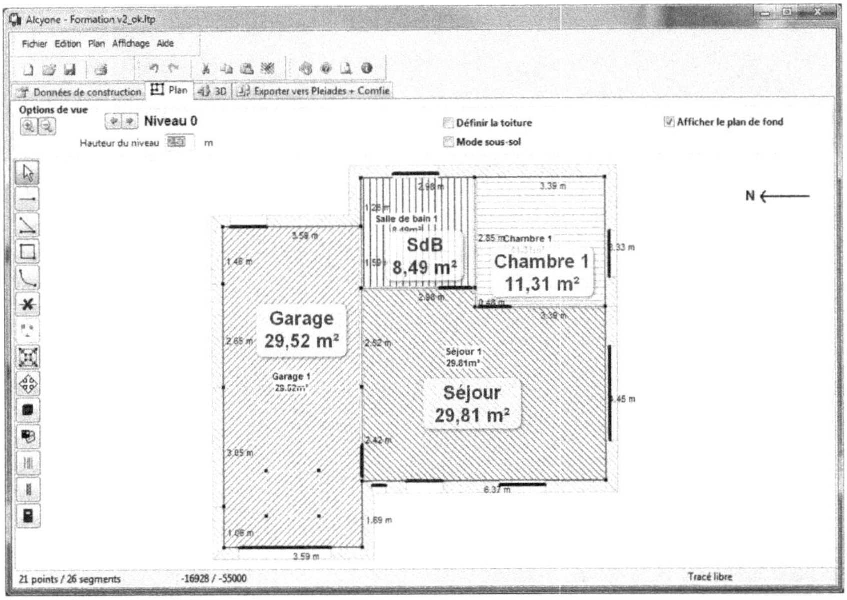

Figure 6.21 Simulation d'une maison pour étude thermique (source : logiciel Pleiades+Comfie, développé par IZUBA énergies).

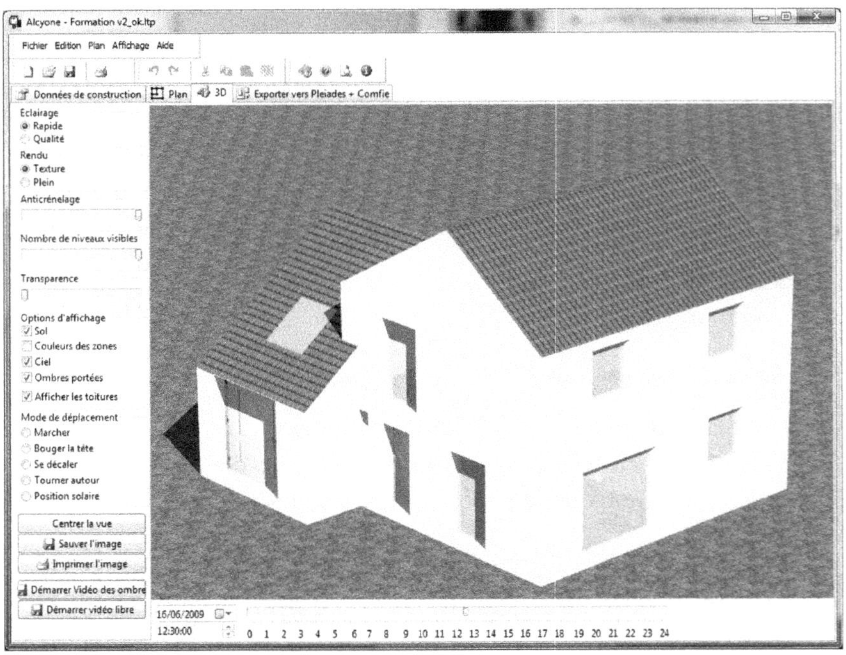

Figure 6.22 Visualisation 3D (source : logiciel Pleiades+Comfie, développé par IZUBA énergies).

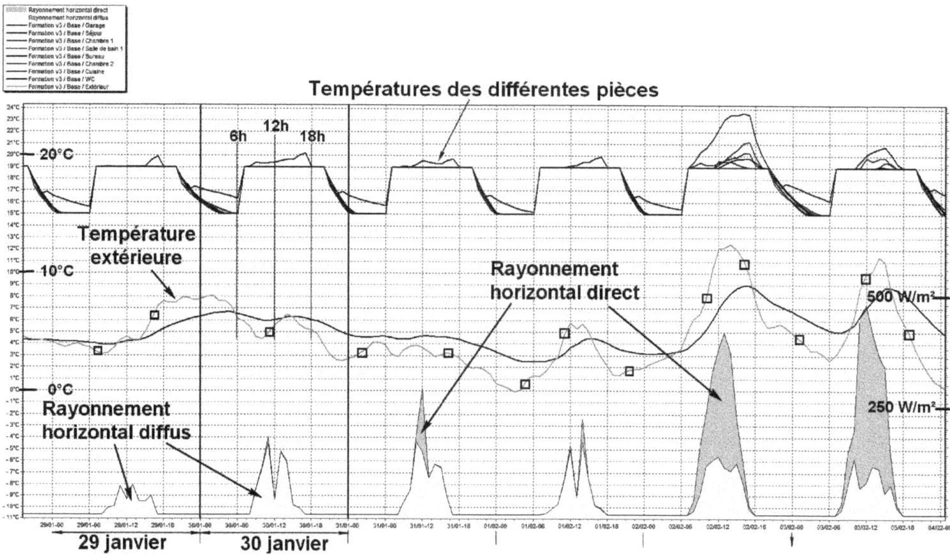

Figure 6.23 Simulations des températures en hiver (source : logiciel Pleiades+Comfie, développé par IZUBA énergies).

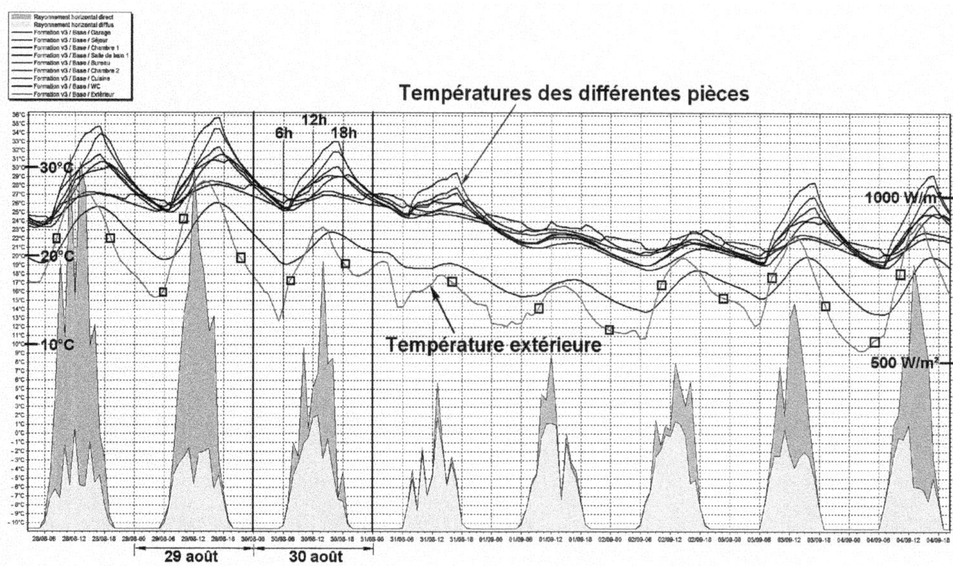

Figure 6.24 Simulation des températures en été (source : logiciel Pleiades+Comfie, développé par IZUBA énergies).

Il est ensuite possible d'intégrer les données sur une période plus longue, de calculer les besoins thermiques (en tenant compte de l'appoint solaire, s'il y en a un) et d'avoir une synthèse détaillée (figure 6.26).

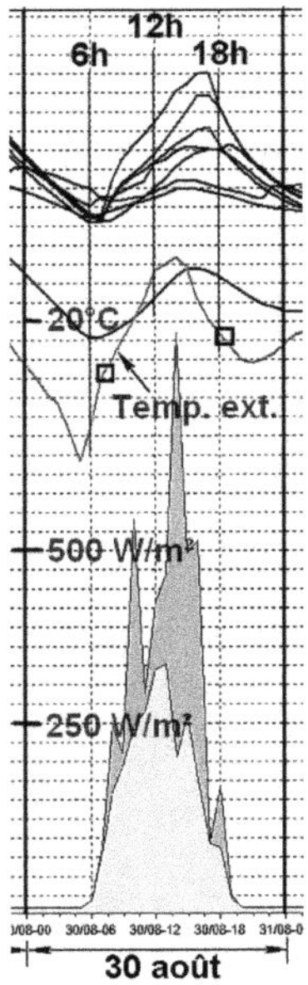

Figure 6.25 Simulation des températures en été. Détail d'une journée (source : logiciel Pleiades+Comfie, développé par IZUBA énergies).

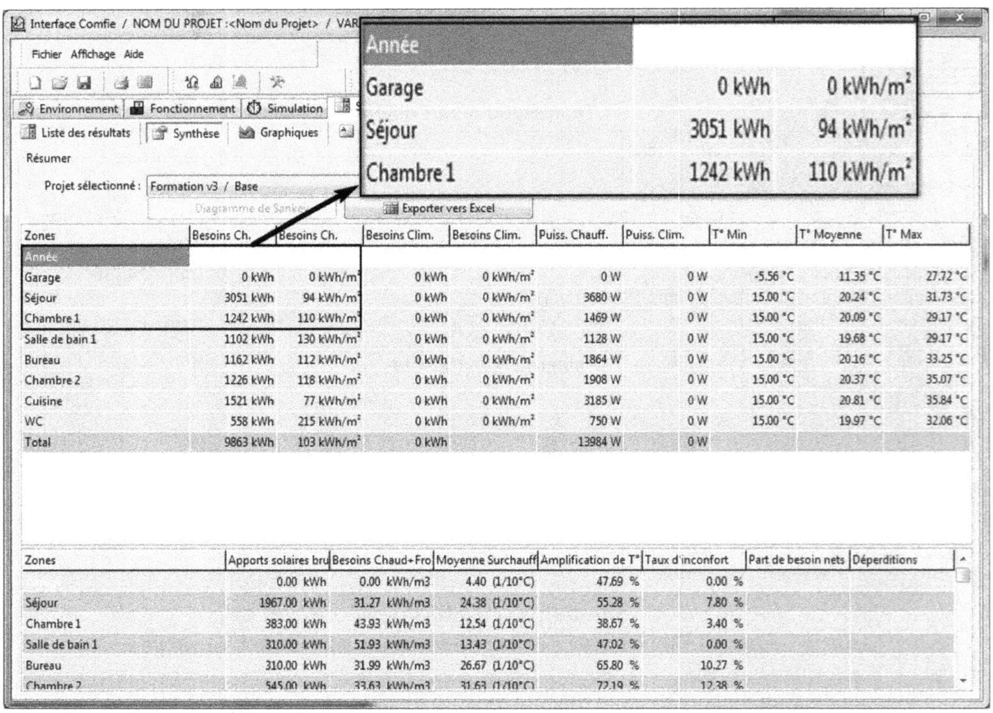

Figure 6.26 Calcul des besoins thermiques par pièce et globaux (source : logiciel Pleiades+Comfie, développé par IZUBA énergies).

Comparaison avec une application similaire

À défaut de mesure réelle ou de possibilité de simulation, on peut reprendre les résultats obtenus avec une construction équivalente (surface, type d'utilisation...). Il faut cependant retenir que, pour un même type d'habitation, de bureau ou de commerce, les habitudes ou modes d'occupation peuvent faire varier les besoins dans une large plage et donc introduire une incertitude difficile à chiffrer.

Utilisation d'abaques

En Allemagne, l'organisme VDI (*Verband Deutscher Ingenieure*) a publié un document nommé « VDI 4655 – *Reference load profiles of single-family and multi-family houses for the use of CHP systems* » (version 2008, bilingue allemand/anglais avec CD-ROM) dont des consommations thermiques (chauffage et eau chaude sanitaire) et électriques (hors chauffage et eau chaude sanitaire) sont données pour chaque jour de la semaine, l'Allemagne étant divisée en quinze zones climatiques.

Pour des habitations individuelles, par exemple, le document distingue les consommations en fonction des différentes saisons, de l'ensoleillement et du type de jour (tableau 6.3). Il en résulte dix variantes par zone.

Tableau 6.3 Classification climatique pour une maison individuelle selon la norme VDI 4655.

Saison	Jour ouvré		Dimanche	
	Soleil	Couvert	Soleil	Couvert
Été	Profil 1	Profil 2	Profil 6	Profil 7
Hiver	Profil 3		Profil 8	
Transition	Profil 4	Profil 5	Profil 9	Profil 10

À partir du type de maison, de la zone d'habitation, la norme VDI 4655 donne, sous forme de paramètres, de tableaux et de courbes, les besoins thermiques et électriques journaliers. La figure 6.27 montre un exemple pour une maison individuelle d'un jour de semaine en saison de transition avec un ciel couvert.

Les résultats peuvent être étendus sur de plus longues périodes (mois ou années), avec le même type de courbes.

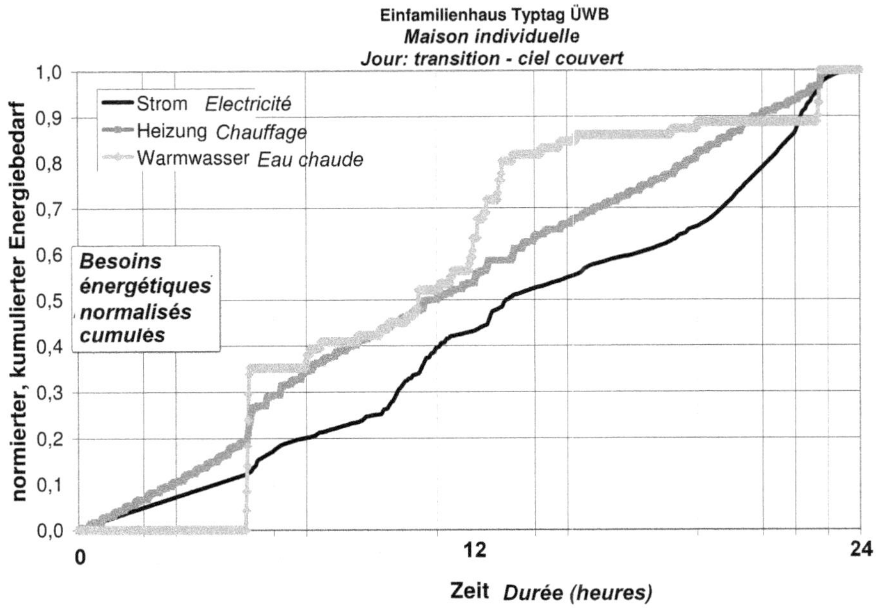

Figure 6.27 – Courbes des besoins énergétiques pour une maison individuelle (source : VDI).

6.4.2 Profils thermiques et électriques

Un profil thermique ou électrique mesuré ou calculé permet de caractériser la consommation correspondante et le type de besoins.

À partir des valeurs mesurées, on peut établir les courbes de consommation thermique et/ou électrique. Dans le cas d'utilisation d'abaques ou de logiciels, ces courbes sont fournies directement.

Besoins et profils thermiques

Les besoins thermiques pour le chauffage sont limités dans l'année (figure 6.28). Leur durée dépend du type d'habitation (isolation des murs, double ou triple vitrage...), des conditions climatiques (zone géographique, emplacement) et des habitudes ou du taux journalier d'occupation (habitation, école, bureau, magasin...).

Les besoins thermiques pour l'eau chaude sanitaire sont par contre répartis sur toute l'année avec un creux en été (figure 6.29).

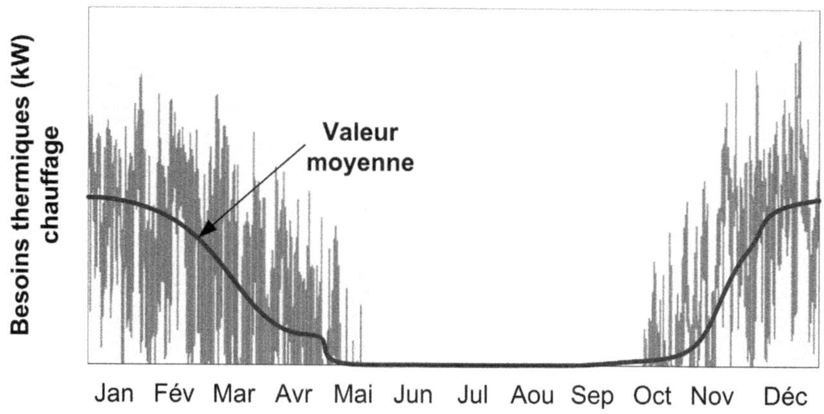

Figure 6.28 Besoins annuels pour le chauffage (courbe type).

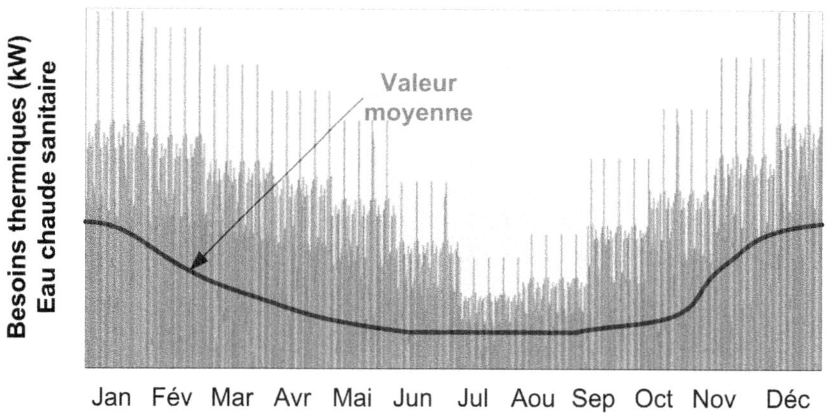

Figure 6.29 Besoins annuels pour l'eau chaude sanitaire (courbe type).

Besoins et profils électriques

Habitation individuelle

La figure 6.30 représente la consommation électrique hivernale d'une habitation individuelle (consommation électrique annuelle de 4 400 kWh) avec une mesure toutes les 5 minutes.

On observe des variations très importantes et très rapides. Les maxima donnent la puissance électrique à prévoir pour l'unité de cogénération si on envisage une couverture des besoins électriques à 100 % (dans cet exemple 3,6 kW). On voit aussi que la consommation de base (journée et nuit hors pics) est par contre relativement faible, de l'ordre de 250-400 W.

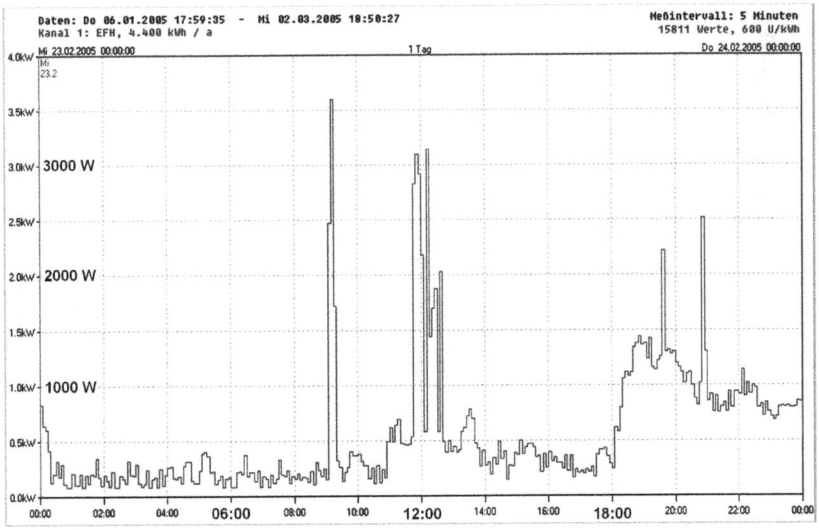

Figure 6.30 Consommation électrique sur 24 heures d'une habitation individuelle (source : OTAG Vertriebs GmbH & Co. KG).

Habitat collectif

Les figures 6.31 et 6.32 donnent la consommation d'un immeuble de construction traditionnelle de 5 logements dans la région de Leipzig (Allemagne), mesurée en mars.

La première courbe (figure 6.31) indique la consommation journalière : si on constate des pics importants pouvant atteindre 3 kW aux périodes classiques (au lever, vers 12h00-14h00 et le soir), la consommation de base est de l'ordre de 500-750 W.

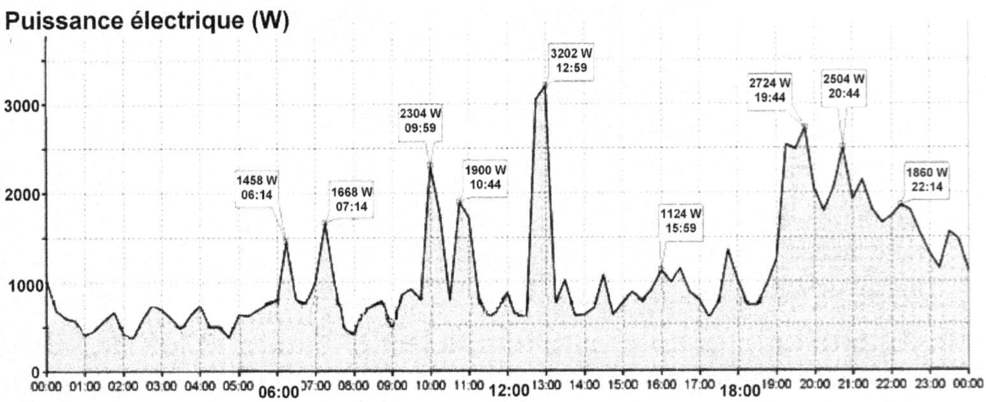

Figure 6.31 Consommation électrique d'une habitation collective sur un jour (source : HTWK Leipzig, MITGAS GmbH 2006).

La seconde courbe (figure 6.32) couvre une semaine, toujours en mars. La consommation électrique est plus importante le week-end avec un maximum de consommation d'environ 5,5 kW, mais la consommation de base pour tous les jours de la semaine reste du même ordre de grandeur, soit 500-750 W.

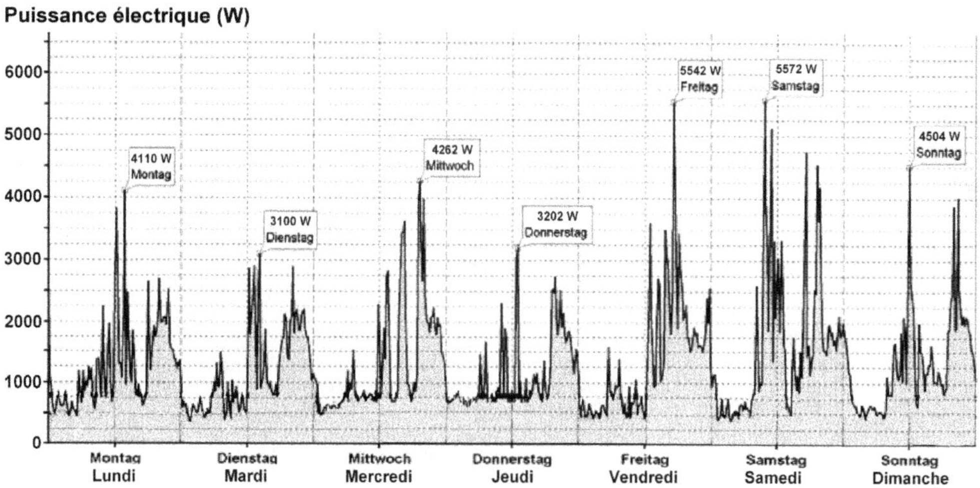

Figure 6.32 Consommation électrique d'une habitation collective sur une semaine (source : HTWK Leipzig, MITGAS GmbH 2006).

Ces courbes montrent les compromis à atteindre pour la couverture des besoins électriques dans la mesure où les variations sont très importantes et sans inertie ou stockage tampon comme cela est possible pour les besoins thermiques.

Elles illustrent les choix possibles en termes de puissance et de gestion de l'unité de micro-cogénération.

On pourrait utiliser une unité de micro-cogénération dont la puissance maximale permettrait de couvrir le maximum de consommation électrique (figure 6.33) avec, par exemple, une unité de micro-cogénération SenerTec Dachs de 5,5 $kW_{él.}$: on alimenterait alors un seul immeuble, l'électricité en surplus (ici environ 70 % de la production) serait vendue.

On pourrait aussi chercher à couvrir les besoins de base (de l'ordre de 500-750 W par immeuble) et alimenter plusieurs immeubles (figure 6.34) ; le complément lors des pics de consommation serait fourni par le secteur.

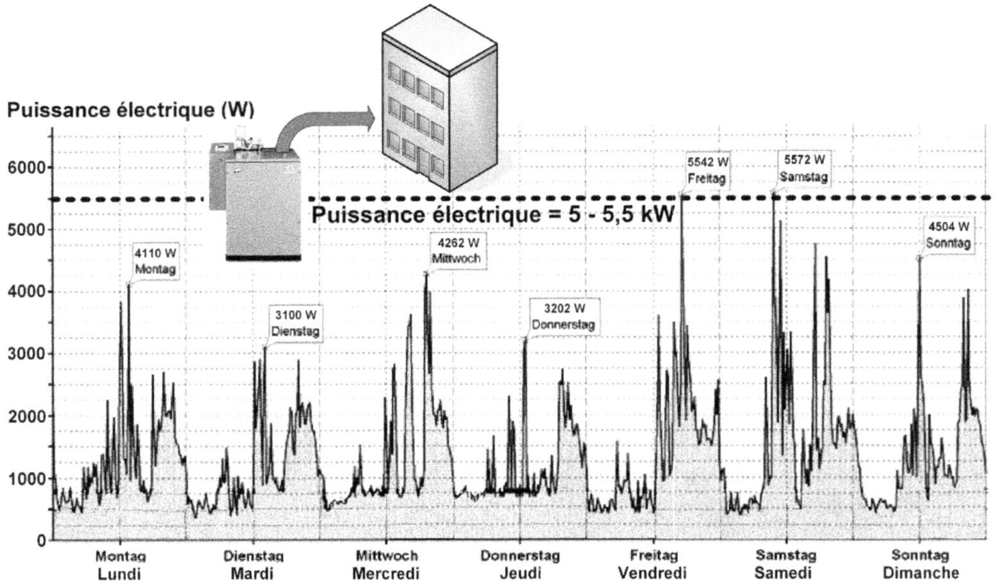

Figure 6.33 Couverture à 100 % des besoins électriques d'une habitation collective sur une semaine (d'après une courbe de HTWK Leipzig, MITGAS GmbH 2006).

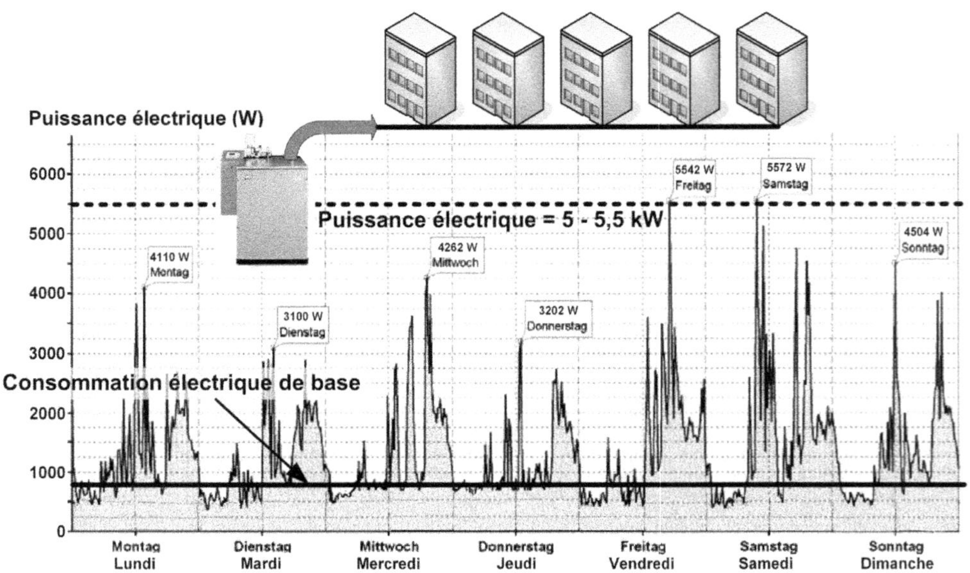

Figure 6.34 Couverture des besoins électriques de base de plusieurs habitations collectives sur une semaine (d'après une courbe de HTWK Leipzig, MITGAS GmbH 2006).

Consommation annuelle

Une intégration des mesures sur une année donne une courbe de tendance mais montre aussi les fortes variations journalières.

6.4.3 Courbe monotone annuelle

Cette courbe annuelle est établie en comptabilisant sur une année (correspondant à 8 760 heures) la fréquence des besoins identiques. C'est la demande en énergie (chaleur ou électricité) mesurée par exemple heure par heure et classée par ordre décroissant.

Elle permet de définir la puissance de l'unité de cogénération, la durée optimale de fonctionnement, éventuellement la nombre d'unités de cogénération…

Le processus d'établissement d'une courbe monotone se fait en plusieurs étapes. Après détermination de la consommation quotidienne sur un an, on obtient une courbe qui représente par exemple la moyenne journalière (figure 6.35).

Selon la finesse de l'analyse désirée, on peut diminuer la période sur laquelle chaque valeur moyenne sera calculée (par heure au lieu de jour par exemple, ce qui ferait 8 760 valeurs).

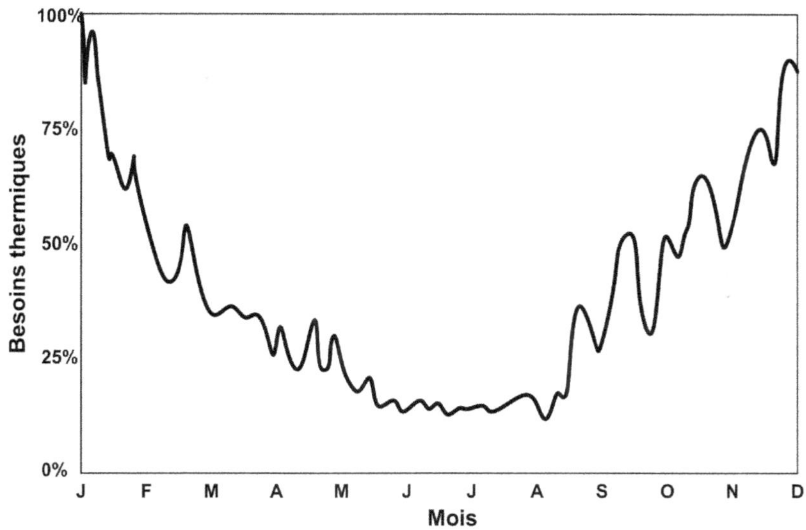

Figure 6.35 Courbe des besoins électriques ou thermiques annuels.

Cette courbe est ensuite lissée (figure 6.36) afin de gommer les fortes variations.

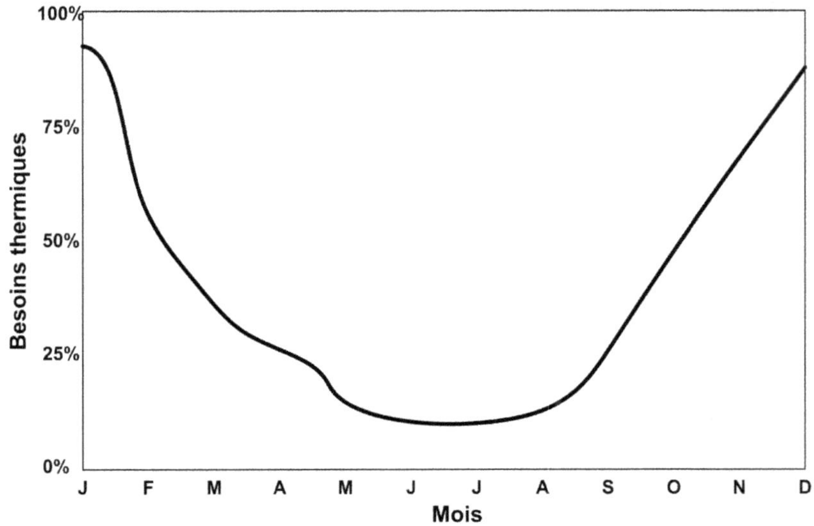

Figure 6.36 Courbe lissée des besoins électriques ou thermiques annuels.

Puis on divise la consommation annuelle en secteurs de durée identique (figure 6.37). Là aussi, selon le degré de précision recherché, leur durée pourra être horaire ou simplement journalière.

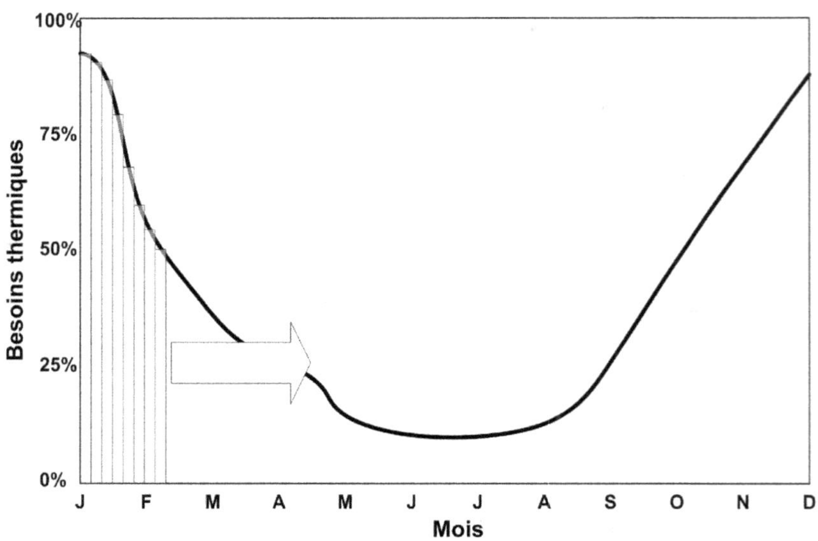

Figure 6.37 Découpage des besoins électriques ou thermiques en périodes identiques.

On regroupe ensuite les consommations définies par chaque secteur par ordre décroissant (figure 6.38).

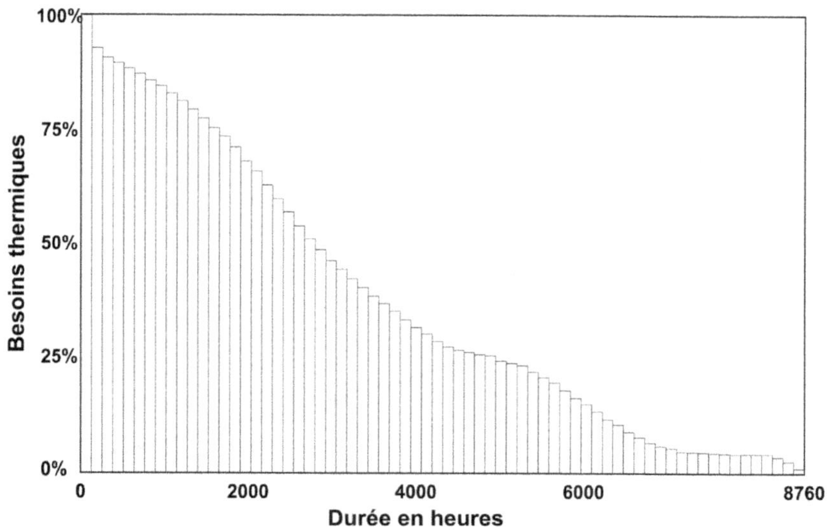

Figure 6.38 Classification décroissante des créneaux de consommation.

La courbe finale lissée est appelée monotone de consommation thermique ou électrique (figure 6.39).

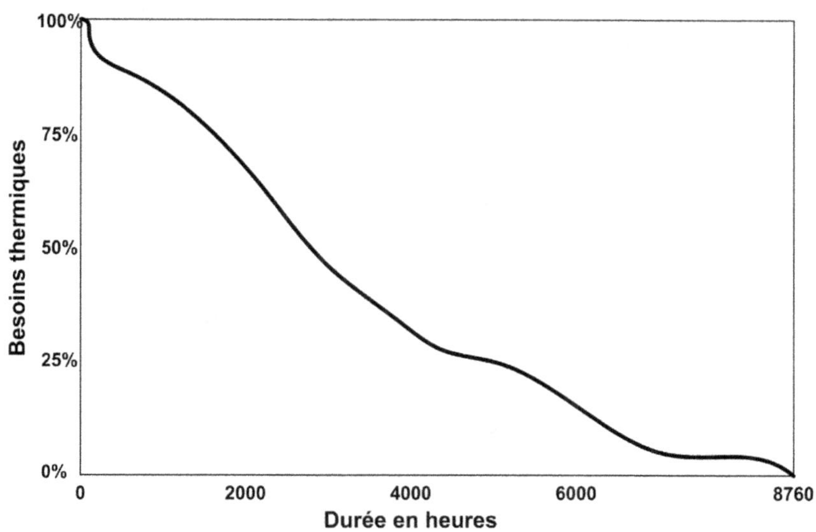

Figure 6.39 Monotone de consommation électrique ou thermique.

Les courbes monotones thermiques ou électriques varient en fonction de l'application. Quelques exemples de courbes thermiques types sont donnés figures 6.40, 6.41 et 6.42.

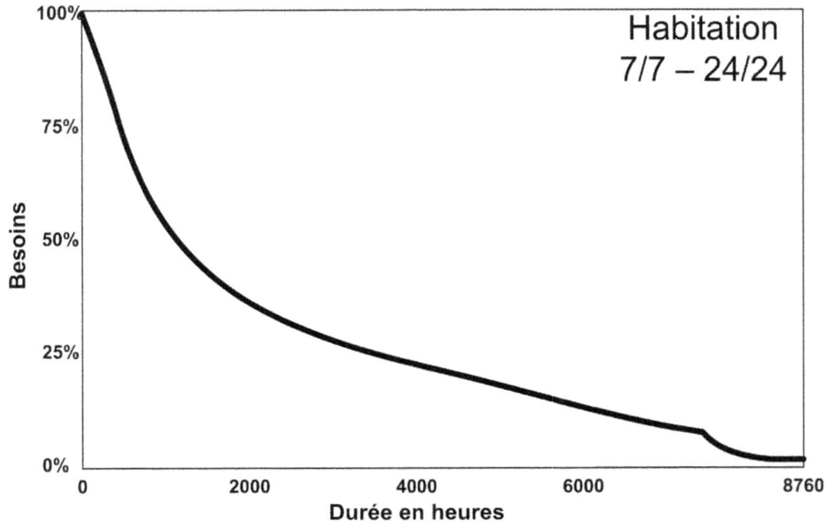

Figure 6.40 Monotone thermique pour une habitation.

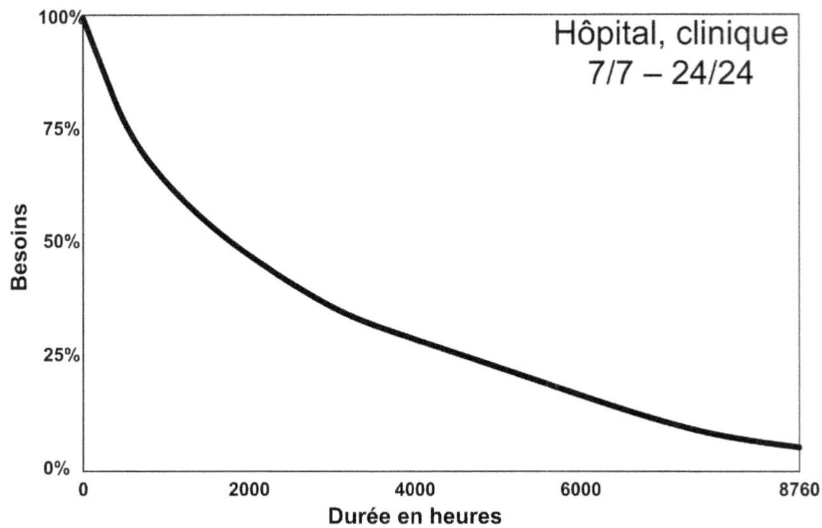

Figure 6.41 Monotone pour un hôpital ou une clinique.

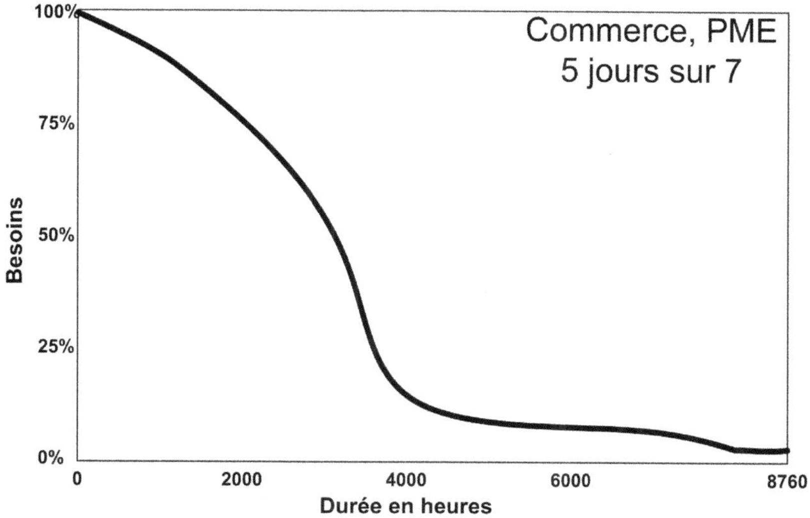

Figure 6.42 Monotone pour activité avec consommation constante.

La monotone pour les habitations (individuelles ou collectives) dépend aussi du type d'occupation : soit occupée en journée, soit avec tous les occupants ayant une activité extérieure (salariés, commerçants, enfants scolarisés...).

Dans le cas d'un hôpital, d'une clinique ou d'une maison de retraite, les besoins sont continus 24 heures sur 24 et 7 jours sur 7.

La courbe figure 6.42 est en général observée pour des activités commerciales ou industrielles ayant une consommation régulière pendant la période d'activité.

La détermination la plus exacte possible de la monotone thermique ou électrique est une condition nécessaire pour une optimisation de l'unité de micro-cogénération, que ce soit en termes de puissance à fournir ou de mode de fonctionnement (mode d'opération ou pilotage).

6.5 Pilotage d'une unité de micro-cogénération

Une unité de micro-cogénération fournit chaleur et électricité avec une puissance soit constante, soit variable et, dans les deux cas, le rapport électricité/chaleur est en général fixe. Il faut donc trouver une adéquation entre production et consommation.

Le paramètre principal qui pilotera l'unité de micro-cogénération (demande thermique ou électrique) sera donc à optimiser entre la puissance, le mode de fonctionnement de l'unité de micro-cogénération et les besoins thermiques ou électriques (figure 6.43).

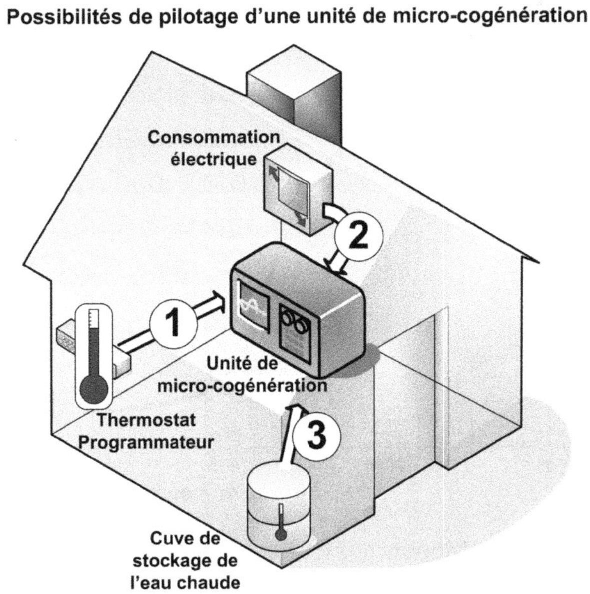

Figure 6.43 Options de pilotage d'une unité de micro-cogénération.

6.5.1 Priorité à la production de chaleur

Le type de pilotage va varier en fonction de l'unité de micro-cogénération et de l'application visée (habitation, magasin, école...), c'est-à-dire de la demande thermique selon les heures de la journée.

Si la puissance fournie par l'unité de micro-cogénération est constante, les seules possibilités seront le nombre de cycles journaliers et la durée de fonctionnement pour chaque cycle.

Si la puissance est variable, il y aura plus de flexibilité, car on dispose d'un paramètre supplémentaire qui pourra être commandé par les besoins thermiques. La puissance fournie sera modulée par la température de consigne donnée par thermostat, par celle de l'eau du chauffage et/ou du ballon d'eau chaude sanitaire.

Les constructeurs développent différentes stratégies de pilotage en tenant compte, par exemple, de prédictions basées sur un prévisionnel des besoins thermiques.

La figure 6.44 représente le fonctionnement d'une unité de micro-cogénération de puissance fixe couvrant 75 % des besoins et fonctionnant deux fois par jour (durée et nombre de cycles sont fonction des conditions extérieures : été/hiver, température programmée...). Lorsque les besoins thermiques sont faibles, sans stockage de chaleur ou sans appoint externe, la mise en route de l'unité de micro-cogénération n'est pas rentable énergétiquement.

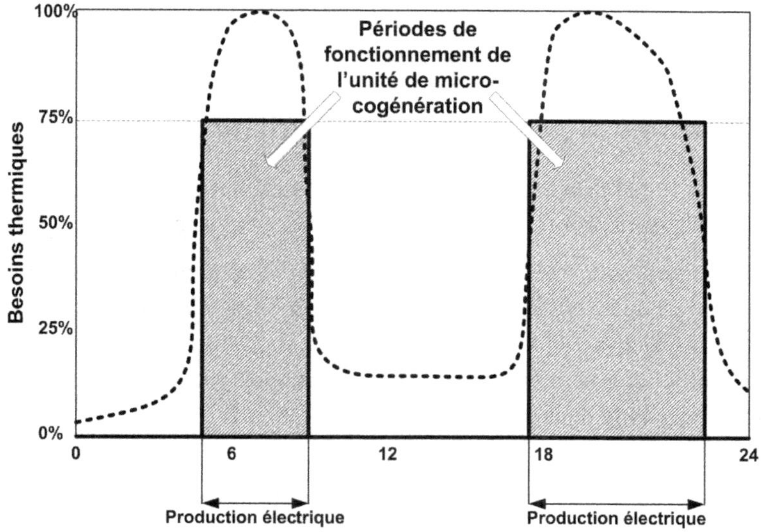

Figure 6.44 Unité de micro-cogénération de puissance fixe avec deux cycles de fonctionnement par jour sans stockage de chaleur.

Dans le cas d'une unité de micro-cogénération à puissance variable dimensionnée pour couvrir au maximum aussi 75 % des besoins, la modulation en fonction de ces besoins sera plus flexible et pourra suivre plus fidèlement leur variation (figure 6.45).

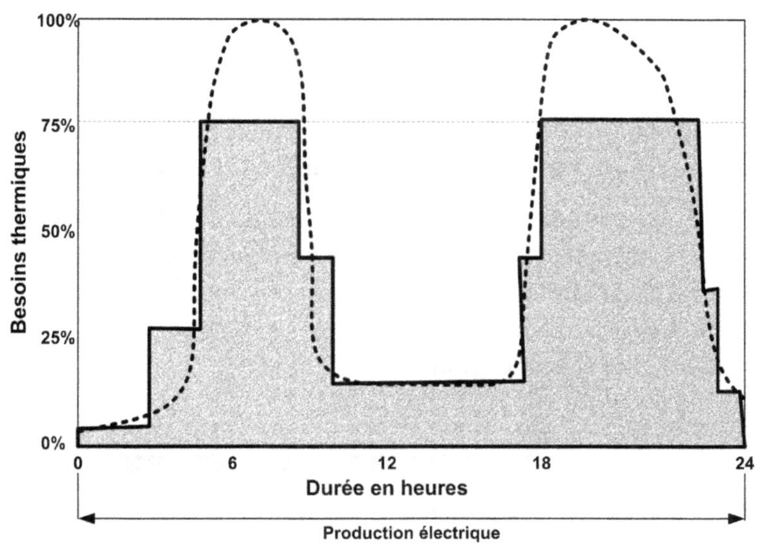

Figure 6.45 Unité de micro-cogénération de puissance variable sans stockage de chaleur.

De plus, l'unité de micro-cogénération fonctionnera sur une plus longue durée (donc réduction des arrêts et redémarrages) et la fourniture d'électricité sera assurée sur une plage horaire plus importante.

6.5.2 Priorité à la production d'électricité

Dans cette approche, en fonction des possibilités de programmation de l'unité de micro-cogénération, plusieurs solutions sont envisageables.

Si l'unité de micro-cogénération peut fournir une puissance électrique variable, le pilotage pourra se faire en fonction des besoins électriques réels tant que ceux-ci sont inférieurs à la puissance maximale de l'unité de micro-cogénération. Selon les modèles, il sera éventuellement possible de programmer un profil électrique à fournir le long de la journée.

Pour les pays où les tarifs de vente d'électricité sont modulés selon les heures de la journée (au Danemark par exemple), la production d'électricité sera maximale lors des prix d'achat les plus élevés.

Si, par contre, l'unité de micro-cogénération est de puissance fixe, il n'y a qu'une seule option : la puissance électrique (et thermique) produite sera constante et maximale.

Dans les deux cas, les besoins électriques pouvant varier rapidement dans une large plage (pour un habitat individuel entre 300 et 3 000 W par exemple), l'unité de micro-cogénération doit être capable de répondre pratiquement instantanément à cette variation.

6.5.3 Pilotage mixte

On peut aussi envisager un pilotage où, selon le type de besoin prioritaire (production de chaleur, d'électricité ou vente de l'électricité en surplus), le paramètre influant pourra varier sur le fonctionnement de l'unité de micro-cogénération.

L'unité de micro-cogénération de la société danoise EC Power est programmable selon ces trois modes car, au Danemark, en fonction des fournisseurs d'énergie, le prix de l'électricité achetée est variable parfois même en cours de journée et l'unité de micro-cogénération peut donc utiliser les créneaux où le prix du $kWh_{él.}$ est élevé pour produire plus de courant.

6.6 Optimisation : puissance nécessaire et durée de fonctionnement

L'objectif lors de l'utilisation d'une unité de micro-cogénération est d'optimiser le fonctionnement de l'équipement et les coûts liés (combustible, maintenance).

Ceci peut se réaliser en faisant fonctionner l'équipement le plus longtemps possible (durée de fonctionnement maximale) : cette durée doit être en accord avec les recommandations du constructeur en tenant compte, par exemple, des périodes de maintenance ainsi que des périodes minimales de fonctionnement pour réduire le nombre d'arrêts et de redémarrages par jour, car ils peuvent avoir une influence sur la durée de vie ou la disponibilité d'électricité.

Les coûts peuvent être optimisés selon différentes approches :

- Énergétique où l'on essaie de couvrir le maximum des besoins électriques et thermiques et donc en consommant le moins possible d'électricité du réseau et en utilisant au mieux la chaleur produite.
- Financière où l'on utilise une partie de l'électricité produite et on vend le surplus ; ceci est fonction du prix d'achat et de vente de l'électricité.

Cependant, l'énergie électrique ou thermique produite doit aussi, si possible, être adaptée à l'utilisation prévue et en accord avec l'équipement installé.

Quelques exemples vont illustrer ces approches.

6.6.1 Taux de couverture des besoins thermiques ou électriques

Unité de micro-cogénération de puissance fixe

On peut dimensionner l'unité de micro-cogénération en fonction des besoins (thermiques ou électriques) que l'on veut couvrir. Les figures 6.46 , 6.47 et 6.48 donnent des exemples de couverture à 75, 50 et 25 % pour une unité de micro-cogénération de puissance fixe.

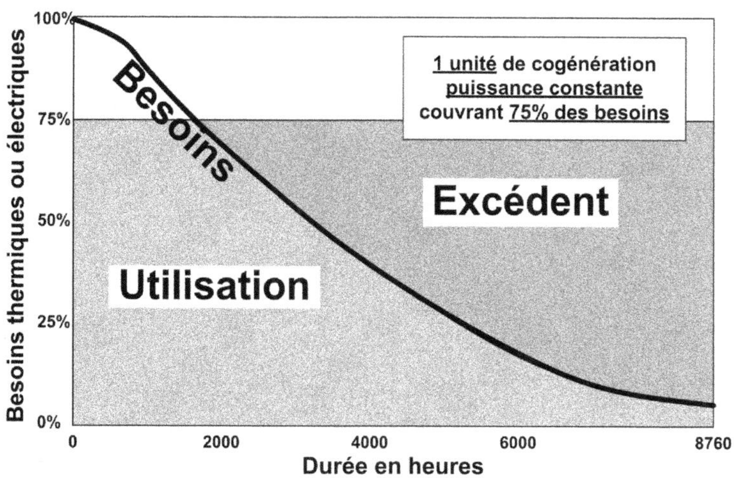

Figure 6.46 Unité de micro-cogénération de puissance fixe couvrant 75 % des besoins.

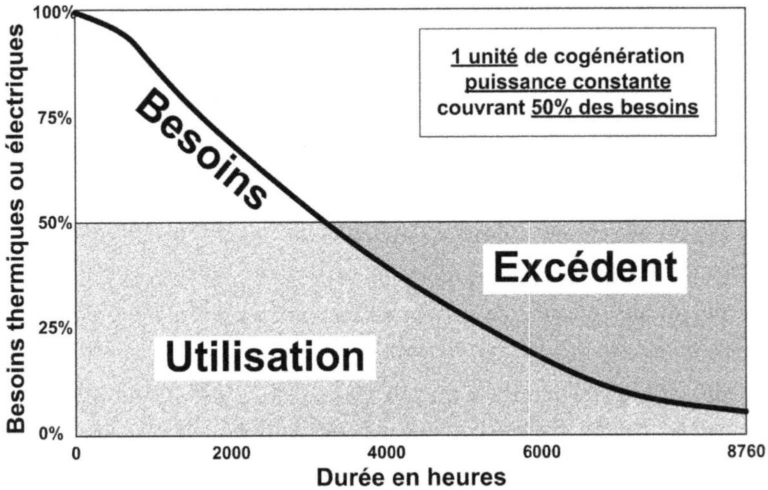

Figure 6.47 Unité de micro-cogénération de puissance fixe couvrant 50 % des besoins.

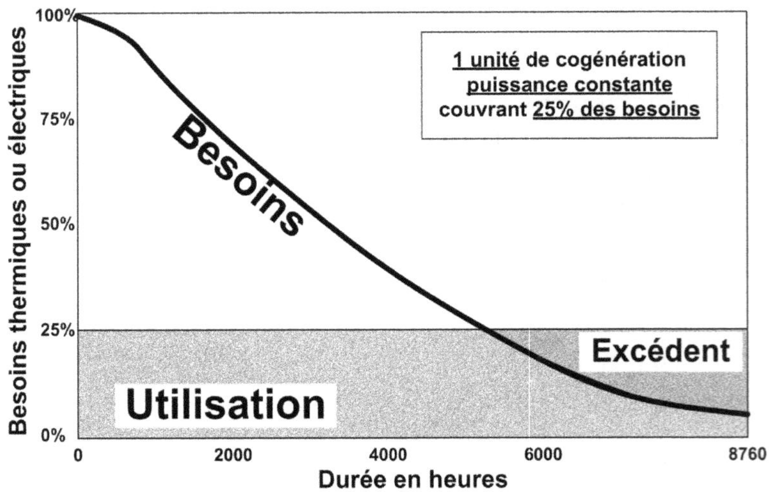

Figure 6.48 Unité de micro-cogénération de puissance fixe couvrant 25 % des besoins.

Les besoins sont représentés par la monotone (thermique ou électrique). Si on arrive mieux à couvrir les besoins avec un taux de couverture croissant, l'excédent non utilisable directement augmente aussi. Si c'est de l'électricité en surplus, elle peut être vendue, par contre dans le cas de chaleur, les capacités de stockage (ballon...) sont à un moment ou un autre atteintes et l'unité de micro-cogénération doit s'arrêter (ou alors il faudra prévoir une évacuation de l'excédent de chaleur sous une autre forme).

L'optimisation portera sur la puissance de l'unité de micro-cogénération par rapport aux besoins en tenant compte de l'allure de la courbe monotone.

Unité de micro-cogénération de puissance variable

Dans le cas où la puissance fournie est modulable, l'unité de micro-cogénération pourra être dimensionnée pour la puissance maximale à couvrir.

La figure 6.49 illustre une unité de micro-cogénération couvrant, comme pour le cas illustré figure 6.46, 75 % de la puissance maximale, mais ayant une puissance modulable sur trois niveaux par exemple.

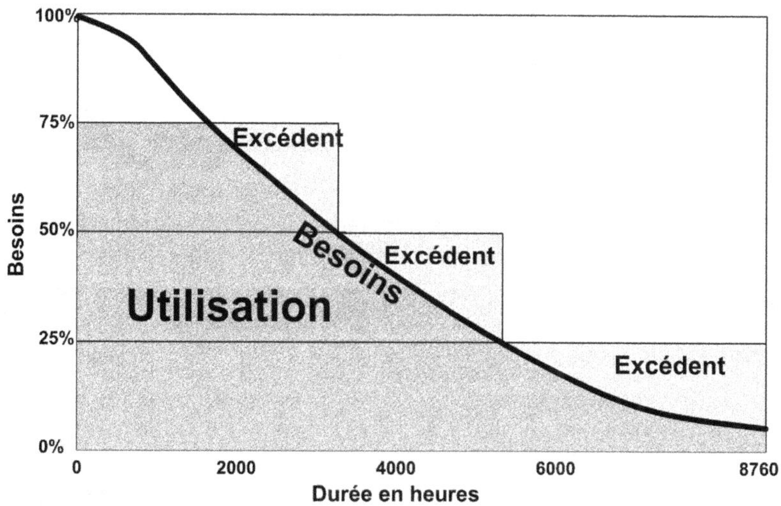

Figure 6.49 Unité de micro-cogénération de puissance modulable à trois niveaux et couvrant 75 % des besoins.

Avec cette option de modulation, on arrive à couvrir les mêmes besoins que figure 6.46 (avec une puissance fixe), mais, de plus, les excédents sont plus faibles, d'où une meilleure utilisation du combustible.

Si l'unité de micro-cogénération a une puissance modulable continue, les excédents sont encore plus réduits, car la régulation peut suivre la courbe des besoins au plus près (figure 6.50).

Il est cependant à noter que la modulation de la puissance fournie se fait dans une plage dépendant du modèle d'unité de micro-cogénération (tableau 6.4). Elle ne peut pas toujours varier entre 0 et 100 % de la puissance maximale.

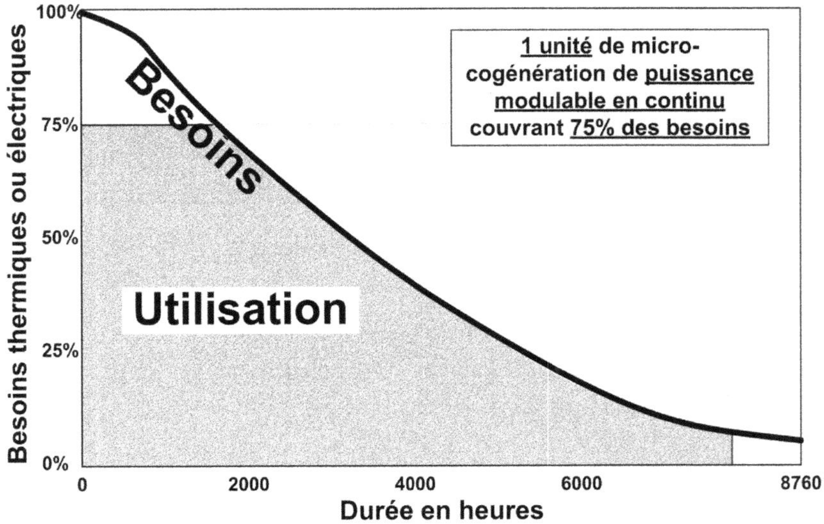

Figure 6.50 Unité de micro-cogénération de puissance modulable couvrant 75 % des besoins.

Tableau 6.4 Plages de variation de puissance électrique de certaines unités de micro-cogénération.

Unité de micro-cogénération	Plage de variation
Vaillant ecopower e4.7	1,3 à 4,7 $kW_{él.}$
EC Power XRGI 15G-TO	6 à 15,2 $kW_{él.}$
Baxi Ecogen	0,2 à 1 $kW_{él.}$
Lion Powerblock	0,2 à 2 $kW_{él.}$

Il existe toujours une puissance minimale en dessous de laquelle l'unité de micro-cogénération ne peut descendre, ce qui fait que pour de très faibles consommations électriques, on a le choix entre arrêter l'unité de micro-cogénération ou vendre le surplus pour l'électricité.

6.6.2 Utilisation de plusieurs unités de micro-cogénération

Pour des besoins thermiques ou électriques importants (hôtel, commerce, piscine, école), on peut envisager d'utiliser plusieurs unités de micro-cogénération (certains modèles permettent le pilotage par une unité maître).

La figure 6.51 illustre le cas d'un magasin (monotone type – voir figure 6.40) avec deux unités de puissance modulable en continu. En fonction de l'allure de la monotone, on pourra utiliser deux unités de même puissance ou de puissances différentes.

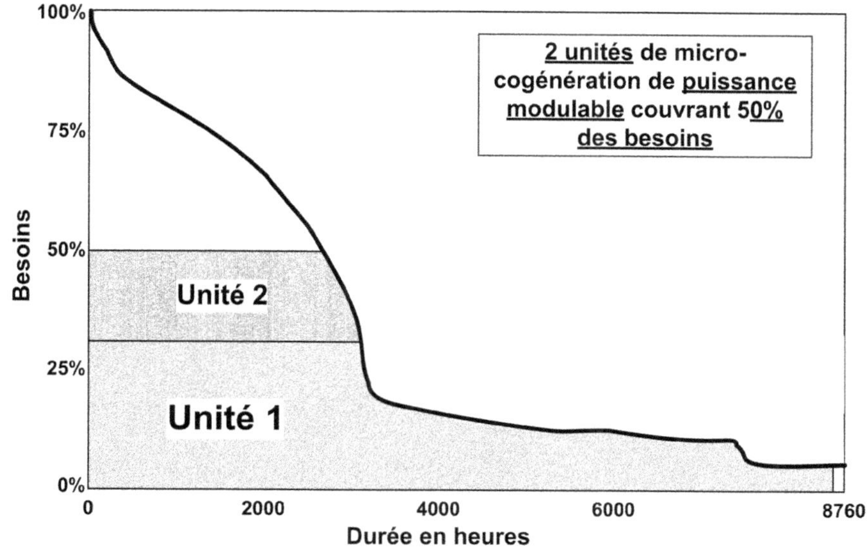

Figure 6.51 Utilisation de deux unités de micro-cogénération de puissance modulable couvrant 75 % des besoins.

Le système « Load Sharer » de la société EC Power permet de coupler plusieurs unités pour couvrir le maximum de besoins de façon optimisée (figures 6.52 et 6.53).

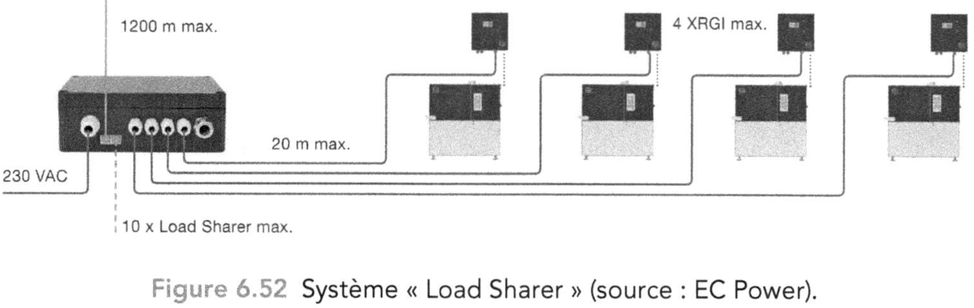

Figure 6.52 Système « Load Sharer » (source : EC Power).

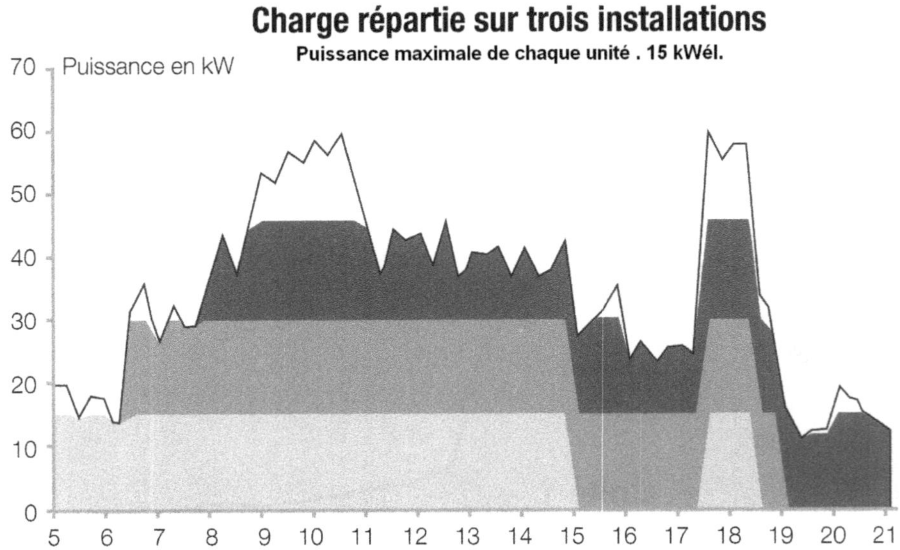

Figure 6.53 Couverture des besoins électriques avec 3 unités EC Power (source : EC Power).

6.7 Unités de petite puissance pour habitat individuel

On assiste au développement de très petites unités (puissance électrique ≤ 1 kW). Il s'avère que ce niveau de puissance est mieux adapté aux maisons individuelles, car si les pics de consommation électrique peuvent être élevés, la consommation de base est en général faible.

Pour une famille de quatre personnes, la consommation électrique moyenne (hors chauffage et eau chaude sanitaire) est de l'ordre de 4 000 kWh par an (figure 6.54), ce qui donne une moyenne journalière lissée d'environ 450 W (8 760 heures/an). Avec une unité de micro-cogénération de 1 $kW_{él.}$, on produirait les 4 000 kWh consommés en 4 000 heures de fonctionnement, le surplus pouvant être vendu. Dans l'exemple figure 6.54, les besoins électriques de base peuvent être estimés à environ 300 W (zone I).

Une unité de micro-cogénération de puissance modulable de 1 $kW_{él.}$ maximum permet de couvrir à 100 % les besoins situés sous la ligne de puissance correspondante (zone I). Seuls les besoins A, B et C (zone II) seraient à couvrir par le secteur.

Dans la zone I, selon le choix du mode de fonctionnement (pilotage par la demande de chaleur par exemple), une partie de la production électrique en surplus pourra être vendue.

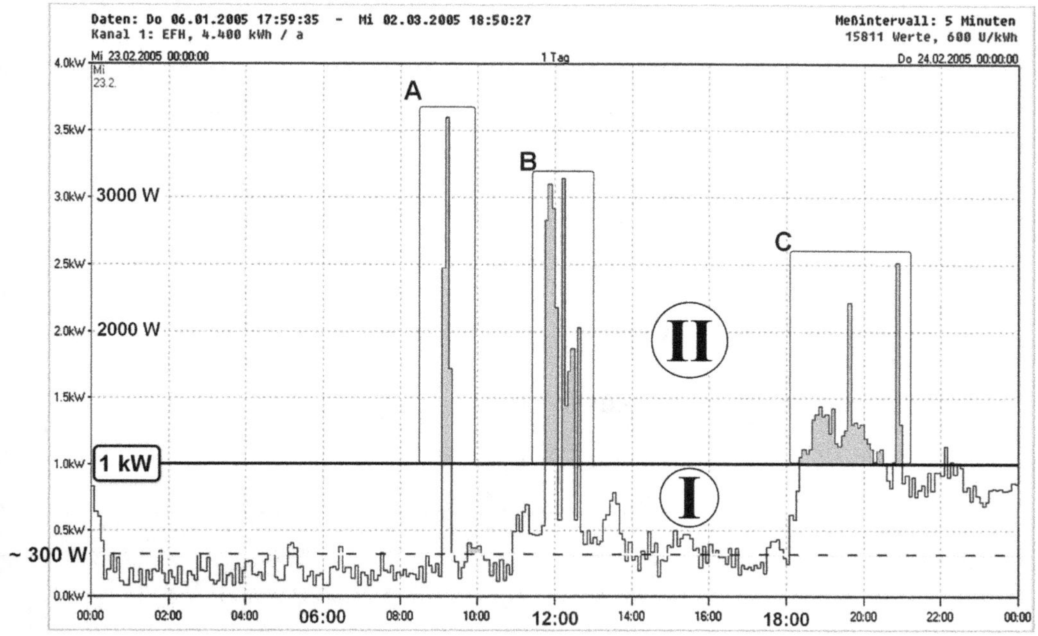

Figure 6.54 Utilisation d'une unité de micro-cogénération de 1 $kW_{él.}$ de puissance modulable (d'après une courbe de OTAG Vertriebs GmbH & Co. KG).

Pour une unité de micro-cogénération de puissance fixe (figure 6.55), les trois cycles de fonctionnement peuvent correspondre aux périodes de forte consommation électrique, la différence, lorsque les besoins sont supérieurs à 1 kW, étant fournie par le secteur. Dans l'exemple choisi, on constate que la puissance électrique totale produite couvre pratiquement plus de 50 % des besoins.

Pour chaque cycle, lorsque la production est supérieure à la consommation, l'électricité en surplus peut être injectée dans le réseau.

Du côté thermique, la chaleur produite et non utilisée peut être stockée (ballon d'eau chaude sanitaire ou cuve tampon pour le chauffage) et donc être utilisée lorsque l'unité de micro-cogénération ne fonctionne pas.

Une simulation faite par le Professeur Bernd Thomas de l'Université de Reutlingen en Allemagne montre l'intérêt de telles unités de micro-cogénération.

La simulation est basée sur différentes unités de micro-cogénération, toutes de puissance électrique de 1 kW, avec des rapports différents entre puissance thermique et puissance électrique et un ballon de stockage de 750 litres de capacité.

L'unité de micro-cogénération fonctionne sur la base de trois cycles par jour.

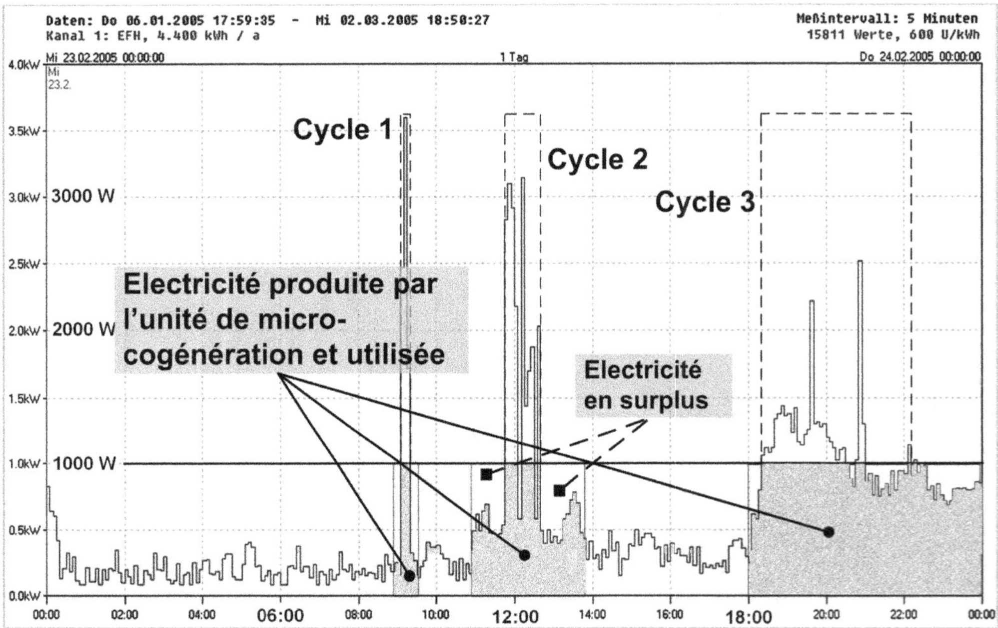

Figure 6.55 Utilisation d'une unité de micro-cogénération de 1 $kW_{él.}$ de puissance fixe (d'après une courbe de OTAG Vertriebs GmbH & Co. KG).

La figure 6.56 montre la relation entre les besoins thermiques et leur couverture :

- En A, une unité de micro-cogénération de rapport 2,6 (2,6 $kW_{th.}$ et 1 $kW_{él.}$) pourrait couvrir une habitation exigeant environ 12 000 kWh/an (ce qui correspondrait à une surface habitable de 100 m^2 avec un besoin de 120 kWh/m^2.an). Une telle unité de micro-cogénération pourrait être le modèle Vaillant ecoPOWER 1.0, par exemple, avec un ballon de plus grande capacité.
- En B, des besoins thermiques de 20 000 kWh/an pourraient être couverts par une unité de micro-cogénération de rapport de puissance de 1:4 (1 $kW_{él.}$ et 4 $kW_{th.}$).
- Le point C correspondrait à un besoin thermique de 25 000 kWh/an, mais avec une couverture des besoins d'environ 65 % seulement avec une unité de rapport 1:2,6. Il faudrait une unité de micro-cogénération de rapport de puissances de 1:6 pour couvrir les besoins thermiques à 100 % (point D).

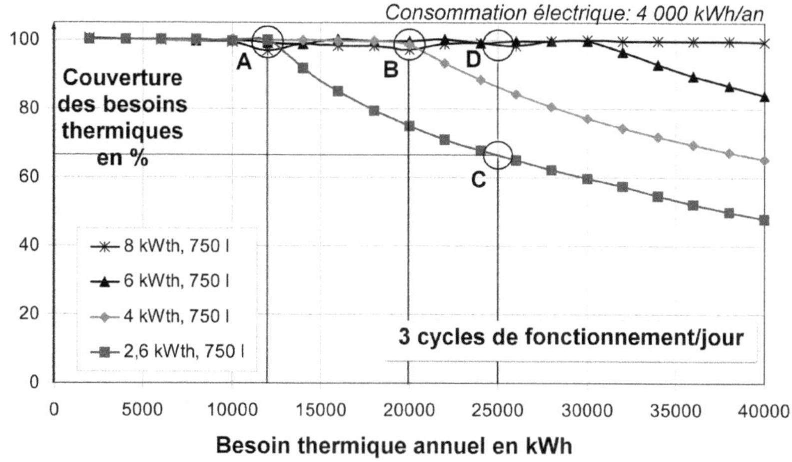

Figure 6.56 Taux de couverture des besoins thermiques d'une unité de micro-cogénération de 1 $kW_{él.}$ en fonction de la puissance thermique (source : Professeur Bernd Thomas, présentation RENEXPO® 2008).

La figure 6.57 reprend les mêmes hypothèses et analyse les besoins électriques. Une unité de micro-cogénération de 1 $kW_{él.}$ et de rapport de puissance (électrique/thermique) de 1:2,6 couvrirait plus de 70 % des besoins électriques (point A).

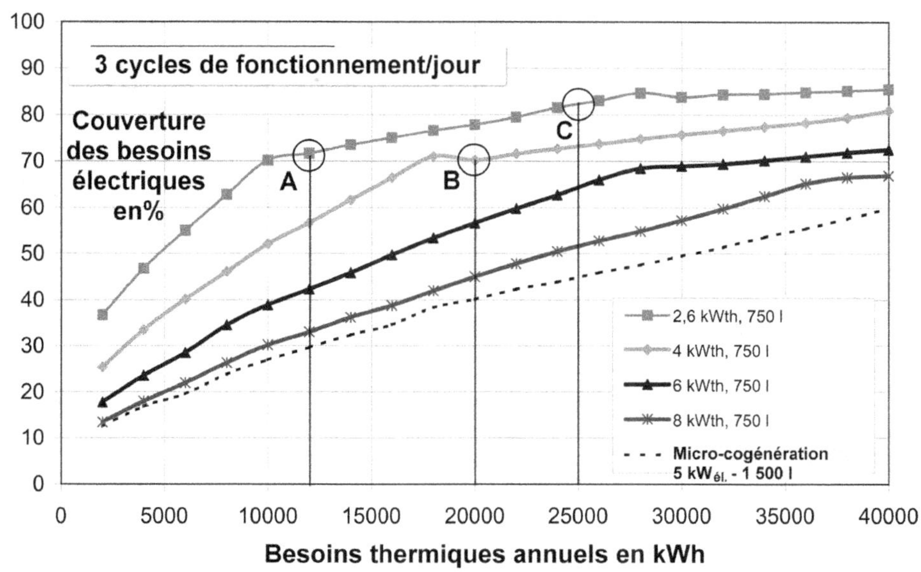

Figure 6.57 Taux de couverture des besoins électriques d'une unité de micro-cogénération de 1 $kW_{él.}$ en fonction de la puissance thermique (source : Professeur Bernd Thomas, présentation RENEXPO® 2008).

Il est à noter que ce sont des résultats statistiques, car les besoins électriques ne sont pas répartis de façon constante sur une année.

Si les besoins thermiques avec un ballon correctement dimensionné pourront être réellement couverts, en ce qui concerne l'électricité qui ne peut être stockée, ce sont les besoins globaux annuels qui seront couverts et non ceux instantanés, contrairement aux besoins thermiques.

6.8 Unités de micro-cogénération

Les modèles décrits précédemment en détail ne représentent qu'un échantillonnage des unités de micro-cogénération disponibles ou en développement à mi-2012. Afin de donner une idée de la vitalité actuelle de ce secteur, d'autres unités sont présentées dans des tableaux synthétiques (mention N.D. : étant donné que certains modèles sont en phase de développement ou de prototypes, toutes les caractéristiques ne sont pas disponibles).

6.8.1 Unités de micro-cogénération à moteur à combustion interne

Tableau 6.5 Unités de micro-cogénération à moteur à combustion interne.

Fabricant	Honda Vaillant	Kirsch	Vaillant	Baxi Senertec
Modèle	MCHP (Honda) ecoPOWER 1.0	L4.12	ecopower e3.0 ou e4.7	Dachs
Pays	Japon	Allemagne	Allemagne	Allemagne
Combustible	Gaz naturel	Gaz naturel	Gaz naturel, propane	Gaz naturel, propane, biogaz, fioul, « biodiesel », huile de colza
Puissance électrique maximale	1 kW	4 kW	3 ou 4,7 kW	≈ 5,5 kW
Puissance thermique maximale	2,8 kW	12 kW	8 kW	≈ 10,3 kW
Puissance modulable	Non	Oui	Oui	Non
Rendement global	85 %	95 %	90 %	88 %
Mise sur le marché	2003	2011	1999 (modèle e4.7)	1996
Unités en service (mi-2012)	Plus de 100 000 au Japon	?	Plus de 3 000 (tous modèles)	Plus de 20 000 (tous modèles)
Prix (indicatif 2012 – Version de base – TTC)	≈ 5 000 € (Japon) ≈ 6 000 € (Allemagne)	≈ 16 000 €	≈16 000 €	≈ 25 000 €

Tableau 6.6 Unités de micro-cogénération à moteur à combustion interne.

Fabricant	Yanmar	COGENGreen	EC Power	Lichtblick/VW
Modèle	CP4WE	ecoGEN-7.5AG	XRGI 15G-TO	–
Pays	Japon	Belgique	Danemark	Allemagne
Combustible	Gaz naturel	Gaz naturel, propane	Gaz naturel, propane	Gaz naturel
Puissance électrique maximale	3,87 kW	7,5 kW	15,2 kW	20 kW
Puissance thermique maximale	8,38 kW	19 kW	30 kW	31 kW
Puissance modulable	Oui	Oui	Oui	Oui
Rendement global	85 %	88,5 %	92 %	92 %
Mise sur le marché	?	Depuis 2005	2008	2012
Unités en service (mi-2012)	?	?	≈ 4 000	Quelques dizaines
Prix (indicatif 2012 – Version de base – TTC)	?	Dépend des spécifications client	≈ 30 000 €	Unités contrôlées par Lichtblick

6.8.2 Unités de micro-cogénération à moteur Stirling

Tableau 6.7 Unités de micro-cogénération à moteur Stirling.

Fabricant	WhisperTech eHe	BDR Thermea	SenerTec	ÖkoFEN
Modèle	WhisperGen®	Ecogen (Baxi), Hybris Power (De Dietrich), eVita (Remeha)	Dachs Stirling SE	Pellematic Smart_e
Pays	Nouvelle-Zélande / Espagne	GB/F/NL	Allemagne	Autriche
Combustible	Gaz naturel	Gaz naturel, biogaz	Gaz naturel, propane, biogaz	Granulés
Puissance électrique maximale	1 kW	1 kW	1 kW	1 kW
Puissance thermique maximale	7 kW	5,8 ou 7,7 kW	5,8 kW	6 kW

Fabricant	WhisperTech eHe	BDR Thermea	SenerTec	ÖkoFEN
Puissance modulable	Non	Oui	Non	Non
Rendement global	90 %	> 90 %	< 91 %	N.D.
Mise sur le marché	2010	2012-2013	2011	2013-2014
Unités en service (mi-2012)	Plusieurs centaines	Quelques milliers	Environ 200	–
Prix (indicatif 2012 – Version de base – TTC)	≈ 14 500 € (avec ballon de 800 litres)	≈ 12 000 € (avec ballon de 120 litres)	≈ 16 000 € HT (avec ballon de 530 litres)	–

6.8.3 Unités de micro-cogénération à pile à combustible

Tableau 6.8 Unités de micro-cogénération à pile à combustible de type PEMFC.

Fabricant	ENE-FARM	Baxi Innotech	Elcore
Modèle	–	Gamma 1.0	2400
Pays	Japon	Grande-Bretagne	Allemagne
Combustible	Gaz naturel, GPL	Gaz naturel	Gaz naturel
Puissance électrique maximale	0,7 kW	1 kW	0,3 kW
Puissance thermique maximale	≈ 1 kW	1,7 kW	0,6 kW
Puissance modulable	Oui 250 à 750 W	Oui	Non
Rendement global	≈ 90 %	> 85 %	98 %
Mise sur le marché	2009	–	2013 en Allemagne
Unités en service (mi-2012)	Plus de 20 000	–	–
Prix (indicatif 2012 – Version de base – TTC)	28 000 €	N.D.	9 000 € (estimation)

Tableau 6.9 Unités de micro-cogénération à pile à combustible de type SOFC.

Fabricant	Vaillant	Hexis AG	CFCL
Modèle	–	Galileo 1000 N	BlueGen™
Pays	Allemagne	Suisse	Australie
Combustible	Gaz naturel	Gaz naturel	Gaz naturel
Puissance électrique maximale	1 kW	1 kW	2 kW
Puissance thermique maximale	≈ 2 kW	2,5 kW	1 kW
Puissance modulable	Oui	Oui	Oui
Rendement global	90 %	> 85 %	85 %
Mise sur le marché	–	–	2012
Unités en service (mi-2012)	–	–	?
Prix (indicatif 2012 – Version de base – TTC)	–	–	25 000 € HT (prix en Allemagne)

Le Japon est le seul pays ayant misé sur un développement commercial de la pile à combustible (l'Allemagne est encore dans une phase exploratoire avec le programme Callux et quelques centaines de piles installées fin 2012).

Le programme japonais ENE-FARM initié début des années 1990 par le gouvernement et les fournisseurs de gaz (Osaka Gas, Tokyo Gas...) a abouti à une standardisation du cahier des charges favorisant une industrialisation. Parmi les sociétés ayant répondu à ce programme, on peut citer Ebara Ballard, Matsushita, Panasonic, Toshiba, Eneos... La première phase de démonstration (2005-2009) a permis d'installer 3 000 piles de type PEMFC fournissant 1 $kW_{él.}$ puis a suivi la commercialisation de 20 000 autres entre 2009 et 2012 avec une puissance électrique réduite à 700-750 W.

Un second programme basé sur des piles haute température (SOFC) a aussi été lancé en 2007. Il devrait permettre un meilleur rendement électrique mais surtout de proposer un prix inférieur à celui des piles de type PEMFC. La commercialisation est prévue pour 2013.

Quel est le prix d'une pile à combustible en 2012 ? Si l'on se réfère aux distributeurs japonais, une pile PEMFC de Panasonic (700 $W_{él.}$) avec ballon coûtait 2 800 000 yens, soit environ 27 000 euros hors subventions. De plus, il ne s'agit pas de prix prototypes mais d'une production en petite série (quelques milliers d'unités par an).

6.8.4 Autres unités de micro-cogénération

Tableau 6.10 Unités de micro-cogénération utilisant d'autres technologies.

Fabricant	Button Energy	Energiestro	MTT	Exoès
Modèle	Lion Powerblock	–	Micro-turbine	Stationnary 3500
Pays	Autriche	France	Pays-Bas	France
Technologie	Vapeur	Volant d'inertie	Turbine	Rankine
Combustible	Gaz naturel, propane Version granulés	Huile végétale	Gaz naturel, propane, fioul	Biomasse, solaire...
Puissance électrique maximale	2 kW	6 kW	3 kW	1 à 3 kW
Puissance thermique maximale	16 kW	12 kW	15 kW	7 à 20 kW
Puissance modulable	Oui	Oui	Oui	Oui
Rendement global	≈ 94 %	90 %	≈ 90 %	–
Mise sur le marché	2007	–	–	2015
Unités en service (mi-2012)	≈ 300	–	–	–
Prix (indicatif 2012 – Version de base – TTC)	15 000 €	≈ 20 000 €	–	–

6.8.5 Localisation des différents constructeurs

La majorité des unités présentées dans les différents tableaux précédents sont certes en phase de développement et certaines ne seront probablement jamais commercialisées, mais tous ces différents modèles montrent l'intérêt pour des unités de micro-cogénération, surtout de faible puissance (1 $kW_{él.}$).

En Europe, la majorité des constructeurs, surtout ceux avec des unités produites en série, est concentrée en Allemagne.

Les cartes (figures 6.58 et 6.59) présentent quelques fabricants d'unités de micro-cogénération et leur répartition géographique montrant l'importance de l'Allemagne et du Japon, suite aux incitations gouvernementales et à l'implication des fournisseurs de gaz naturel (pour le Japon) et à l'innovation et l'esprit d'entreprise (pour l'Allemagne) qui ont permis le développement de nombreux constructeurs.

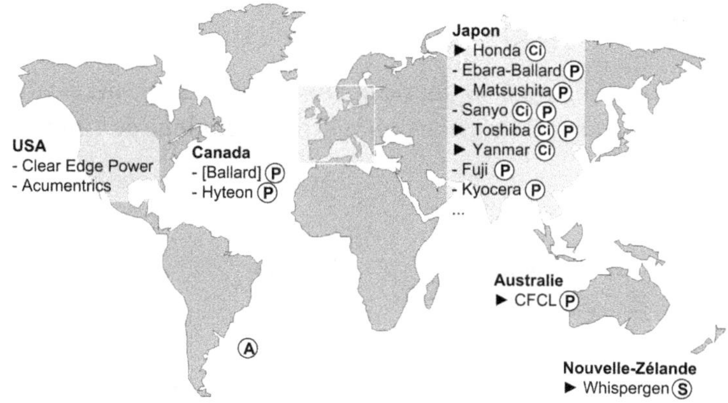

Figure 6.58 Constructeurs d'unités de micro-cogénération (hors Europe).

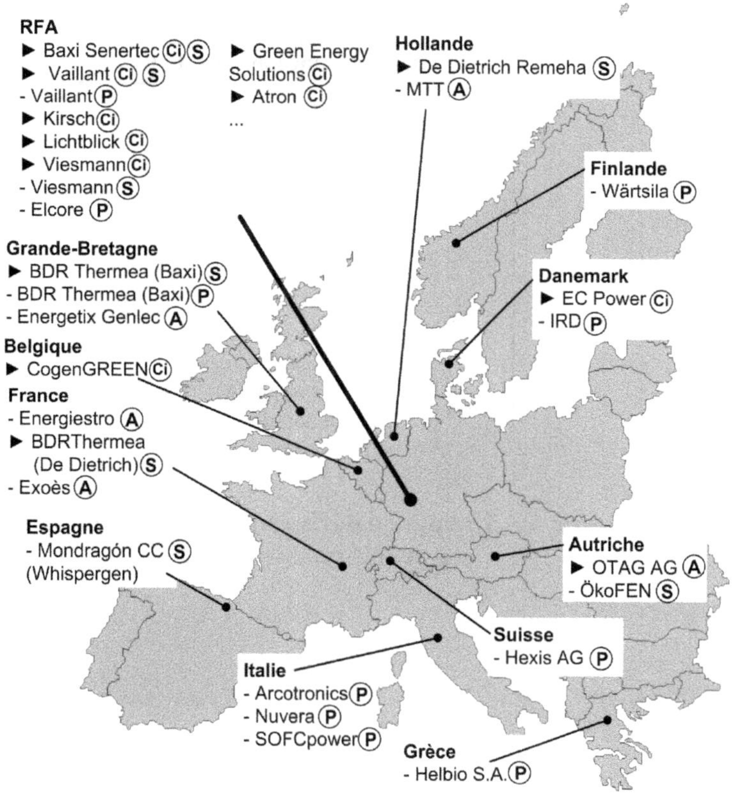

S = Stirling – Ci = moteur combustion interne – P = pile à combustible – A = autre
► = équipement commercialisé

Figure 6.59 Constructeurs européens d'unités de micro-cogénération.

6.9 Récapitulatif

Le synoptique figure 6.60 donne le flux d'information nécessaire et les décisions résultantes pour arriver à une optimisation technique de l'unité de micro-cogénération.

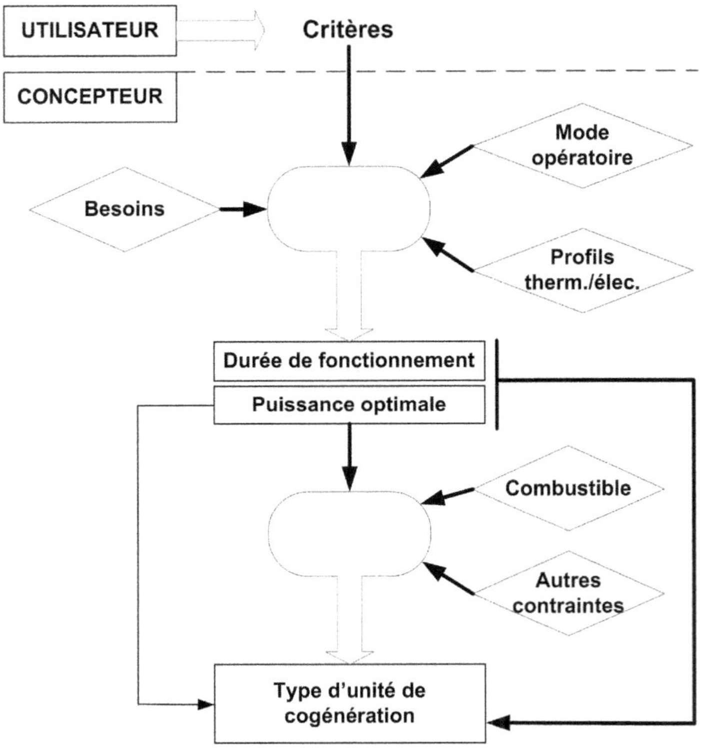

Figure 6.60 Synoptique décisionnel pour le choix d'une unité de micro-cogénération.

7 Coûts du système et amortissement

Installer une unité de micro-cogénération signifie produire une partie ou toute l'électricité nécessaire et utiliser la chaleur produite pour la partie sanitaire et le chauffage. La rentabilité doit être envisagée sur le moyen terme et comparée à l'approche conventionnelle basée sur l'électricité du réseau et une chaudière pour les besoins thermiques. Les résultats des simulations possibles dépendent certes de facteurs non contrôlés, comme l'évolution du cours du gaz naturel par exemple ou celui du prix de l'électricité, mais une projection réaliste montre l'avantage des unités de micro-cogénération.

7.1 Coût global

Le coût d'une unité de micro-cogénération se divise en coût d'achat de l'unité de micro-cogénération (qui se répartit sur la période d'amortissement envisagée) et coûts de fonctionnement (combustible, maintenance...).

La méthode de calcul sera abordée plus en détail au paragraphe 7.2 (« Coût de l'énergie produite »).

7.1.1 Coût de l'équipement

Il est fonction du type d'unité, des accessoires (ballon de stockage de l'eau chaude...) et de la puissance maximale. Les prix connus à ce jour sont ceux des modèles produits en série.

En Europe, en 2012, sauf exception (Vaillant ecoPOWER 1.0), ils démarrent à 12 000 euros environ (prix « catalogue ») pour des unités Stirling de 1 $kW_{él.}$.

Il est à noter que l'effet d'échelle joue fortement : plus l'unité de micro-cogénération est puissante, plus le prix du $kW_{él.}$ produit est faible. Il y a un rapport de 1 à 7 entre les prix du kW de l'unité de 1 $kW_{él.}$ et celle de 15 $kW_{él.}$ (et 1 à 19 si l'on considère la pile à combustible – tableau 7.1).

Tableau 7.1 Prix au kWh électrique produit (en €/kW) des unités de micro-cogénération disponibles en 2012.

ENE-FARM (PEMFC)	Whispertech-eHe	BDR Thermea	Button Energy	Vaillant	Vaillant	SenerTec	EC Power
Pile à combustible	Stirling	Stirling	Vapeur	Moteur CI	Moteur CI	Moteur CI	Moteur CI
0,7 kW	1 kW	1 kW	2 kW	1 kW	3 ou 4,7 kW	5,5 kW	15,2 kW
≈ 38 000 €	≈ 14 000 €	≈ 12 000 €	≈ 7 500 €	≈ 6 000 €	≈ 3 500 €	≈ 3 200 €	≈ 2 000 €

Le prix de certaines unités comprend un ballon de stockage d'eau chaude (WhisperGen, Dachs, ENE-FARM...) et parfois les frais d'installation (WhisperGen).

Au vu des résultats du tableau précédent, les modèles de faible puissance (1 $kW_{él.}$), surtout basés sur les moteurs Stirling, doivent passer en France sous une barre psychologique que l'on pourrait situer autour de 6 000 € TTC (coût pour l'utilisateur final) afin d'être commercialement viables (l'unité de micro-cogénération Ecowill, basée sur un moteur à combustion interne de Honda et distribuée au Japon, coûte au consommateur final environ 5 000 € en 2012). Ceci suppose des incitations fiscales, primes des fournisseurs de gaz ou d'électricité, et surtout une production à grande echelle (Ecowill avec plus de 100 000 exemplaires).

7.1.2 Coût d'installation

Cette partie comprend les coûts de raccordements électriques, hydrauliques, l'évacuation des gaz brûlés, l'aménagement éventuel du lieu/local d'installation. Généralement, ils se différencient peu de l'installation d'une chaudière classique pour la partie thermique.

Pour la partie électrique, il faut cependant y rajouter les coûts d'installation éventuels d'un (ou de deux) compteur(s), si l'électricité est vendue.

7.1.3 Coût de fonctionnement

Celui-ci comprend généralement le combustible utilisé, la maintenance et éventuellement l'abonnement du (ou des) compteur(s) électrique(s), si tout ou le surplus est vendu.

La maintenance dépend de la durée de fonctionnement de l'unité de micro-cogénération. Les constructeurs indiquent une fréquence en heures entre les maintenances (4 000 heures pour l'unité Vaillant ecopower, 3 500 heures pour SenerTec Dachs et Sunmachine, 8 500 heures pour EC Power...). Il est cependant toujours recommandé d'en avoir une au moins une fois par an. Ce sont des maintenances en fonctionnement normal ; il faut cependant noter qu'une maintenance générale doit se faire après quelques dizaines de milliers d'heures de fonctionnement (40 000 heures pour l'unité Vaillant ecoPOWER ou EC Power, 20 000 heures pour Honda MCHP).

Le coût de la maintenance peut être exprimé en coût réel ou calculé par kWh produit.

7.2 Coût de l'énergie produite

Après les aspects techniques et les critères de choix, l'aspect économique doit être abordé, car il conditionne le prix de l'énergie (électrique et thermique) produite et donc la rentabilité de l'installation d'une unité de micro-cogénération.

Chaque application est un cas particulier. Parmi les paramètres importants, on peut citer :

- Les consommations électriques et thermiques globales.
- Les monotones annuelles.
- Les besoins journaliers et leur distribution.
- Les puissances électriques et thermiques de l'unité de micro-cogénération.
- La possibilité de moduler ces puissances.
- Le rendement global, etc.

Un calcul du coût de l'électricité produite est donc à faire au cas par cas, soit avec une approche basée sur des hypothèses simplifiées, soit en faisant appel à un logiciel de simulation qui traitera plus de variables et de façon plus détaillée.

7.2.1 Modèle de calcul simplifié

Le « modèle » simplifié utilisé pour une première approche (figure 7.1) sera basé sur les hypothèses suivantes : l'unité de micro-cogénération a une puissance fixe et l'électricité produite est utilisée à 100 %.

Ce modèle peut être simulé par une feuille de calcul d'un tableur, ce qui permet de faire varier un ou plusieurs paramètres et de voir l'influence sur les coûts ou la rentabilité.

Il est aussi possible, à partir d'un prix du $kWh_{él.}$ que l'on souhaite obtenir, de reprendre les calculs pour remonter au dimensionnement de l'unité de micro-cogénération (puissances thermiques et électriques).

Cette première approche suppose la consommation de 100 % de l'électricité produite. S'il y a un surplus qui pourra être vendu, le coût du kW énergétique produit sera d'autant réduit. Cette option n'a pas été prise en compte dans ce modèle.

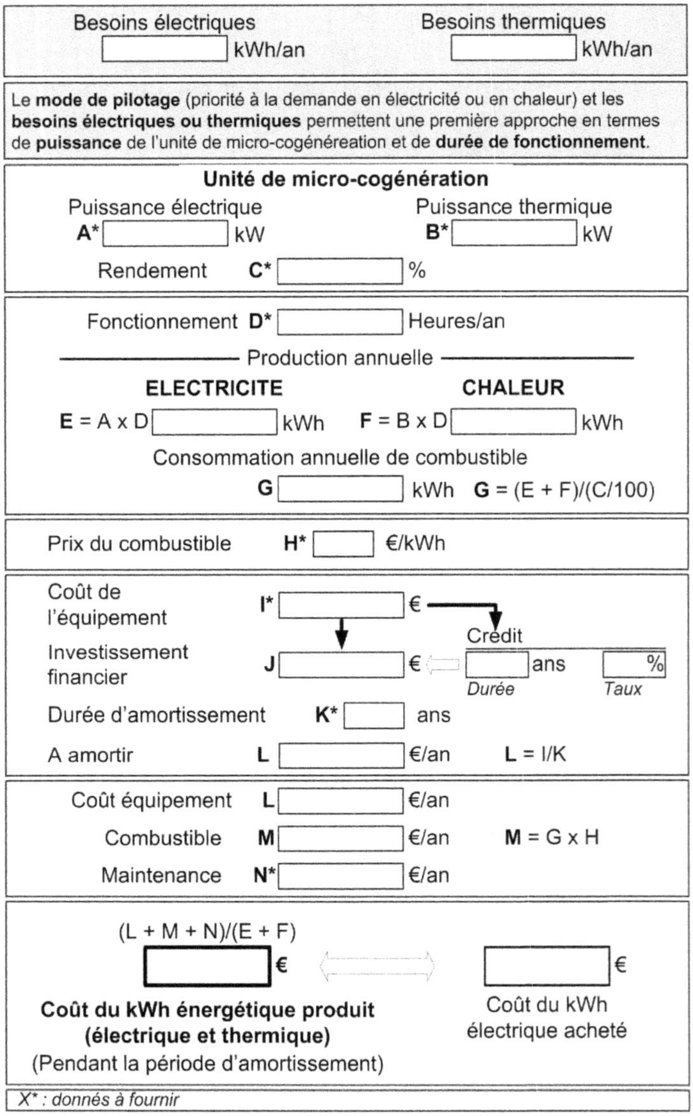

Figure 7.1 Diagramme de calcul du coût de l'énergie produite par une unité de micro-cogénération.

7.2.2 Scénario 1 : habitat individuel

Une habitation individuelle moyenne avec quatre personnes a une consommation électrique (utilisation spécifique uniquement) de 4 000 kWh et thermique (chauffage et ECS) de 5 600 kWh correspondant à une consommation globale de 80 kWh/m^2.an pour une maison de 120 m^2.

Pour cet exemple, le rapport entre les besoins électriques et les besoins thermiques est de 1:1,4. Une unité de micro-cogénération fournissant 1 $kW_{él.}$ et 1,4 $kW_{th.}$ pourrait théoriquement alimenter cette maison (tableau 7.2) et couvrir 100 % des besoins.

Afin d'avoir une référence, les valeurs sont comparées à une maison ayant les mêmes besoins annuels, mais utilisant une chaudière à condensation et l'électricité du réseau.

Tableau 7.2 Comparaison d'une unité de micro-cogénération de 1 $kW_{él.}$ avec une chaudière pour une maison individuelle.

		Unité de micro-cogénération	Chaudière à condensation + électricité secteur
1	Puissance électrique	1 kW	
2	Puissance thermique	1,4 kW	
3	Rendement global	90 %	100 %
4	Durée de fonctionnement	4 000 h/an	
5	Production électrique [1 × 4]	4 000 kWh	
6	Production thermique [2 × 4]	5 600 kWh	5 600 kW
7	Consommation de gaz naturel [(5 + 6)/(3/100)]	≈ 10 700 kWh	5 600 kW
8	Prix du gaz naturel	0,050 €/kWh	0,050 €/kWh
9	Coût de l'équipement	10 000 €	2 500 €
10	Durée d'amortissement	8 ans	8 ans
11	Amortissement annuel [9/10]	1 250 €	310 €
12	Coût du combustible [7 × 8]	535 €	280 €
13	Maintenance	250 €	100 €
14	Coût total annuel [11 + 12 + 13]	2 035 €	690 €
16	Électricité du secteur		4 000 kWh
17	Prix de l'électricité (tarif bleu)		0,090 €/kWh
18	Coût de l'électricité [16 × 17]		360 €
15	**Prix du kWh énergétique [14/(5 + 6)]**	**0,212 € électrique + thermique**	**0,123 € thermique seul**
			0,109 € électrique + thermique [(14 + 18)/(6 + 16)]
19	Coût total annuel après amortissement	785 € [12 + 13]	740 € [12 + 13 + 18]
20	**Prix du kWh énergétique après la période d'amortissement**	**0,082 € [19/(5 + 6)]**	**0,078 €**

Évolution des besoins électriques et thermiques

Les différentes réglementations thermiques ainsi que les progrès dans les isolations (matériaux, techniques...) font que les besoins pour le chauffage baissent continuellement. Par contre, la consommation électrique augmente (multimédia, équipements électroménagers...).

Remarque

Les prix des combustibles et de l'électricité étant fluctuants, ils ne sont donnés qu'à titre indicatif afin d'illustrer l'approche de calcul.

Avec les hypothèses choisies, il ressort de la comparaison entre une unité de micro-cogénération correctement dimensionnée et une chaudière associée au secteur que le coût du kWh produit est très proche après la période d'amortissement.

Il est aussi important de noter la nécessité d'optimiser le rapport entre puissance électrique et puissance thermique de l'unité de micro-cogénération afin de ne pas « surproduire » de la chaleur. Ceci est particulièrement important pour les nouvelles constructions basse consommation où les besoins thermiques (pour le chauffage) vont aller en baissant, alors que les besoins électriques sont stables ou en légère hausse, selon les équipements installés.

Cet exemple montre aussi que les unités de micro-cogénération de type Stirling par exemple (rapport électricité/chaleur de l'ordre de 1/6) produisent trop de chaleur pour l'habitat répondant aux normes actuelles. Elles sont plus adaptées à l'habitat ancien (en rénovation) où les besoins thermiques sont plus élevés.

Il faut cependant noter qu'il s'agit d'un cas idéal où l'électricité produite est utilisée à 100 %, ce qui suppose une adéquation entre besoins, puissance fournie et mode de pilotage de l'unité de micro-cogénération.

Une variante possible est l'allongement de la durée de fonctionnement (6 000 heures par exemple) et la vente de l'électricité en surplus.

Ceci montre, pour une application réelle, la nécessité d'une analyse fine pour optimiser les différents paramètres et arriver à une option économiquement rentable.

7.2.3 Scénario 2 : collectif, tertiaire...

L'utilisation d'unités de micro-cogénération de forte puissance (en général, plus de 3 ou 5 $kW_{él.}$) s'avère économiquement intéressante pour l'habitat collectif, une école, un hôtel, une PME...

Si l'on considère par exemple un hôtel ayant une consommation électrique de 30 000 kWh et thermique de 60 000 kWh par an, le rapport ente les besoins électriques et les besoins thermiques est de 1:2. Une unité de micro-cogénération fournissant 5 $kW_{él.}$ et 10 $kW_{th.}$ peut alimenter cet hôtel (tableau 7.3).

Tableau 7.3 Comparaison d'une unité de micro-cogénération de 5 $kW_{él.}$ avec une chaudière pour une application collective ou tertiaire.

		Unité de micro-cogénération	Chaudière + électricité secteur
1	Puissance électrique	5 kW	
2	Puissance thermique	10 kW	
3	Rendement global	90 %	100 %
4	Durée de fonctionnement	8 000 h/an	
5	Production électrique [1 × 4]	40 000 kWh	
6	Production thermique [2 × 4]	80 000 kWh	60 000 kW
7	Consommation de gaz naturel [(5 + 6)/(3/100)]	≈ 133 000 kWh	60 000 kW
8	Prix du gaz naturel	0,045 €/kWh	0,045 €/kWh
9	Coût de l'équipement	30 000 €	8 000 €
10	Durée d'amortissement	8 ans	8 ans
11	Amortissement annuel [9/10]	3 750 €	1 000 €
12	Coût du combustible [7 × 8]	6 000 €	2 700 €
13	Maintenance	400 €	200 €
14	Coût total annuel [11 + 12 + 13]	10 150 €	3 900 €
16	Électricité du secteur		30 000 kWh
17	Prix de l'électricité		0,060 €/kWh
18	Coût de l'électricité [16 × 17]		1 800 €
15	**Prix du kWh énergétique [14/(5 + 6)]**	**0,085 € électrique + thermique**	**0,065 € thermique seul**
			0,063 € électrique + thermique [(14 + 18)/(6 + 16)]
19	**Coût total annuel après amortissement**	**6 000 € [12 + 13]**	**4 700 € [12 + 13 + 18]**
20	**Prix du kWh énergétique après la période d'amortissement [19/7]**	**0,053 € [lignes 19/(5 + 6)]**	**0,052 € [lignes 19/(7+16)]**

Dans cet exemple, la durée de fonctionnement a été maximisée (8 000 heures par an). Il en résulte une « surproduction » d'électricité et de chaleur. Si l'électricité en surplus peut être vendue (cette option n'a pas été prise en compte dans le tableau), la chaleur non utilisée doit être éventuellement stockée ou utilisée pour d'autres besoins que sanitaires (piscine, sauna...).

Une autre option est de faire fonctionner l'unité de micro-cogénération uniquement pour couvrir les besoins thermiques (dans cet exemple 60 000/10 = 6 000 heures). La production d'électricité sera de 30 000 kWh pour une consommation de 30 000 kWh soit une couverture des besoins.

7.2.4 Autres combinaisons possibles pour comparaison

En plus des deux options prises comme exemple (unité de micro-cogénération ou chaudière et secteur), il est aussi possible de comparer d'autres options (tableau 7.4) comme :

- Une unité de micro-cogénération et une chaudière d'appoint.
- Une chaudière associée au solaire thermique (eau chaude sanitaire) et l'électricité du réseau.
- Une chaudière associée au solaire thermique (chauffage et eau chaude sanitaire) et l'électricité du réseau.
- Une unité de micro-cogénération associée au solaire thermique.

Tableau 7.4 Combinaisons possibles pour une étude de rentabilité.

Unité de micro-cogénération	Chaudière	Solaire thermique	Électricité secteur
X			
X			X
X	X		
X	X		X
	X		X
	X	X	X

À ces options, on peut aussi ajouter des variantes comme le stockage de chaleur dans un réservoir tampon ou l'utilisation de batteries pour l'électricité.

7.3 Amortissement global

7.3.1 Évolution des prix des combustibles

Depuis 1990, les prix du gaz naturel et du fioul sont en augmentation (figure 7.2). Celui de l'électricité est stable en France ; par contre, la faible efficacité énergétique lors de la production d'électricité devrait la limiter aux usages spécifiques pour lesquels il n'y a pas d'alternative.

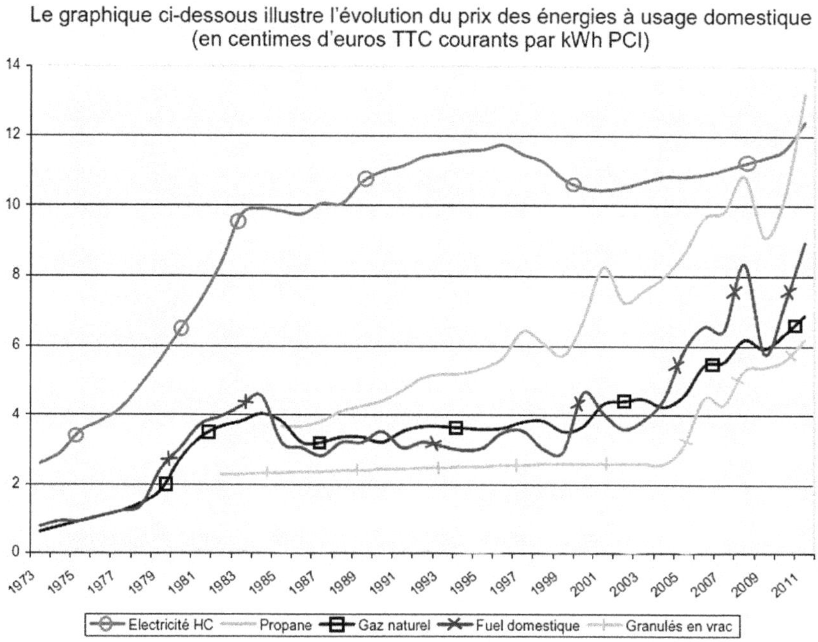

Figure 7.2 Évolution du prix des combustibles entre 1973 et 2011 (source : ADEME Franche-Comté).

7.3.2 Prix d'achat de l'électricité

En France, le prix d'achat de l'électricité issue de petites unités de cogénération est celui du tarif bleu, soit environ 0,12 €/kWh TTC. Il faut tenir compte du coût de raccordement par ERDF (500 à 700 €) ainsi que de l'abonnement pour le second compteur d'injection (environ 60 €).

Pour une unité de micro-cogénération de 1 $kW_{él.}$ fonctionnant 4 000 heures/an dont 75 % sont utilisés et 25 % sont injectés dans le réseau, les frais ci-dessus ne sont amortis qu'au bout de 6 ans environ puis les « gains » sont au maximum de l'ordre de la centaine d'euros/an.

Il est difficile de prévoir l'évolution de ce cours, car des mesures éventuelles d'incitation (comme en Allemagne ou en Belgique par exemple) peuvent entraîner une augmentation du prix de l'électricité achetée, rendant l'amortissement de l'unité de micro-cogénération possible sur une période plus courte et réduisant le coût du $kWh_{él.}$ produit.

7.3.3 Tableau d'amortissement et coût énergétique à moyen et long termes

Toute étude d'amortissement et de calcul du prix de l'électricité et de la chaleur produites (à partir du gaz naturel par exemple) doit tenir compte des évolutions possibles des cours pour les années à venir.

Cependant, dans la mesure où ces cours sont soumis à des variations dépendant de nombreux facteurs, il est nécessaire de considérer au moins trois hypothèses : une extrapolation basée sur les valeurs récentes et deux extrêmes qui pourraient représenter une évolution basse ou haute (« *worst cases* »).

Il en est de même pour l'évolution du prix de l'électricité vendue.

La figure 7.3 montre l'évolution prévue des sources de production d'électricité à l'horizon 2030. La part du gaz naturel et du charbon devrait augmenter considérablement : comment prévoir les conséquences sur le prix du gaz naturel et de l'électricité ?

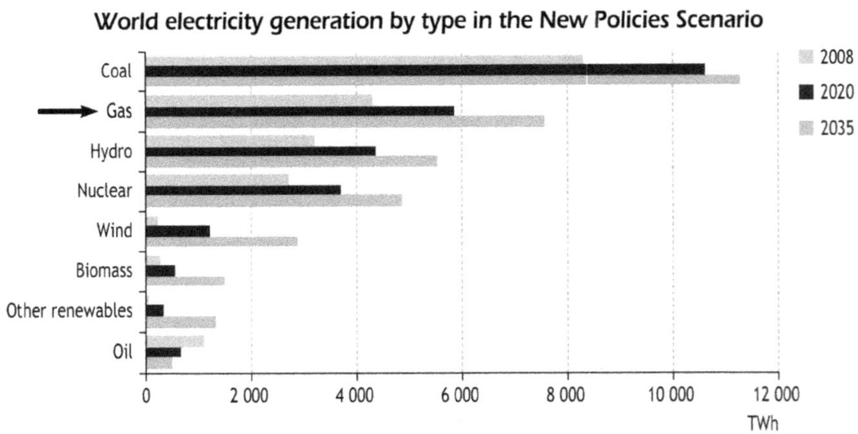

Figure 7.3 Évolution des sources de production d'électricité (source : IEA *International Energy Agency* – World Energy Outlook 2010).

7.3.4 Autres facteurs positifs

À l'amortissement financier s'ajoute une partie non chiffrable qui peut comprendre :

- La diminution des émissions de gaz à effet de serre.
- La réduction de consommation d'énergies non renouvelables (moins d'importation).
- L'autonomie électrique et/ou thermique, même si elle ne peut être que partielle.

8 Solutions globales – Systèmes hybrides

Étant donné la difficulté de dimensionner une unité de micro-cogénération pour couvrir à la fois les besoins thermiques et électriques, surtout à court terme, la solution qui vient à l'esprit est de l'associer à un système complémentaire d'appoint et/ou de stockage (thermique et/ou électrique) qui composera avec l'unité de cogénération un système hybride.

8.1 Définition

Qu'est-ce qu'un système hybride ? C'est la combinaison d'au moins deux technologies différentes permettant de mieux adapter la production d'énergie aux besoins (figure 8.1).

L'appoint électrique peut être assuré par le solaire photovoltaïque, le micro ou mini-éolien ou des batteries permettant une sécurité même en cas d'arrêt complet de tous les composants du système hybride. Il est à noter que le secteur peut aussi être considéré comme partie du système hybride.

L'appoint thermique peut lui être assuré par un brûleur intégré, du solaire thermique, une chaudière classique, de la géothermie…

Le système hybride peut être envisagé au niveau individuel, c'est-à-dire du lieu alimenté par l'unité de cogénération (maison, immeuble, bureaux…) ou être élargi à l'environnement géographique proche (système décentralisé local) pouvant fournir l'appoint nécessaire.

L'important étant d'offrir un ensemble cohérent énergétiquement et financièrement afin que l'utilisateur puisse bénéficier des avantages qui peuvent être la fiabilité, l'efficacité, les faibles émissions…

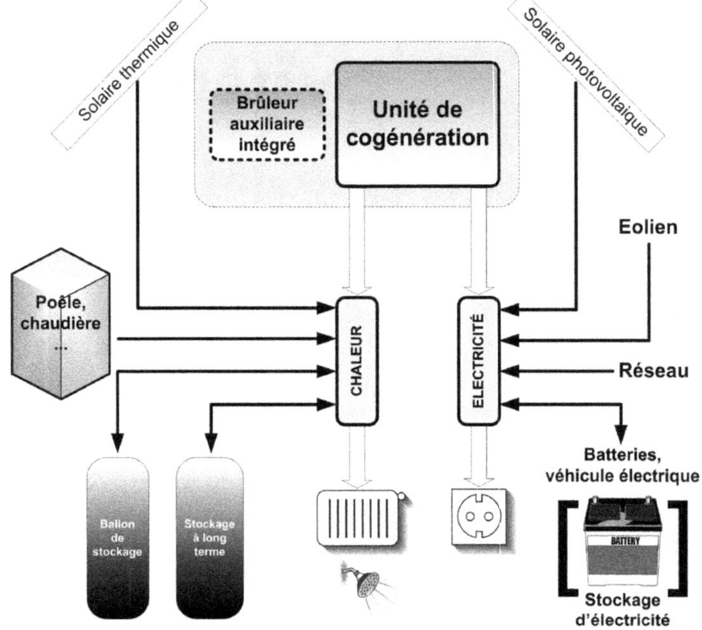

Figure 8.1 Exemple d'options pour un système hybride.

8.2 Systèmes hybrides avec brûleur ou chaudière

Les schémas des figures 8.2 et 8.3 montrent des variantes possibles d'une unité de micro-cogénération complétée soit par un brûleur intégré, soit par une chaudière externe. Ces exemples sont simplifiés et ne présentent que les parties pertinentes pour la micro-cogénération.

Dans le cas figure 8.2, l'unité de micro-cogénération est en fonctionnement lorsqu'il y a une demande de chaleur, si c'est le mode de pilotage choisi (température de consigne fixée par le thermostat pour le chauffage ou la température du ballon d'eau chaude sanitaire). Si la puissance thermique de l'unité de micro-cogénération est insuffisante, le brûleur ou la chaudière entre en service.

Ce système de brûleur auxiliaire est généralement utilisé par des unités utilisant un moteur Stirling ou une pile à combustible (Baxi Ecogen Stirling / 18 $kW_{th.}$, Whispergen Stirling / 6,5 $kW_{th.}$, Baxi Innotech pile à combustible / 15 $kW_{th.}$). La puissance du brûleur est cependant fixée par le constructeur et peut être trop importante, en fonction du type d'habitat. Les deux ensembles utilisent le même combustible.

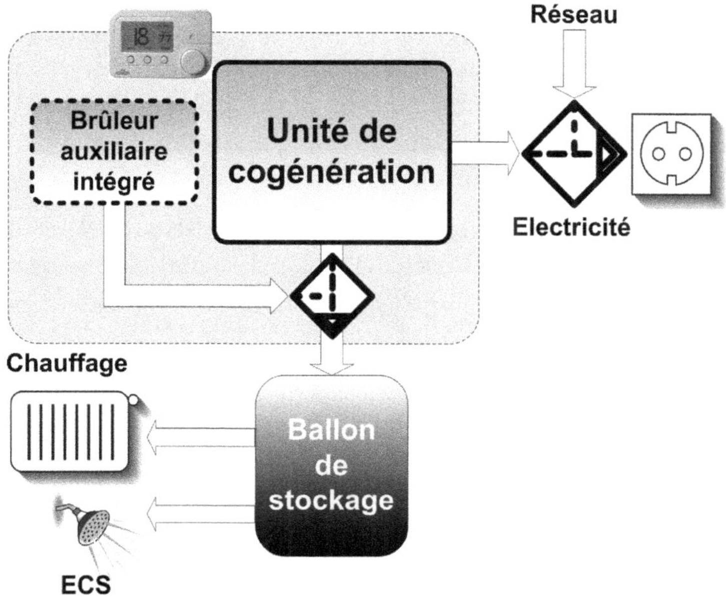

Figure 8.2 Système hybride avec brûleur intégré.

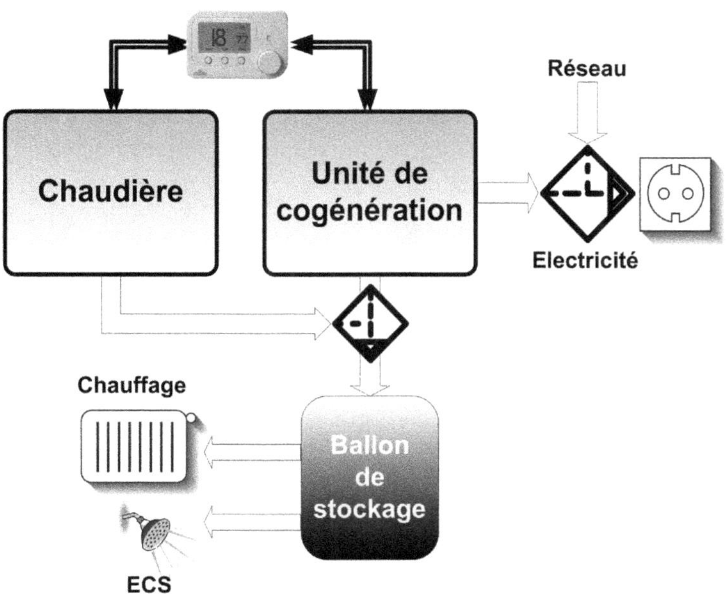

Figure 8.3 Système hybride avec chaudière.

La figure 8.3 correspond à un système avec chaudière externe. Le fonctionnement de cette chaudière est aussi piloté avec l'unité de micro-cogénération afin d'apporter un appoint thermique lorsque cela est nécessaire. Cette solution est surtout intéressante pour des piles à combustible fournissant peu de chaleur (la pile à combustible de la société CFCL, avec un rendement électrique de 60 %, fournit 0,6 $kW_{th.}$, celle de la société Elcore aussi 0,6 $kW_{th.}$).

L'avantage d'avoir une chaudière externe est que cela permet de mieux optimiser sa puissance en fonction de l'habitat. De plus, il est possible d'avoir une autonomie en choisissant un autre combustible que celui de l'unité de micro-cogénération, comme des granulés par exemple.

8.3 Systèmes hybrides avec énergies renouvelables

8.3.1 Exemple de variantes de systèmes

L'exemple suivant (figure 8.4) illustre les potentialités d'un système hybride avec utilisation de l'énergie solaire : le solaire photovoltaïque assure un appoint électrique alors que le solaire thermique (optionnel) apporte un appoint thermique (chauffage et ECS).

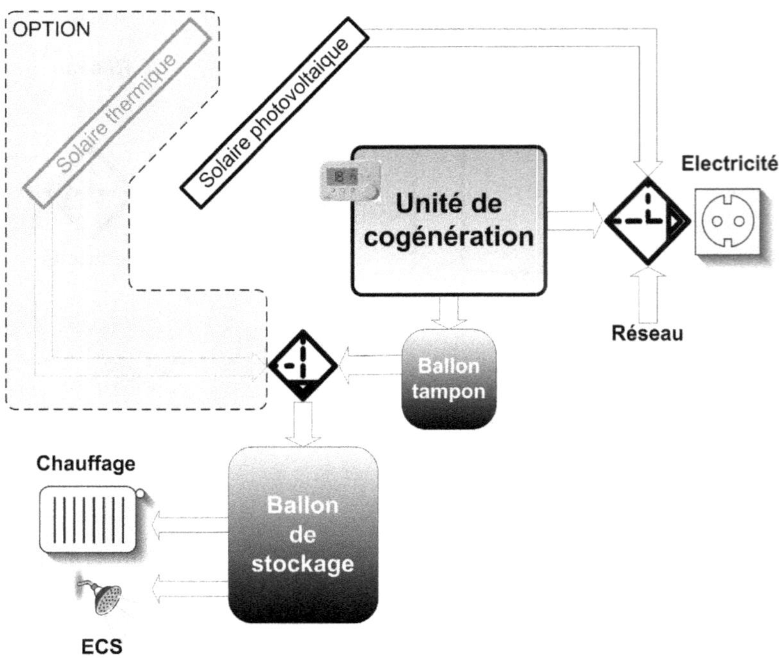

Figure 8.4 Système hybride avec énergies renouvelables.

En fonction des saisons et de la météo, ce sera le solaire ou l'unité de micro-cogénération qui couvrira les besoins (tout ou en partie). La priorité devra cependant être donnée au solaire surtout photovoltaïque, l'électricité ne pouvant être facilement stockée.

Pour la partie thermique, cela nécessitera un ballon nettement plus important afin de stocker la chaleur produite par l'unité de micro-cogénération lorsque la demande électrique ne pourra pas être couverte par le solaire. De plus, la gestion thermique restera complexe surtout si l'unité de micro-cogénération a un fort rendement thermique.

Tableau 8.1 Gestion thermique et électrique d'un système hybride.

Besoins	Unité de micro-cogénération	Cuve tampon de stockage	Brûleur ou chaudière externe
Électricité sans chaleur	En fonctionnement	Stockage	–
[avec photovoltaïque]	En fonctionnement si l'appoint photovoltaïque est insuffisant		
Électricité et chaleur	En fonctionnement	Restitution si nécessaire	Appoint éventuel
[avec photovoltaïque et solaire thermique]	En fonctionnement si l'appoint solaire est insuffisant		
Faible électricité sans chaleur	En fonctionnement à puissance réduite	Stockage	–
[avec photovoltaïque]	En fonctionnement si l'appoint photovoltaïque est insuffisant		
Faible électricité et chaleur	En fonctionnement à puissance réduite	Restitution si nécessaire	Appoint éventuel
[avec photovoltaïque et solaire thermique]	En fonctionnement si l'appoint solaire est insuffisant		

Le cas de chaleur sans électricité n'est pas considéré car il y a toujours une consommation électrique de base.

8.3.2 Adéquation entre l'unité de micro-cogénération et la capacité de stockage de chaleur

Le dimensionnement de la cuve tampon est généralement basé sur la courbe des besoins thermique journaliers. Son volume est fonction des valeurs de cette courbe et de la puissance thermique de l'unité de micro-cogénération.

La figure 8.5, qui prend comme exemple une habitation individuelle ayant un besoin thermique de 40 kWh sur une journée, illustre deux options.

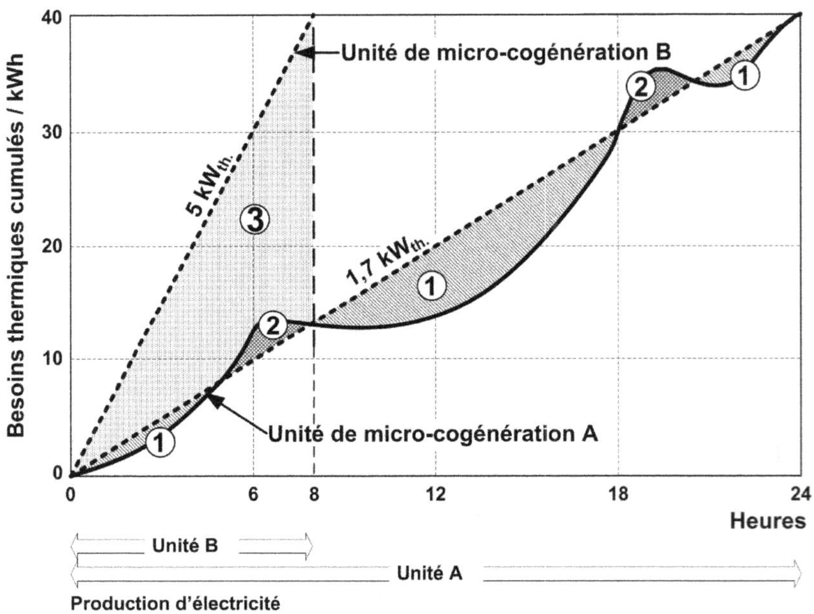

Figure 8.5 Adéquation unité de micro-cogénération et stockage de chaleur.

Une unité de micro-cogénération (référence A) de puissance thermique constante d'environ 1,7 kW couvre les besoins thermiques en 24 heures (24 × 1,7 kW = 40,8 kWh). Selon l'allure de la courbe de besoins thermiques, l'unité de micro-cogénération fournira une quantité de chaleur qui sera supérieure aux besoins (zones ①) dont l'excédent pourra être stocké dans une cuve tampon puis utilisé lorsque la puissance thermique de l'unité de micro-cogénération sera insuffisante par rapport aux besoins (zones ②). Ces zones (① et ②) permettront de calculer la capacité de stockage de chaleur nécessaire.

Dans cet exemple, l'unité de micro-cogénération fonctionne pratiquement toute la journée (exemple en hiver) et produira aussi l'électricité de façon continue. La courbe des besoins est fonction de l'occupation ou non de l'habitat et de la saison.

Si l'on considère une unité de micro-cogénération de puissance thermique de 5 kW (référence B), la quantité de chaleur nécessaire pour couvrir les besoins sera fournie en 8 heures (8 × 5 kW = 40 kWh). L'excédent de chaleur par rapport aux besoins (zone ③ en première approximation) devra être stocké pour être restitué lorsque l'unité de micro-cogénération ne fonctionne pas, soit pendant 16 heures. Dans cet exemple, la capacité de stockage de chaleur devra être plus importante que pour l'unité de micro-cogénération A ; de plus, l'électricité ne sera disponible que pendant 8 heures (durée de fonctionnement de l'unité de micro-cogénération).

Ces exemples simplifiés (il n'a pas été tenu compte du rendement de la cuve de stockage ou de la saison par exemple) sont donnés à titre indicatif, la détermination exacte de la capacité de stockage demandant une étude plus précise qui peut être faite par un logiciel spécifique.

9 Simulation d'une unité de micro-cogénération

Pour simuler le fonctionnement d'une unité de micro-cogénération pour une application précise, l'utilisation d'un logiciel, en plus du gain de temps, donne la possibilité d'intégrer et de faire varier de nombreux paramètres, donc de mieux optimiser l'unité.

Les logiciels utilisables sont soit des logiciels de simulation avec un (ou plusieurs) module(s) dédié(s), soit des logiciels spécialement développés pour la cogénération (ou la micro-cogénération).

9.1 Logiciel généraliste de simulation

Ce chapitre ne couvre que l'aspect optimisation de l'équipement et des coûts, la simulation du fonctionnement proprement dite d'une unité de micro-cogénération sortant du cadre de cet ouvrage.

Les modèles développés sont intégrés dans des logiciels de simulation comme Matlab/Simulink par exemple.

De nombreux laboratoires, universités ou instituts de recherche ont aussi développé de tels modules spécifiques.

9.2 Logiciels spécifiques à la micro-cogénération

La seconde approche (logiciel spécifique à la micro-cogénération) peut être illustrée par des programmes comme COGENsim.xls, COGENcalc.xls ou BHKW-Plan (Allemagne). Ces programmes nécessitent tout d'abord une série de données techniques et financières sur le type d'unité de cogénération, le combustible et son prix, le prix de l'électricité…

Les programmes COGENcalc.xls, COGENsim.xls (figure 9.1) et COGENoptitherm.xls ont été développés en Belgique pour le compte de la Région wallonne (les intervenants ont été Denorme Energy System, ICEDD et Cogensud) puis ont été adaptés au contexte de la Région Bruxelles-Capitale. Ils représentent deux niveaux d'approche : une première estimation globale (COGENcalc.xls) ou une analyse fine et détaillée de l'unité de cogénération dans l'application choisie (COGENsim.xls). COGENoptitherm.xls est plus adapté pour le logement collectif. Ils sont disponibles gratuitement.

COGENsim a été adapté au marché français par l'ICEDD pour l'organisme Rhônalpénergie-Environnement (Agence régionale de l'énergie et de l'environnement en Rhône-Alpes) dans le cadre du projet européen COGENchallenge.

Une fois les calculs de simulation accomplis, une feuille résume les principales caractéristiques (figure 9.2 avec comme exemple une unité de micro-cogénération SenerTed Dachs de 5 $kW_{él.}$).

Une option d'affichage graphique montre la production et la consommation d'électricité et de chaleur simulées sur un jour, une semaine ou un mois (figure 9.3).

Différents modes (standard ou expert) permettent une analyse plus ou moins fine.

Le logiciel RETScreen, développé au Canada et disponible gratuitement, peut aussi permettre de dimensionner une unité de cogénération.

Attention

Les résultats fournis par ces logiciels ne sont pas nécessairement les seuls critères à utiliser pour une décision. Ils sont aussi à pondérer par d'éventuelles analyses additionnelles (courbes monotones thermiques ou électriques…) ainsi que par des avis d'experts (constructeurs, installateurs…).

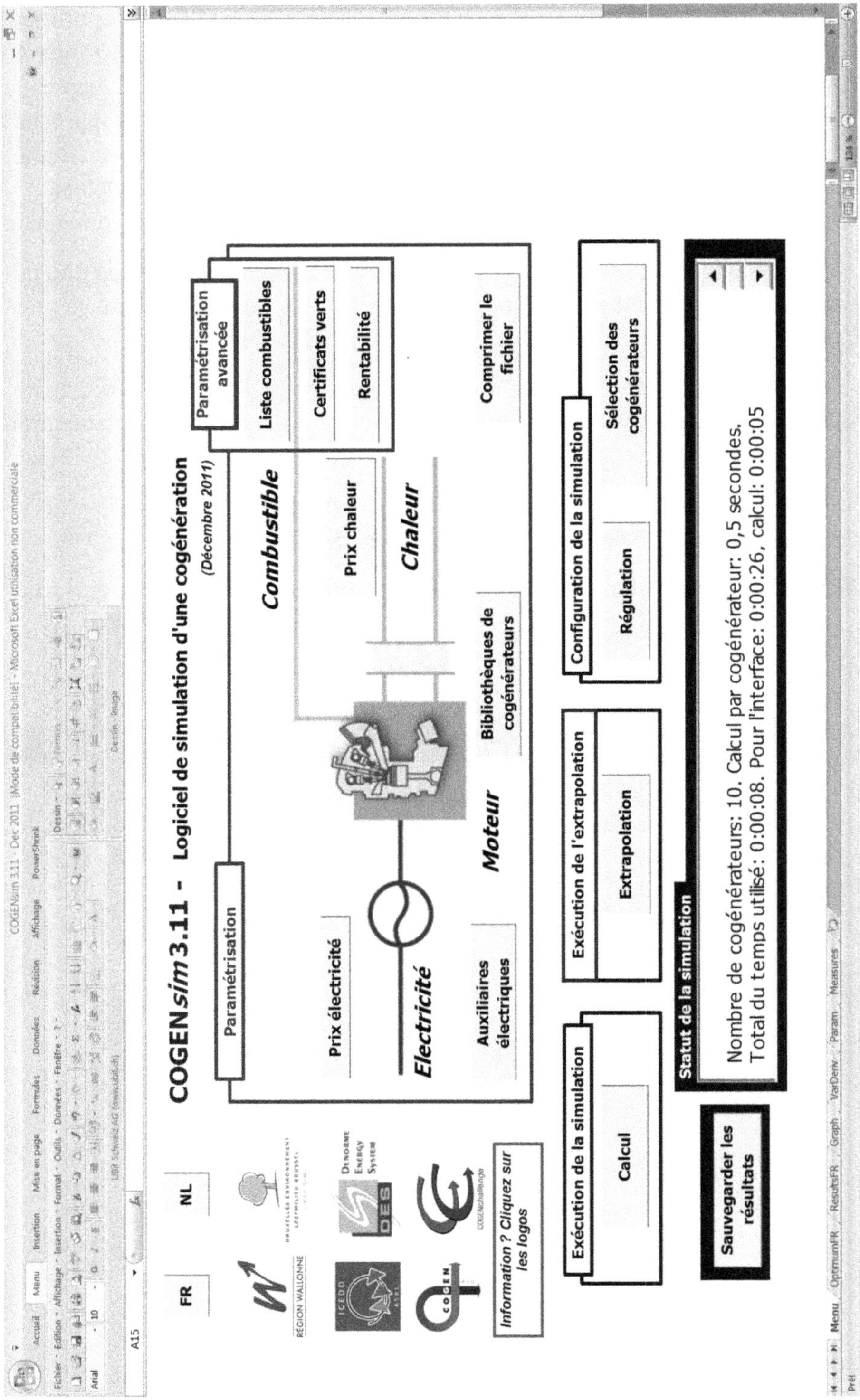

Figure 9.1 Écran de démarrage du logiciel COGENsim (source : ICEDD).

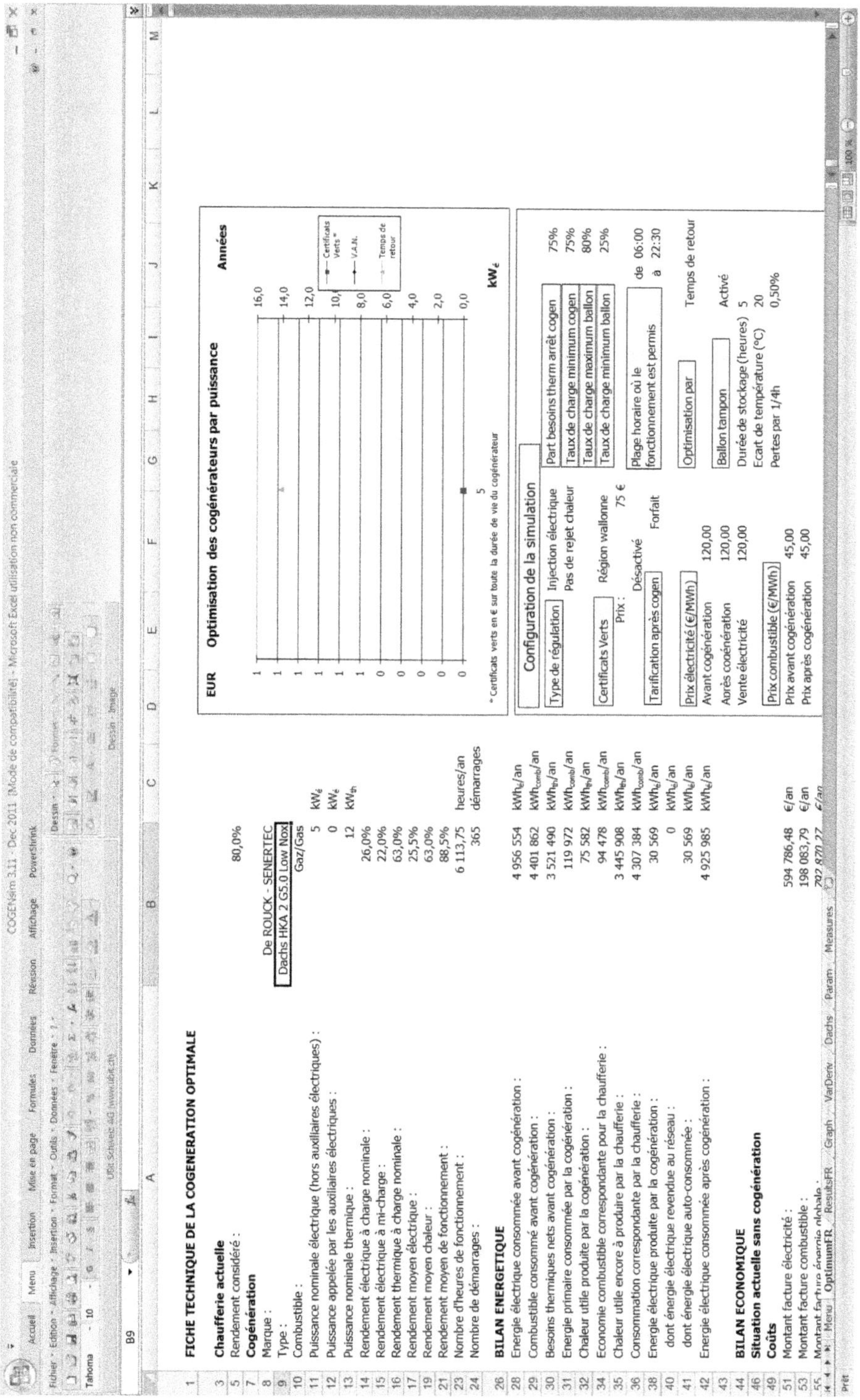

Figure 9.2 Feuille de résultats du logiciel COGENsim (source : ICEDD).

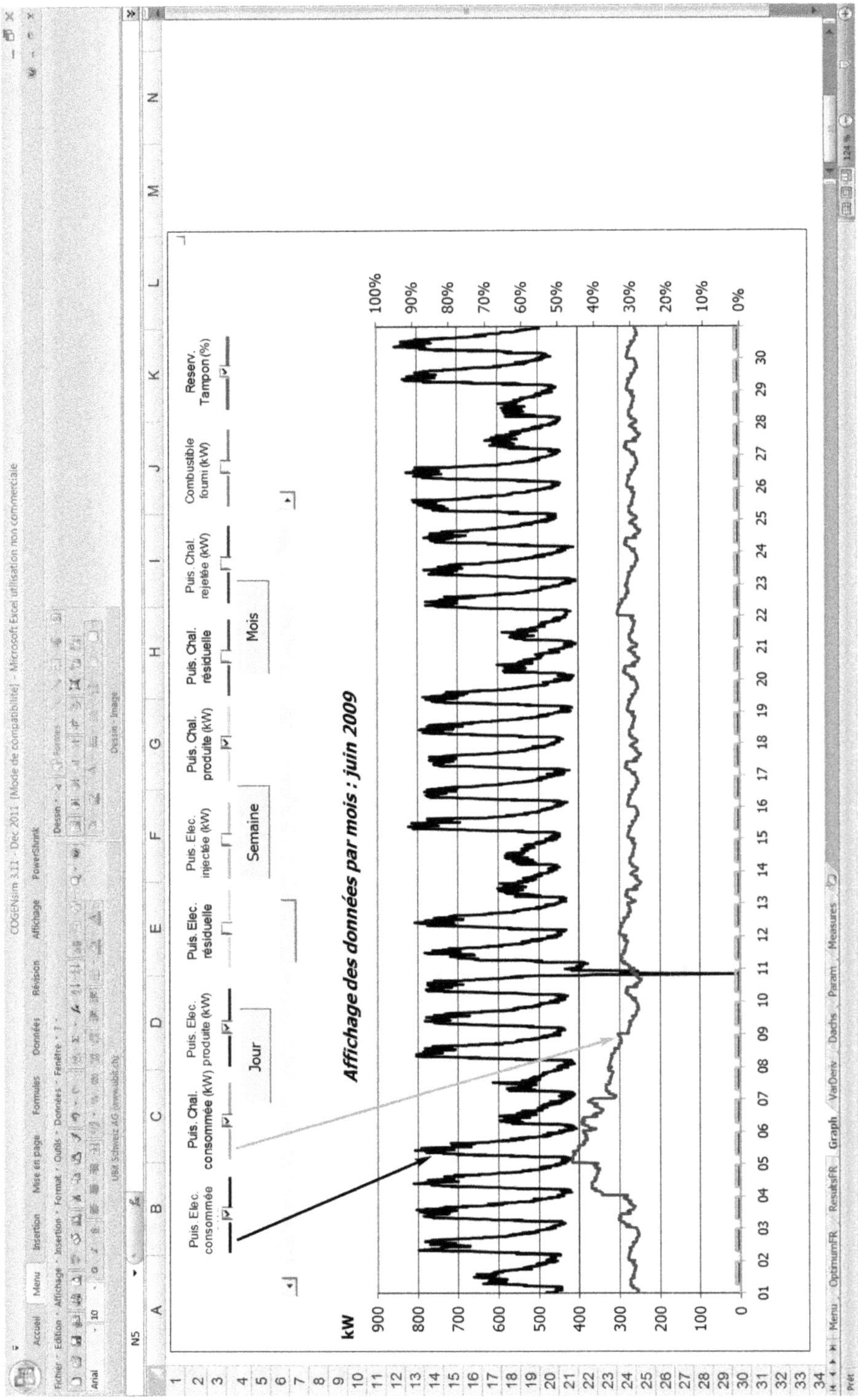

Figure 9.3 Affichage graphique du fonctionnement de l'unité de cogénération (source : ICEDD).

10 Législation

La cogénération en général et la micro-cogénération en particulier sont les parents pauvres de la politique énergétique en France. Un soutien plus que réduit des autorités ne permet pas un développement soutenu. À cela s'ajoute un faible prix d'achat de l'électricité.

Pour l'utilisateur, une option serait la possibilité de vendre l'électricité produite, que ce soit le tout ou le surplus uniquement. Cependant, les facteurs énumérés dans les chapitres précédents incitent plutôt à optimiser l'unité de micro-cogénération et à utiliser sur place l'électricité.

10.1 Critères pour l'unité de micro-cogénération

L'équipement de micro-cogénération doit répondre à un certain nombre de critères qui sont fixés par des textes législatifs au niveau européen et/ou au niveau national.

Le respect de ces critères qui est du ressort du constructeur concerne la partie électrique, électronique, la production de chaleur par un brûleur, l'alimentation en combustible, l'eau chaude sanitaire... Il s'agit de normes portant sur la sécurité, la fiabilité, la pollution...

La validation finale, une fois toutes les exigences atteintes, est le marquage CE pour l'unité de micro-cogénération.

Cependant, dans le cadre réglementaire français, certaines normes sont plus exigeantes que les normes européennes (celles portant sur le gaz par exemple).

10.2 Approches au niveau utilisateur

L'utilisateur d'une unité de micro-cogénération dispose de plusieurs options :

- Utilisation de toute l'électricité produite (autoconsommation).

- Vente du surplus.
- Vente de la totalité.

Ainsi qu'il a été présenté précédemment, la dernière option (**vente de la totalité**) n'est pas à favoriser car, d'une part, le prix du kWh vendu est faible et n'est pas comparable au prix du kWh issu du photovoltaïque et, d'autre part, il est produit au prix du gaz donc moins cher que le kWh acheté : il vaut mieux donc le valoriser en l'utilisant pour les besoins internes.

La **vente éventuelle du surplus** doit aussi être mise en relation avec les coûts associés, soit l'installation d'un second compteur (environ 600 € en 2012) ainsi que la location annuelle de ce compteur (environ 60 € en 2012). Pour une production annuelle d'électricité de 4 000 kWh avec utilisation de 75 %, la revente des 1 000 kWh en surplus rapporterait environ 110 €. Il faudrait donc environ 12 ans pour amortir les frais puis avoir un gain minime.

L'**autoconsommation maximale** est donc à privilégier par un dimensionnement optimal du ballon de stockage de la chaleur, l'optimisation de la consommation d'électricité (horaire d'utilisation des équipements gros consommateurs comme lave-linge, lave-vaisselle...) ainsi qu'éventuellement la recharge de véhicules électriques (scooter, voiture...).

10.3 La micro-cogénération au niveau législatif européen et français

Plusieurs directives européennes se réfèrent à la cogénération. La directive 2004/8/CE du Parlement européen et du Conseil du 11 février 2004 (« Promotion de la cogénération sur la base de la demande de chaleur utile dans le marché intérieur de l'énergie ») mentionne aussi la micro-cogénération (< 50 $kW_{él.}$). L'objectif est d'arriver à 18 % d'électricité produite par cogénération en 2010 (9 % en 1994).

Il n'y a pas de norme ou directive européenne concernant spécifiquement la micro-cogénération, ce qui retarde la commercialisation d'unités existantes où à venir dans tous les pays européens.

En France, il n'y a pas de textes spécifiques à la micro-cogénération.

Si l'Agenda 21 mentionne la cogénération comme approche pour une utilisation rationnelle de l'énergie au niveau local, il reste formulé uniquement sous forme de solution possible.

La RT 2012 (Réglementation thermique) prend en compte la micro-cogénération (voir le chapitre 12, sur les perspectives).

C
EXEMPLES, PERSPECTIVES ET ASPECTS ANNEXES

11 Campagnes d'essais, évaluations et exemples d'unités de micro-cogénération en service

Une unité de micro-cogénération n'arrive sur le marché qu'après une série de validations aussi bien techniques que commerciales. Cette première phase de campagnes d'essais est opérée par les constructeurs, les distributeurs ou les fournisseurs de gaz ou d'électricité.

L'étape suivante est la mise sur le marché des unités de micro-cogénération. Les applications sont aujourd'hui principalement au niveau de l'habitat individuel, surtout au Japon, mais aussi de l'habitat collectif, des écoles, des casernes de pompiers ou des activités tertiaires. Les nombreuses installations montrent, pour les technologies matures, un fonctionnement fiable et des gains environnementaux et financiers appréciables.

11.1 Campagnes d'essais

Le terme « campagne d'essais » (ou « *Field Test* ») fait plutôt penser aux constructeurs automobiles qui évaluent les futurs modèles, souvent dans des conditions extrêmes afin d'éprouver les véhicules. Cette approche est pratiquée par de nombreux secteurs industriels dont la micro-cogénération. Ces essais permettent, pour de nouvelles technologies, de détecter des problèmes de jeunesse et, avant commercialisation, d'évaluer, par exemple, l'acceptance par les utilisateurs potentiels, leurs retours d'expérience et améliorations ou modifications à apporter ainsi que la fiabilité en utilisation normale.

Une campagne d'essais se caractérise surtout par la durée et pas nécessairement par le nombre d'unités bien que, selon le type de résultat recherché, un nombre statistiquement représentatif doit être installé.

11.1.1 Qui initie les campagnes d'essais ?

Les premiers concernés sont les **fabricants** d'unité de micro-cogénération qui testent leur matériel déjà au niveau des premiers prototypes pour valider le concept. Au stade de la présérie ou d'unités pilotes, des essais sont effectués en milieu réel. C'est ce que font les constructeurs sous leur égide ou dans le cadre de programmes.

Les seconds acteurs sont les **fournisseurs d'énergie** (gaz ou électricité) avec des approches différentes selon leur stratégie : fournir le gaz naturel ou acheter l'électricité produite ou les deux. Pour les fournisseurs de gaz, cela pourrait représenter un marché supplémentaire.

Enfin une dernière catégorie de « **pionniers** » : les initiatives individuelles provenant d'installateurs, d'utilisateurs (« *Early Adopters* ») qui veulent connaître les possibilités de ce type d'équipement dès leur disponibilité.

11.1.2 Préparation d'une campagne d'essais

Elle devrait commencer par des études préliminaires commerciales et techniques. L'approche marketing doit permettre de définir la cible visée, le profil des utilisateurs potentiels. L'aspect technique concerne l'habitat, l'hôtel, l'entreprise... où sera installée l'unité de micro-cogénération : type d'utilisateur, localisation géographique, profil de consommation électrique et thermique à court, moyen et long termes, établissement du profil type (courbe monotone), consommation d'eau chaude qui influe sur le volume du ballon de stockage, données techniques à mesurer (instrumentation)...

11.2 Campagnes d'essais dans le monde et en Europe

Certains gouvernements favorisent aussi ces campagnes d'évaluation afin de lancer ou de tester le marché de la micro-cogénération.

Le Japon expérimente depuis les années 2000 différents types de piles à combustible. À fin 2008, plus de 3 000 piles de type PEMFC avaient été testées avant la commercialisation en 2009. Le programme **ENE-FARM** (2009-2013) est doté d'un budget de plus de 6 milliards de yens (environ 50 millions d'euros). Un second programme d'évaluations mettant en jeu des piles haute température SOFC a été lancé en 2007.

L'Allemagne a lancé en 2008 le projet **Callux** (figure 11.1), qui prévoyait l'installation de plus de 800 piles à combustible à fin 2012 pour un coût de 86 millions d'euros. L'objectif n'a cependant pas été atteint, que ce soit en nombre d'unités

(250 en juillet 2012) ou, sauf exception, en unités de micro-cogénération techniquement fiables et commercialisables. Le programme a été revu à la baisse (560 unités à installer à fin 2013) et la fin reportée à 2015-2016.

Figure 11.1 Exemple d'installation du programme Callux avec pile à combustible SOFC (source : Vaillant).

L'Union européenne, dans le cadre du programme « *Hydrogen and Fuel cell Joint Undertaking of the EU* » a lancé **ENE.FIELD** (2012-2017), qui devrait évaluer 1 000 piles à combustible (issues de 8 fournisseurs) dont une centaine en France. Le budget initial prévu de 34 millions d'euros a été réduit à 26 millions d'euros (à comparer aux 86 millions d'euros de Callux pour 800 piles).

Il est à noter que ces campagnes importantes portent surtout sur les piles à combustible. Les autres technologies, comme le moteur Stirling par exemple, ne bénéficient pas d'un tel soutien direct.

De nombreux fournisseurs d'énergies (gaz et/ou électricité) européens ont mené et mènent des campagnes d'essais. Les pays les plus actifs sont les pays anglo-saxons et plus particulièrement l'Allemagne.

Le fournisseur d'énergie allemand **EWE** avait évalué un total cumulé de 450 unités à fin 2012 soit avec moteur Stirling (Baxi Ecogen, Whispergen...), soit à pile à combustible (Baxi Innotech, CFCL, Hexis...). Les évaluations sont basées sur un réseau de 18 installateurs formés à l'installation, la maintenance et la réparation des systèmes à pile à combustible. Si l'on analyse les résultats, les unités à moteur Stirling étaient caractérisées par un niveau sonore relativement élevé et la nécessité d'avoir un mur porteur pour la fixation. Les systèmes à pile à combustible fournissent un rendement électrique plus élevé (surtout le modèle de CFCL avec plus de 50 %) mais nécessitent une amélioration au niveau fiabilité.

En Grande-Bretagne aussi, où le marché de remplacement des chaudières est estimé à 1,5 million d'unités en 2012, **E-on** mène depuis 2004 (unités Whispergen) des campagnes d'évaluation impliquant différentes technologies (Stirling, pile à combustible).

11.3 Campagnes d'essais en France

11.3.1 Historique

En France, EDF et GDF (devenu GDF SUEZ), entre autres, ont été relativement actifs dans ce domaine en menant un certain nombre de campagnes pour connaître les différentes technologies.

Entre 2000 et 2002, GDF a évalué une pile à combustible de 200 $kW_{él.}$. À partir de 2002, GDF a aussi évalué pendant deux ans cinq piles à combustible basse température de 3,5 ou 4 $kW_{él.}$ pour des applications tertiaires (bureaux ou laboratoires) ; d'autres piles à combustible (Hexis – 1 $kW_{él.}$ et Vaillant – 5 $kW_{él.}$) ont été testées. GDF a aussi testé les unités Stirling Whispergen entre 2001 et 2004.

EDF a, entre 2004 et 2006, installé des piles à combustible pour habitat collectif sur quatre sites.

Ces campagnes d'essais limitées et toujours sans suite commerciale ainsi que le faible taux d'installation d'unités de micro-cogénération montrent le très lent développement et les hésitations dans l'introduction de la micro-cogénération en France.

11.3.2 GrDF – De Dietrich Thermique

Ces deux sociétés ont mené une campagne d'essais en 2010-2011 basée sur l'unité de micro-cogénération Hybris Power (moteur Stirling – 1 $kW_{él.}$).

Une centaine d'unités (figure 11.2) ont été installées dans divers habitats (neufs ou existants) ; 11 sites ont été suivis avec une instrumentation permettant de recueillir plusieurs millions de points de mesure pour une analyse fine du fonctionnement et des résultats.

Deux exemples parmi les habitats suivis donneront un ordre de grandeur des gains possibles :

- Maison individuelle neuve (BBC) de 102 m^2 habitables situées sen zone H2a. L'étude thermique donnait un Cep (Consommation en énergie primaire) d'environ 55 kWhep/m^2.an ; la valeur mesurée a été de 20,75 kWhep/m^2.an.
- Maison ancienne de 120 m^2 habitables en zone H1a. Après rénovation thermique, le Cep calculé était de 200 kWhep/m^2.an ; l'utilisation de l'unité de micro-cogénération (avec un ballon de 130 litres) a permis de baisser ce Cep à 132 kWhep/m^2.an avec valorisation de l'électricité.

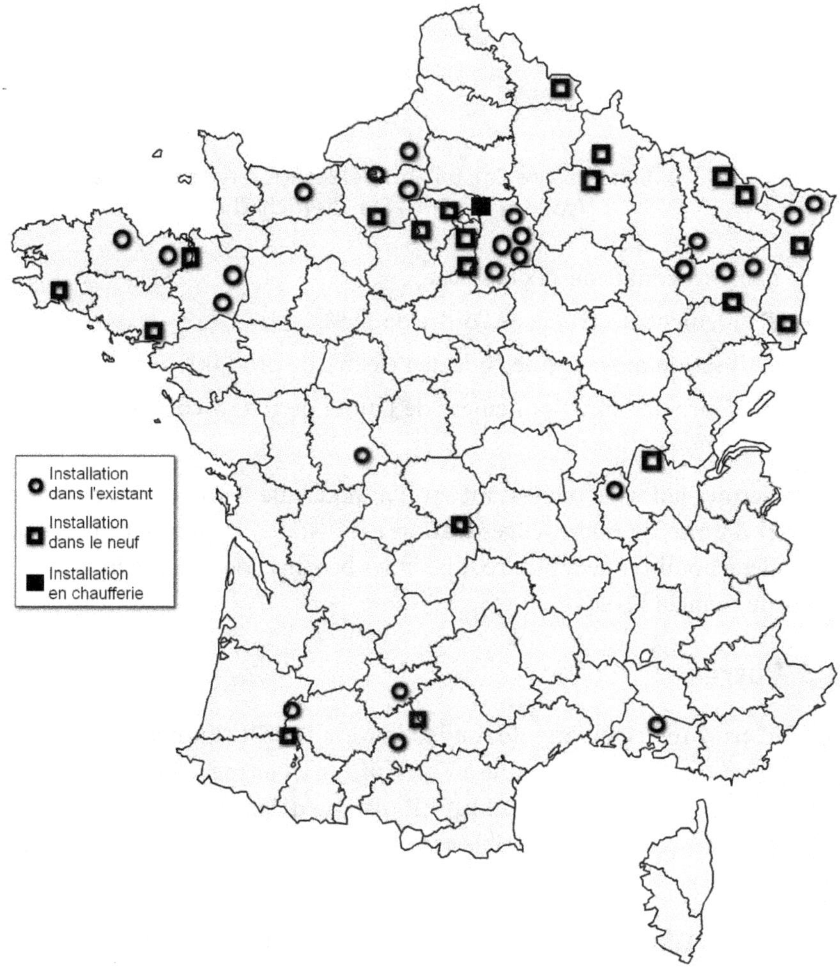

Figure 11.2 Implantation des sites de la campagne d'essais (données GrDF – De Dietrich Thermique).

Les installations ont été effectuées avec utilisation de l'électricité produite et vente du surplus (figure 11.3).

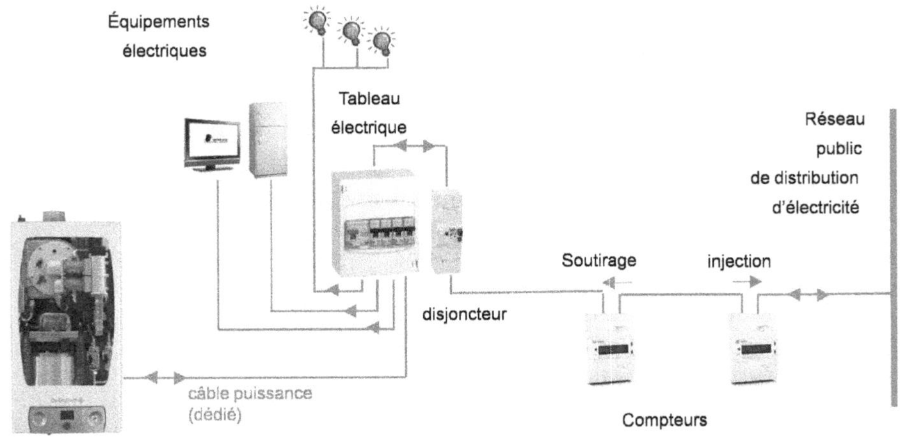

Figure 11.3 Schémas de l'installation électrique type de la campagne d'essais (source : GrDF – De Dietrich Thermique).

Le bilan est conforme aux attentes :

- Rendement électrique de l'ordre de 14 %.
- Utilisation moyenne de 70 % de l'électricité produite.
- La courbe de fonctionnement de l'unité de micro-cogénération suit celle de la demande nationale.

Ce dernier point est intéressant car il indique que si un nombre suffisant (et important) d'unité de micro-cogénération est installé, la production par les centrales (ou leur nombre) peut être réduite et les besoins couverts, réduisant les pointes de production en hiver.

11.3.3 Autres

EDF, par l'intermédiaire de son laboratoire EIFER (*European Institute For Energy Research*), basé en Allemagne à Karlsruhe, n'a pas mené de campagnes d'essais ces dernières années. Cependant EIFER dispose d'équipements d'évaluation de matériaux et des piles à combustible avec une orientation vers celles de type SOFC.

11.4 Évaluations par d'autres organismes

De nombreux instituts ou laboratoires sont aussi impliqués dans la micro-cogénération, au niveau français ou européen.

À l'INSA de Strasbourg (département Génie climatique et énergétique), la plateforme Climatherm (Climatique et machines thermiques) a lancé fin 2009 une étude sur le développement de la micro-cogénération comme moyen de production dans les bâtiments à basse consommation. Cette étude fut menée en collaboration avec le fournisseur local d'énergie Énerest et Mines ParisTech comme partenaire scientifique.

Une première thèse a été soutenue à l'école des Mines de Paris sur « l'optimisation systémique de micro-cogénérateurs intégrés au bâtiment », un nouveau modèle de moteur Stirling a été développé et intégré à un environnement de simulations. Dans le cadre de ce travail de recherche, un banc d'essai équipé d'une chaudière électrogène intégrant un moteur Stirling (unité de De Dietrich – Remeha) a été mis en place à la plate-forme Climatherm de l'INSA.

L'étape suivante sera la préparation d'une autre thèse (laboratoire LGECO de l'INSA de Strasbourg) qui, dans un premier temps, exploitera l'environnement de simulation mis en œuvre précédemment afin de connaître les conditions optimales d'intégration de micro-cogénérateurs (type Stirling) pour différentes typologies de bâtiments. Dans un second temps, ce travail de recherche abordera la modélisation numérique d'une unité de micro-cogénération à cycle de Rankine (modèle Bison Powerblock de la société autrichienne Button Energy – voir le paragraphe 4.5.2) utilisant des granulés. L'objectif est l'intégration des résultats dans un outil de simulation.

L'IUT de Marseille (département Génie thermique et énergie) dispose, dans le cadre de la plate-forme PFT « énergies propres », d'une unité de cogénération de 50 $kW_{él.}$ dont l'électricité et vendue mais qui sert aux travaux pratiques des étudiants. Un banc didactique à pile à combustible Bahia de la société Helion (produit arrêté) est aussi utilisé dans le même cadre. En dehors des étudiants de l'IUT, ceux de l'École centrale de Marseille et les élèves du lycée Denis-Diderot utilisent aussi les équipements disponibles.

Cette liste n'est pas exhaustive mais montre que, malgré tout, les unités de micro-cogénération disponibles ou en développement commencent à trouver leur chemin vers les laboratoires d'expérimentation.

En Allemagne

Il est à noter que, en Allemagne, les universités ou instituts de recherche sont beaucoup plus impliqués dans le développement ou l'évaluation en banc d'essais des unités de micro-cogénération commerciales, souvent en collaboration avec les constructeurs ou fournisseurs de gaz ou d'électricité.

À l'Université de Reutlingen par exemple, les services du professeur Bernd Thomas disposent d'un laboratoire d'essais reconnu par les constructeurs pour des mesures de performance. Le laboratoire est aussi agréé pour la certification « *Der Blaue Engel* » (sigle environnemental).

L'université technique de Munich (TU München) a, entre autres, évalué sur un an et sur différents sites 4 unités Vaillant ecoPOWER 4.7 (4,7 $kW_{él.}$). Les durées de fonctionnement ont varié entre 5 000 et 7 000 heures pour des rendements électriques d'environ 25 % et une couverture des besoins électrique comprise entre 42 et 82 %, selon l'installation.

11.5 Exemples d'applications

11.5.1 Habitat individuel

Faut-il avoir peur de la micro-cogénération ?

Bien sûr, il ne s'agit que d'une boutade ! Cependant, il faut reconnaître que le terme lui-même (et surtout les avantages) est peu connu (une enquête en Allemagne a montré que seuls 15 % des sondés reliaient le terme à une notion plus ou moins précise).

Les utilisateurs d'unités installées dans l'habitat individuel ou collectif (figure 11.4) montrent une satisfaction (fonctionnement, utilisation…) qui se double d'économies et d'une réduction des émissions des GES.

Figure 11.4 Installations d'unités de micro-cogénération Dachs (source : photos et schéma SenerTec).

Au Japon

Pour les unités de micro-cogénération de faible puissance ($\leq$ 1 $kW_{él.}$), seul le Japon bénéficie actuellement d'une expérience non seulement sur la durée (le premier système Ecowill a été installé en 2003 et les piles à combustible en 2009), mais aussi sur la quantité (plus de 100 000 unités en service fin 2011). Ces unités sont la plupart du temps installées à l'extérieur (figure 11.5), vu la surface restreinte des maisons japonaises et probablement aussi le bruit de fonctionnement.

Figure 11.5 Exemple d'installation d'unité de micro-cogénération extérieure au Japon (source : Sekisui House).

Exemple d'installation domestique en France

L'évaluation de cette nouvelle technologie n'est pas uniquement l'apanage des fournisseurs d'énergies. Certaines entreprises prennent l'initiative de se lancer dans cette voie.

Près de Toulouse, l'entreprise Solar Concept, spécialisée dans les énergies, a proposé au propriétaire d'une maison individuelle l'installation d'une unité de micro-cogénération. Le dirigeant de cette entreprise a toujours été ouvert aux technologies innovantes et écologiques (comme le système solaire de la société allemande Rotex par exemple, basé sur l'utilisation de l'eau comme fluide caloporteur ou les systèmes de chauffage à granulés).

Le propriétaire a consulté l'entreprise avec comme objectif la réduction de la consommation d'énergie : le chauffage était assuré par une chaudière et un accumulateur gaz séparés et par un réseau de radiateurs. Ces appareils anciens étaient peu efficaces. La maison d'une surface de 200 m² environ, typique de la région et datant du milieu du XXe siècle, possédait un niveau d'isolation moyen difficile à améliorer tout en conservant le style.

Dans une première étape, des panneaux photovoltaïques raccordés au réseau avaient été installés en 2010 sur la toiture, qui s'y prêtait. Cependant, l'installation de panneaux solaires thermiques n'était pas possible suite à une inclinaison insuffisante et à une trop faible surface de toit avec une orientation favorable.

Comment réduire la consommation de gaz ? Le remplacement de la chaudière et de l'accumulateur gaz par un modèle à condensation avait d'abord été envisagé. Puis l'idée s'est faite d'installer une unité de micro-cogénération, la consommation électrique de base non négligeable de la maison pouvant la justifier. L'aspect financier a été réglé par une prise en charge par l'entreprise de la différence de prix entre l'unité de micro-cogénération et une chaudière de telle sorte que, pour le client, le bilan était équilibré. Suite à une prise de contact avec la société Baxi et l'accord du propriétaire (avec un engagement de bon fonctionnement de la part de l'entreprise), le choix s'est fixé sur le modèle Ecogen condensation gaz de 1 $kW_{él.}$ (et brûleur d'appoint) avec un ballon de 120 litres. La première mise en route a été effectuée en octobre 2011.

Installation

Le premier obstacle à franchir est le poids : une unité pèse environ 100 kg qu'il faut manipuler et mettre en place (figure 11.6) et surtout fixer à un mur porteur. L'option de l'autoconsommation de l'électricité produite a été choisie.

Figure 11.6 Unité de micro-cogénération Ecogen et son ballon de stockage (photos de l'auteur).

Mise en route de l'installation

Baxi s'était engagé à fournir une assistance technique mais celle-ci a été mise à rude épreuve : le manuel était une version certes en français mais succinct et parfois traduit approximativement ou compréhensible uniquement par les concepteurs. Pendant plusieurs semaines, il arrivait que l'unité de micro-cogénération s'arrêtait (et, dans ce cas, même le brûleur d'appoint ne fonctionnait plus) : donc pas de chauffage ni d'eau chaude. L'erreur affichée n'était pas répertoriée sur le manuel et l'assistance de Baxi n'arrivait pas à trouver l'origine de cette panne. Après de nombreux va-et-vient, il s'est avéré que l'unité était sensible à la pression du gaz de ville (trop variable ? parfois trop basse ?) ; un changement du détendeur par GrDF a résolu ce problème.

Utilisation

Pour l'utilisateur, la première période s'est traduite par la découverte d'une interface (IHM – interface homme/machine) pas toujours évidente, que ce soit au niveau des menus et options ou de l'optimisation du mode de fonctionnement (calage des rampes ou niveaux des températures par exemple).

Niveau sonore

Les constructeurs de petites unités les présentent dans leurs brochures installées dans la cuisine. L'expérience montre qu'elles ne sont pas aussi silencieuses que décrites. L'unité est installée dans un placard où se trouvait la chaudière d'origine (conduit et circuits hydrauliques déjà présents). Ce placard se trouve dans un couloir fermé à chaque extrémité par une porte. Lorsque le tout est fermé et que l'on se trouve à l'extérieur du couloir, le bruit de l'unité de micro-cogénération en fonctionnement est identique à celui d'un réfrigérateur. Près de l'unité, le bruit, surtout au démarrage du moteur Stirling et lors de son fonctionnement, peut être qualifié de gênant.

Bilan

Si, après les ennuis de départ, l'unité fonctionne maintenant parfaitement, cette expérience montre cependant, d'une part, qu'une relation de confiance entre les deux parties (installateur et utilisateur) doit s'installer et, d'autre part, qu'un support efficace des constructeurs pour ce type de matériel ne semble pas encore être en place pour de telles initiatives, du moins en France. L'autre aspect est la convivialité de l'interface, qui doit être claire et adaptée à des personnes non techniciennes (elle commence sur certains modèles avec des applications pour smartphone ou tablette).

L'investissement final est plus élevé car l'appareil seul est nettement plus coûteux qu'une chaudière à fonction thermique seule. La présence d'un moteur Stirling et du système de production d'électricité justifiera toujours un différentiel de prix conséquent. La consommation de gaz devrait être réduite durablement mais ceci est dû à l'efficacité des brûleurs gaz à condensation, de la double fonction production d'eau chaude et chauffage, le tout contrôlé par une régulation climatique et programmable. La consommation d'électricité de la maison est réduite par le fait de l'autoconsommation lorsque l'unité de micro-cogénération fonctionne.

11.5.2 Hôtels

L'hôtel Pip-Margraff situé à Saint Vith en Belgique utilise une unité de micro-cogénération SenerTec Dachs HKA de 5,3 $kW_{él.}$ depuis 1998. Cet hôtel de 23 chambres (figure 11.7) comporte aussi un espace détente nécessitant une importante quantité d'eau chaude (3 500 litres par jour en moyenne).

Figure 11.7 Hôtel Pip-Margraff en Belgique et l'unité de micro-cogénération SenerTec Dachs (source : Hôtel Pip-Margraff et SenerTec).

L'unité Dachs utilise du fioul et fonctionne pratiquement en continu, soit 8 000 heures par an. L'électricité est utilisée à 95 % environ (les besoins sont d'environ 16 000 kWh par mois).

Bilan 2011

Fin 2011, un problème technique nécessitant des investissements relativement importants a obligé à un arrêt de l'unité Dachs. Le bilan global est plus que positif :

de 1998 à novembre 2011, l'unité a fonctionné **115 000 heures** (soit en moyenne 8 200 heures par an) sans aucun problème.

Autres hôtels

L'utilisation de la micro-cogénération s'est répandue dans de nombreux hôtels, particulièrement en Allemagne. Ce sont des unités dont la puissance va généralement de 5 $kW_{él.}$ (SenerTec Dachs, Vaillant ecoPOWER) à 20 $kW_{él.}$ (EC Power).

Un hôtel de 36 chambres dans le Land de Thuringe en Allemagne utilise 2 unités ecoPOWER 4.7 pour alimenter en électricité et en chaleur l'hôtel ainsi que le secteur *wellness* (sauna, piscine...). L'électricité produite est utilisée à 99 % et couvre 30 % des besoins. L'amortissement s'est effectué en 4 ans et l'économie annuelle se monte à 9 000 €.

Un autre hôtel, toujours en Allemagne (Waldhotel Heiligenhaus), utilise 2 unités de la société EC Power de 15 $kW_{él.}$. Le bilan sur un an est détaillé dans le tableau 11.1. Pratiquement toute l'électricité produite est consommée.

Tableau 11.1 Comparaison des consommations d'un hôtel avant et après installation de deux unités de micro-cogénération.

	Sans unité de micro-cogénération	2 unités de micro-cogénération XRGI 15
Consommation de gaz	675 000 kWh	901 000 kWh
Consommation d'électricité	555 000 kWh	360 000 kWh
Coût du gaz	27 000 €	32 000 €
Coût de l'électricité	100 000 €	55 000 €
Maintenance	480 €	4 000 €
Coût total	**127 000 €**	**91 000 €**

11.5.3 Habitat collectif

À Göppingen, en Allemagne, quatre immeubles totalisant 25 logements (figure 11.8) sont alimentés par une unité de micro-cogénération EC Power de 13 $kW_{él.}$ fonctionnant au gaz naturel. L'installation supervisée par la société Rationelle Énergie Süd GmbH (RES) a eu lieu en septembre 2007 avec une durée de fonctionnement de 4 500 heures par an. En 2008, les besoins thermiques ont été couverts à 85 % et ceux électriques à 28 %. L'électricité produite est utilisée en priorité par certains habitants, le surplus est vendu.

Figure 11.8 Habitat collectif alimenté par une unité de micro-cogénération EC Power (source : Rationelle Énergie Süd GmbH – RES).

L'unité de micro-cogénération EC Power (figure 11.9) est équipée d'un récupérateur de chaleur des gaz d'échappement, ce qui permet d'augmenter l'énergie thermique produite de 2,5 kW et d'atteindre un rendement global de 96 %. Elle fonctionne toujours à régime maximal, la capacité de modulation n'étant pas utilisée. Une chaudière d'appoint de 60 kW fonctionnant aussi au gaz naturel est utilisée pour compléter les apports thermiques lorsque cela est nécessaire. L'unité de micro-cogénération est surveillée à distance depuis la centrale de RES.

Parallèlement à l'installation de l'unité de micro-cogénération, les immeubles ont été isolés et atteignent un niveau de consommation annuelle en énergies primaires de 60 kWh/m^2.

La fiabilité de l'unité de micro-cogénération n'a pas connu de faille. L'investissement initial global de 70 000 € (unité de micro-cogénération, chaudière, installation…) sera amorti en huit ans en se basant sur un fonctionnement de 4 500 heures par an. Malgré certaines contraintes, comme l'impossibilité d'installer une cuve de stockage de chaleur plus importante, l'optimisation du mode de fonctionnement permet une rentabilité même avec « seulement » 4 000 heures de fonctionnement par an.

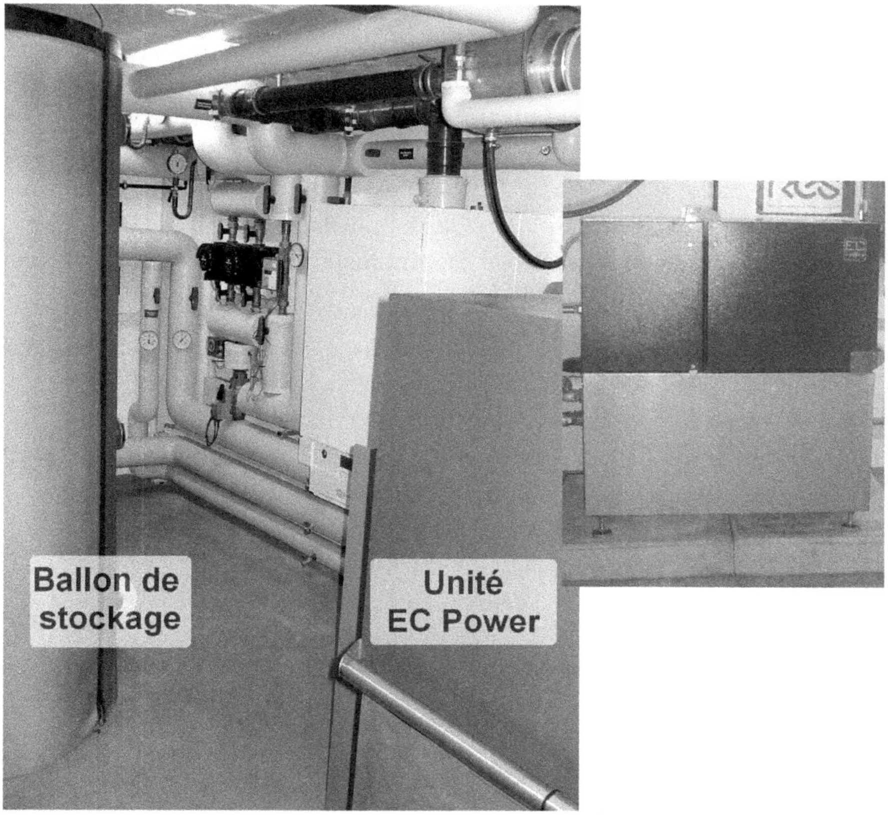

Figure 11.9 Unité de micro-cogénération EC Power (source : Rationelle Énergie Süd GmbH – RES).

Cette réalisation a été primée en 2008 par la revue allemande *Energie & Management* comme l'unité de micro-cogénération de l'année.

Une autre application dans le domaine de l'habitat collectif, qui relève plus de la mini-cogénération (puissance > 10 $kW_{él.}$), est décrite en détail au paragraphe 13.1.

Bilan 2011

Le bilan 2011 est basé sur une durée de fonctionnement de 3 950 heures. 46 MWh d'électricité et 101 MWh de chaleur ont été produits avec un rendement global de près de 84 % (26 % électrique et 58 % thermique). La chaudière d'appoint a été utilisée pour fournir environ 103 MWh thermiques. Il en résulte un gain global de 6 tonnes de CO_2.

11.5.4 Écoles

Le district (*Kreis*) de Lahn-Dill en Allemagne (plus de 250 000 habitants) a commencé à investiguer la micro-cogénération dès mars 1999, dans le cadre d'un concept énergétique, en installant deux unités pilotes (SenerTec Dachs de 5,5 $kW_{él.}$ et deux ballons de stockage de 900 litres) dans une première école et une halle de sport associée. Les besoins thermiques annuels étaient de 100 000 kWh, ce qui justifiait l'utilisation de deux unités qui ont fonctionné en continu toute l'année, hors périodes de vacances.

Cette expérience s'étant avéré positive, l'installation d'unités de micro-cogénération SenerTec Dachs s'est poursuivie avec trente unités installées entre 1999 et 2001, puis trois écoles ont été équipées entre 2004 et 2006. À mi2009 il y avait 45 installations en service dans trente écoles (figure 11.10), la communauté urbaine comptant 99 écoles. Les premières unités de micro-cogénération installées en 1999 ont accumulé près de 70 000 heures de fonctionnement en 2009.

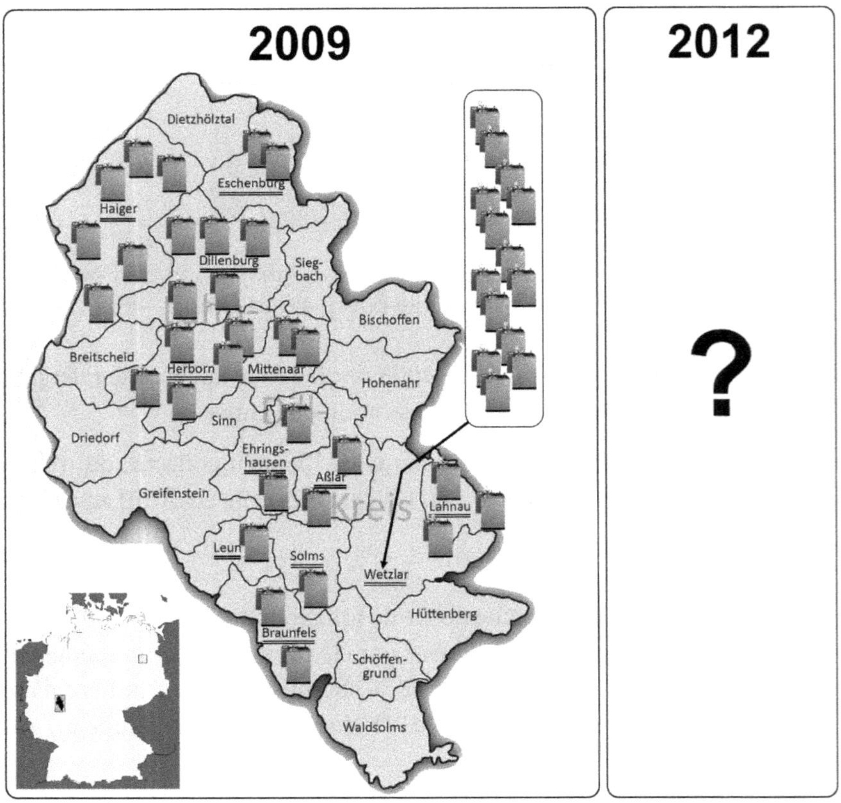

Figure 11.10 Installations d'unités de micro-cogénération dans les écoles du district de Lahn-Dill (d'après Lahn-Dill-Kreis).

Chaque école comporte entre une et trois unités de micro-cogénération (figure 11.11) associée(s) à un ou plusieurs ballons.

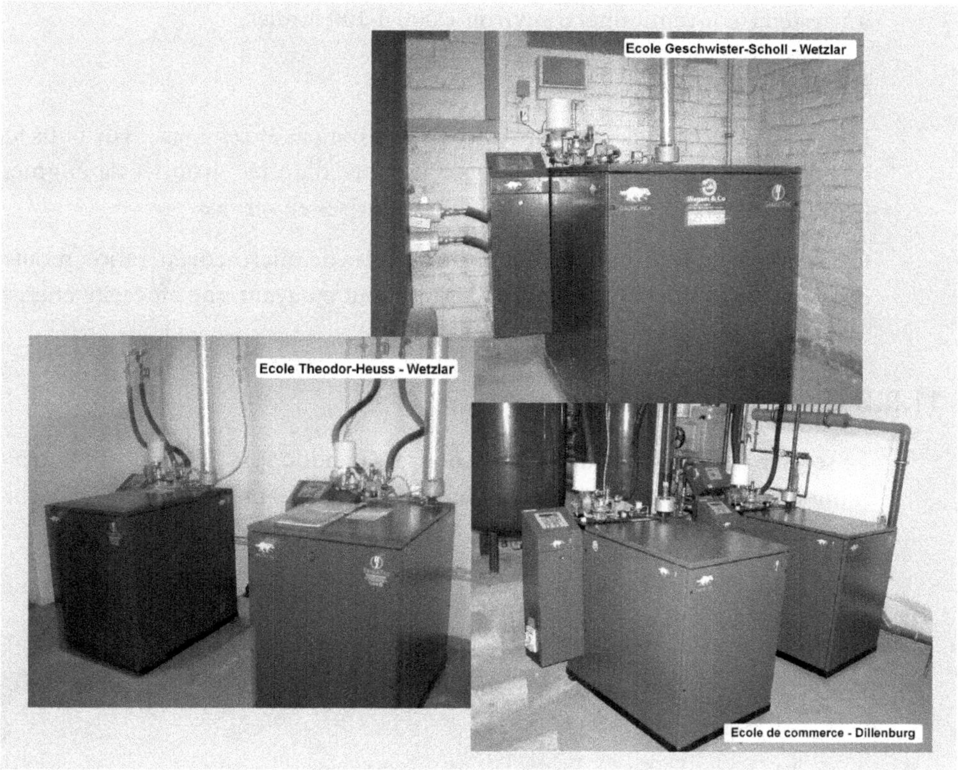

Figure 11.11 Exemples d'installations d'unité de micro-cogénération Dachs dans différentes écoles (source : Lahn-Dill-Kreis).

Les besoins électriques sont non seulement couverts à 100% mais l'importante demande en chaleur permet même de produire un surplus d'électricité qui est vendue (tableau 11.2).

Tableau 11.2 Production électrique et thermique en 2006, 2007 et 2008 (d'après données Lahn-Dill-Kreis).

Année	Production électrique (kWh/an)	Production thermique (kWh/an)	Électricité vendue (kWh/an)
2006	1 421 744	3 104 704	N.D.
2007	1 569 668	3 372 586	189 931
2008	1 438 850	3 005 516	200 753

En 2008, la durée totale de fonctionnement des 45 unités a été de 252 000 heures, ce qui correspond à une moyenne de 5 600 heures (variant entre 2 100 et 8 360 heures par unité). Le rendement global était de 86,5 % avec un gain en CO_2 par rapport à un système conventionnel d'environ 1 000-1 100 tonnes.

Bilan 2012

Les services techniques de Lahn-Dill-Kreis n'ont pas été en mesure de nous fournir des données chiffrées. Cependant, le nombre d'unités installées a augmenté et d'autres unités que le modèle Dachs ont été mises en service.

Cet exemple unique d'une telle densité d'unités de micro-cogénération montre que des économies importantes sont possibles tout en ayant une efficacité énergétique maximale (rendement global de près de 90 %).

11.5.5 Casernes de pompiers

Le service des pompiers du Grand Londres (London Fire Brigade – LFB, troisième mondial en importance avec 112 casernes) a installé 34 unités SenerTec Dachs dans 30 casernes (statut à juin 2012 – figure 11.12).

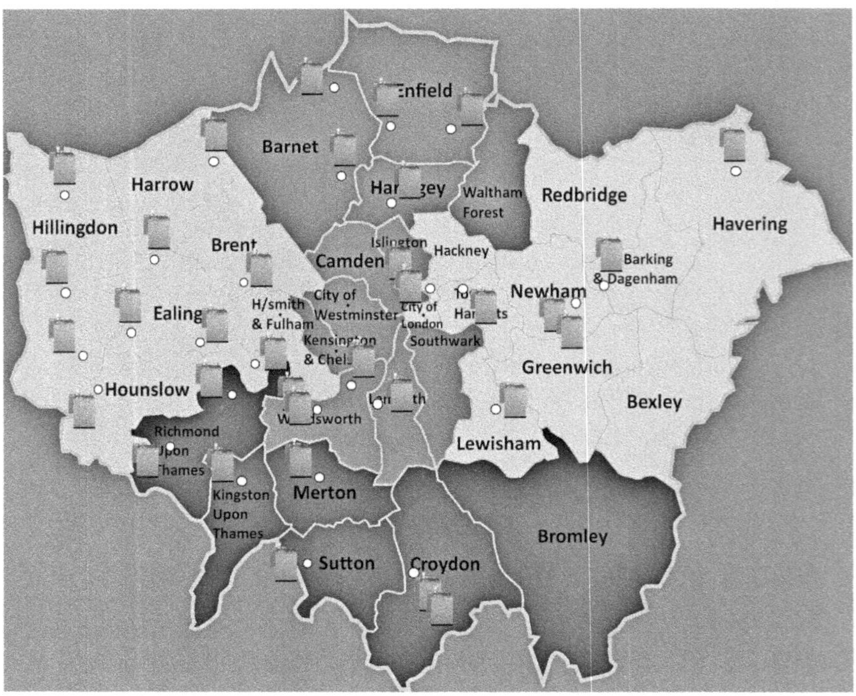

Figure 11.12 Installations d'unités de micro-cogénération dans les casernes de pompiers de Londres (d'après Baxi SenerTec et London Fire Brigade).

Les unités fonctionnent en moyenne plus de 6 500 heures par an (figure 11.13) et assurent une alimentation en électricité et la fourniture d'eau chaude (sanitaire et chauffage).

Figure 11.13 Affichage à la caserne de Wimbledon (source : Baxi-SenerTec UK).

L'unité de la caserne de Battersea par exemple (figure 11.14), équipée aussi en photovoltaïque, a produit 2 370 kWh d'électricité durant les quatre premiers mois, entraînant une réduction des émissions de CO_2 de l'ordre de 13 tonnes par an. Un amortissement de l'unité est atteint en quatre ans.

Figure 11.14 Battersea Fire Station (source : Baxi-SenerTec UK).

Ce projet a été récompensé en 2009 par le prix attribué par l'association « Combined Heat and Power Association Public Sector » alors que 19 casernes étaient déjà équipées.

11.5.6 Bureaux

La compagnie Gaz Électricité de Grenoble (GEG) a installé dès 2003 une unité de micro-cogénération SenerTec Dachs HKA de 5,5 $kW_{él.}$ dans une agence commerciale (figure 11.15) à Grenoble.

Elle est installée dans la salle d'accueil du public.

Figure 11.15 Agence commerciale GEG Vaucanson à Grenoble (source : Gaz Électricité de Grenoble).

Cette unité (figure 11.16) couvrait en 2009 environ 75 % des besoins thermiques (chauffage et eau chaude) et l'équivalent de 50 % des besoins électriques annuels du local. La chaleur produite est stockée dans le plancher chauffant et une cuve de 1 000 litres. L'électricité produite est injectée dans le réseau.

Figure 11.16 Unité de micro-cogénération dans l'agence commerciale GEG Vaucanson à Grenoble (source : Gaz Électricité de Grenoble).

Mi-2012, cette unité fonctionnait toujours (depuis 2003 !) en mode spécifique (la nuit seulement) sans suivi de production.

12 Perspectives – Le marché de la micro-cogénération

Verra-t-on une unité de micro-cogénération dans chaque nouvel habitat ? Le prix baissera-t-il jusqu'à un niveau abordable ? Telles sont aujourd'hui les questions relatives au développement de la micro-cogénération : au niveau environnement, l'augmentation du nombre d'installations réduirait les émissions de CO_2 et ce développement devrait faire baisser le coût unitaire. Cependant, comme pour toute nouvelle technologie, un soutien et des incitations sont nécessaires dans une première phase.

12.1 Le marché actuel

12.1.1 Marché mondial

En 2010, on estime qu'environ 23 000 unités de micro-cogénération de moins de 5 $kW_{él.}$ ont été vendues. Plus de 18 000 l'ont été au Japon et le reste surtout en Allemagne. Le modèle Baxi SenerTec Dachs ainsi que les systèmes Ecowill et ENE-FARM au Japon représentent toujours environ 90 % du total.

Malgré tout, même si les ventes sont relativement stables il n'y a aucun signe de décollage du marché (figure 12.1).

12.1.2 Marché européen

Les statistiques d'installation d'unités de micro-cogénération pour l'Europe (voir figure 12.1) ne montrent pas de décollage de ce marché, le nombre d'unités étant toujours très faible alors que le potentiel est très important, aussi bien du côté renouvellement de chaudières que de celui de l'efficacité énergétique. Cependant, aucune politique au niveau européen ne se dégage.

L'Allemagne reste toujours le premier marché pour la micro-cogéneration de moins de 20 $kW_{él.}$, les autres n'ayant qu'un nombre peu représentatif.

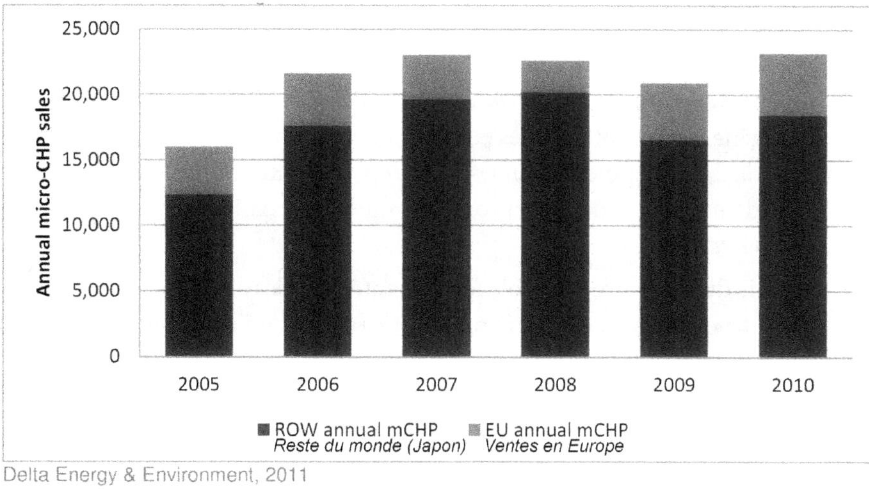

Figure 12.1 Ventes mondiales d'unités de micro-cogénération de puissance inférieure à 5 $kW_{él.}$ (source : Delta-ee).

Pourquoi de telles différences entre pays ? Les mots clés sont : « incitations » d'une part et « situation du marché de l'électricité » d'autre part. Pour ce dernier, la variabilité du prix du kWh facturé est un facteur important (tableau 12.1).

Tableau 12.1 Exemple de prix du kWh pour utilisation domestique (mai 2012).

Pays	Prix de base (centimes d'euro par kWh)	Remarque
France	**10,56**	**Option Tempo**
Angleterre	11,79	
Belgique	17,08	
Allemagne	21,43	
Danemark	22,16	
Pays-Bas	22,26	
Italie	26,16	

12.1.3 La micro-cogénération en Allemagne

L'Allemagne a toujours soutenu la micro-cogénération et les incitations votées en sont encore la preuve. En 2010, 14,5 % de l'électricité produite en Allemagne l'était par cogéneration toutes tailles confondues ; ce chiffre devrait passer à 25 % en 2020. Suite à la faible augmentation les années précédentes (de 13,9 à 14,5 % entre 2002 et 2010), de nouvelles incitations ont été votées (législation sur la micro-cogénération *KWK-Gesetz 2012*).

La sortie du nucléaire et la politique orientée vers les énergies renouvelables (« *Energiewende* ») décidée en 2011 après la catastrophe de Fukushima ont aussi relancé la cogénération.

Pour les installations jusqu'à 50 $kW_{él.}$ effectuées entre 2012 et 2020, elles bénéficient d'un contrat avec le fournisseur d'énergie de 10 ans ou 30 000 heures de fonctionnement ainsi que d'un bonus de 5,41 centimes d'euro par kWh produit (utilisé ou vendu). Pour les petites unités de moins de 2 $kW_{él.}$, en plus de formalités simplifiées, ce bonus peut être payé en une fois, basé sur une estimation sur 10 ans ou 30 000 heures.

Pour les unités de 1 $kW_{él.}$, une prime à l'achat de 1 500 € est prévue (3 450 € pour 20 $kW_{él.}$). Des primes supplémentaires sont liées à l'augmentation de la capacité de stockage de chaleur ou de froid (250 €/m^3) par exemple.

Pour un foyer allemand consommant 4 500 kWh d'électricité par an, la facture s'élèverait à environ 945 € (0,21 €/kWh, soit près du double du prix de l'électricité en France). L'utilisation d'une unité de micro-cogénération de 1 $kW_{él.}$ fonctionnant 4 000 heures/an produirait 4 000 kWh d'électricité. Si l'on part de l'hypothèse d'une autoconsommation de 75 % de cette électricité, soit 3 000 kWh, la facture d'achat d'électricité ne concernerait que 1 500 kWh et ne s'élèverait plus qu'à (4 500 – 3 000) × 0,21 = 315 €. La production des 4 000 kWh coûterait 4 000 × 0,054 = 216 € (prix du gaz naturel) et rapporterait 4 000 × 0,0541 = 216 € (bonus de 5,41 €/kWh). Le bilan final sera de 315 + 216 – 216 = 315 €, soit un gain de 945 – 315 = 630 €/an (66 % de la facture sans unité de micro-cogénération – tableau 12.2).

Tableau 12.2 Exemple des avantages pour un consommateur allemand (prix 2012).

Consommation électrique annuelle	**4 500 kWh**	
Prix du kWh électrique (€)		0,21
Facture sans micro-cogénération (€)	**945**	
Prix du kWh gaz (€)		0,054
Facture de gaz pour 4 000 $kWh_{él.}$ produits (€)	216	
Facture pour 1 500 kWh achetés €	315	
Bonus pour 4 000 $kW_{él.}$ produits (€)	216	
Facture finale avec microgénération (€)	**315**	

À cela s'ajoutent parfois des aides de régies communales ou régionales. La ville de Nettetal, par exemple, offrait en 2012 aux 20 premières installations une prime de 2 000 € sur le prix de l'unité en plus d'un bonus de 5,11 centimes d'euro pour chaque kWh produit (utilisé ou injecté). La régie municipale de Francfort Mainova offrait en 2011 une prime de 5 000 € pour l'achat d'une unité de micro-cogénération de la société Kirsch (4 $kW_{él.}$)avec un ballon de 500 à 1 000 litres et un *Smart Meter.* En ajoutant les autres primes et réductions d'impôts, l'ensemble revenait au client final à nettement moins de 12 000 €.

Régies communales en Allemagne

En Allemagne, les grands fournisseurs d'énergie, au nombre de cinq, se partagent géographiquement le pays. S'ajoutent des régies communales qui distribuent l'énergie (électricité, gaz, eau) qu'elles achètent ou que parfois elles produisent localement (pour l'électricité), d'où leur intérêt pour la cogénération en général et la micro-cogénération en particulier.

12.1.4 La micro-cogénération en Belgique

La Région wallonne est aussi très active pour le soutien de la micro-cogénération (organismes COGENSUD asbl et ICEDD asbl) par l'octroi de subventions, de déductions fiscales et de « certificats verts » fonction des émissions de CO_2. Pour la vente d'électricité, les modalités de connexion au réseau sont simplifiées.

En 2012, les aides financières varient selon la localisation géographique. Le tableau 12.3 résume les avantages en 2012.

Tableau 12.3 Incitations pour la micro-cogénération en Belgique.

	Wallonie	Bruxelles	Flandre
Avantage fiscal	40 %	40 %	40 %
Prime	20 %	30 %	–
Certificat de cogénération	–	–	70 €/MWh
Certificat vert	76,5 €/MWh	138,75 €/MWh	–

Pour une unité de micro-cogénération de 1 $kW_{él.}$, d'un coût de 12 000 € et fonctionnant 4 000 heures/an, le prix de revient final sera de 3 750 € à Bruxelles (5 000 € en Wallonie).

Avec les certificats proposés, chaque MWh produit (4 MWh pour 4 000 heures de fonctionnement d'une unité de micro-cogénération de 1 $kW_{él.}$) et utilisé rapportera le prix du certificat/MWh dont il faudra déduire le coût du gaz pour produire ce MWh (70 € en 2012).

Le gain sera la différence entre le prix du MWh qui aurait été acheté (0,22 €/kWh en 2012) et le montant du paragraphe précédent.

Pour Bruxelles, par exemple :

- 4 000 kWh achetés = 880 € (0,22 €/kWh).
- 4 000 kWh produits et utilisés = 280 € (0,07 €/kWh) de gaz consommé.
- 4 000 kWh produits et utilisés = 555 € (138,75 × 4) de certificats verts.
- Gain final = 880 – (555 – 280) € soit 605 €.

Remarque

Toute unité de cogénération certifiée pourra recevoir chaque trimestre un nombre de certificats verts fonction du taux d'économie de CO_2 réalisée par rapport à une production d'électricité dans une installation classique. Ces certificats peuvent être vendus au gestionnaire de réseau de transport à un prix minimum de 75 € en 2012, à des fournisseurs d'électricité ou sur le marché des certificats verts.

12.1.5 La micro-cogénération en France

Si, ces dernières années, la micro-cogénération n'a pas suscité l'intérêt du législateur (même le Grenelle de l'environnement l'a oubliée), une loi de finances prévoit que toute installation de micro-cogénération entre 2012 et 2015 bénéficiera d'un crédit d'impôt de 17 % (et même 26 % si elle fait partie d'un bouquet de travaux donnant droit à un crédit d'impôt). On peut malgré tout se demander si cette mesure n'arrive pas trop tard : pour beaucoup de foyers, le crédit d'impôt a été utilisé pour d'autres travaux (photovoltaïque en particulier, chaudière, isolation...) et peu, s'il en reste, est disponible pour une unité de micro-cogénération.

À ceci s'ajoutent les formalités administratives s'il y a vente d'électricité, un prix d'achat de l'électricité pas incitatif, un coût des unités encore trop élevé, qui sont autant de barrières au développement de la micro-cogénération. Ceci est visible dans la quasi-absence des grands acteurs mondiaux ou européens en France.

L'électricité en France

En France, malgré l'ouverture du marché de l'électricité, EDF a pratiquement le monopole de la distribution aux particuliers, très peu ayant changé de fournisseur (1,9 million sur 30,6 millions de ménages, soit 6 % environ en 2011). La structure du marché partagé pratiquement entre EDF et GDF SUEZ laisse peu de place aux autres fournisseurs. De plus, le prix bas de l'électricité ne permet pas une grande marge de manœuvre, d'où une faible incitation à changer de fournisseur.

L'obligation, depuis 2010, pour EDF de fournir une partie de l'électricité nucléaire dont il avait le monopole n'a pas fondamentalement changé la donne.

Le prix réel de l'électricité d'origine nucléaire est aussi un sujet de controverse : est-ce le juste prix ? Le nucléaire bénéficie, directement et indirectement, de nombreuses aides et du soutien de l'État, ce qui n'est pas nécessairement le cas des autres formes de production d'électricité (centrales au gaz naturel par exemple). À plus long terme, tous les coûts de démantelement des centrales nucléaires, qui sont difficiles à chiffrer actuellement, sont-ils intégrés dans le prix actuel du kW électrique ?

Toutes ces données montrent la spécificité du marché de l'électricité en France et les difficultés de la micro-cogénération à s'implanter, le prix d'achat de l'électricité étant encore peu incitatif.

12.2 Potentiel futur et incertitudes

Le développement de la micro-cogénération est principalement lié à des considérations d'abord économiques (coût des équipements et incitations fiscales par exemple), puis techniques (fiabilité).

En France, près de 400 000 chaudières ont été renouvelées en 2011 et ce nombre est amené à augmenter chaque année. Parmi elles, un tiers environ étaient des chaudières à haute performance. C'est là que la micro-cogénération, favorisée par des politiques incitatives, pourrait s'implanter, ne serait-ce que dans une proportion réduite. Si l'on considère que, sur les 400 000 chaudières renouvelées en 2011, 10 % seulement avaient été remplacées par des unités de micro-cogénération, cela représenterait malgré tout 40 000 installations, quantité suffisante pour lancer le marché. Le seul « handicap » est qu'il n'y a aucun fabricant d'unité de micro-cogénération français, d'où probablement un manque d'incitation.

Les centrales au gaz performantes (centrales à cycle combiné ayant un rendement électrique de 55 à 60 %) construites ou en projet ont une puissance électrique d'environ 400 MW. L'installation de 400 000 chaudières de 1 $kW_{él.}$ ou 80 000 chaudières de 5 $kW_{él.}$ de rendement global moyen de 90 % permettrait d'éviter la construction d'une centrale et d'avoir une meilleure utilisation énergétique du combustible, l'importation de gaz naturel pour produire la même quantité d'électricité serait réduite de 30 % environ.

13 Autres aspects liés à la cogénération

La micro-cogénération est à replacer dans le cadre général de la problématique énergétique où chaque pays essaie de mettre en place une politique de réduction de la consommation et des émissions. Si l'utilisation de *Smart Meter* dans le cadre de *Smart Grid* est présentée comme la solution, le coût de déploiement de cet ensemble est très élevé sans nécessairement entraîner les économies espérées par les opérateurs.

La micro-cogénération ne peut s'envisager que dans un cadre local et, avec une production pas nécessairement en phase avec la consommation, implique un développement des solutions de stockage aussi bien de l'électricité que de la chaleur.

13.1 Mini-cogénération

Selon la définition européenne, la puissance électrique fournie par une unité de mini-cogénération (« *small scale cogeneration* ») est inférieure à 1 $MW_{él.}$

À ce niveau de puissance, l'équipement de cogénération a souvent un encombrement qui permet de la transporter et/ou de l'installer dans un container (20 ft de 6 × 2,4 × 2,6 m ou 40 ft de 12 × 2,4 × 2,6 m).

Sans aller à de tels niveaux de puissance maximale, des unités de puissance légèrement plus élevées que la micro-cogénération peuvent être une alternative à l'utilisation de plusieurs unités de micro-cogénération.

Un exemple en est l'unité de mini-cogénération de la société Capstone basée sur une turbine.

13.1.1 Micro-turbine – Capstone – 30 ou 65 $kW_{él.}$

La société américaine Capstone Turbine s'est spécialisée dans le développement de turbines utilisées comme groupe électrogène ou unité de cogénération. Le modèle le moins puissant peut produire 30 $kW_{él.}$ (figure 13.1) et mesure 1,9 × 1,5 × 0,8 m soit un volume de 3,1 m^3 pour un poids de 405 kg. Le modèle fournissant 65 $kW_{él.}$ tend cependent à devenir standard.

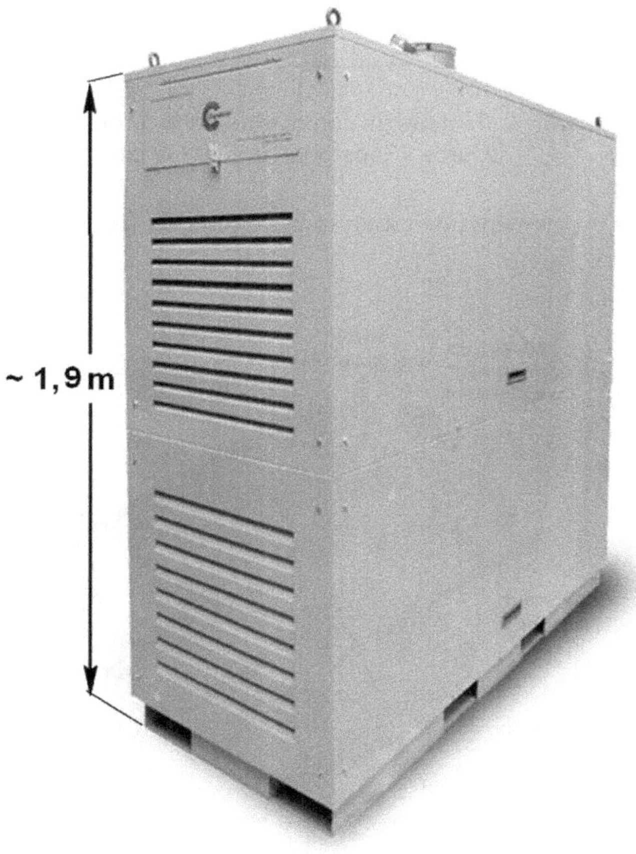

Figure 13.1 Unité de mini-cogénération Capstone C30 (source : Capstone Turbine Corporation).

Cette famille de turbines permet un fonctionnement fiable (maintenance réduite due au faible nombre de pièces en mouvement, en fait une seule), une nuisance sonore minimale, des émissions très faibles (moins de 9 ppm de NO_x et 40 ppm de CO) et une grande flexibilité en termes de combustibles utilisables (gaz naturel, biogaz, kérosène).

Le modèle Capstone C30 fournit une puissance électrique de 30 $kW_{él.}$, sous 400 V triphasés, avec un rendement électrique d'environ 25 % et un rendement global d'environ 74 %.

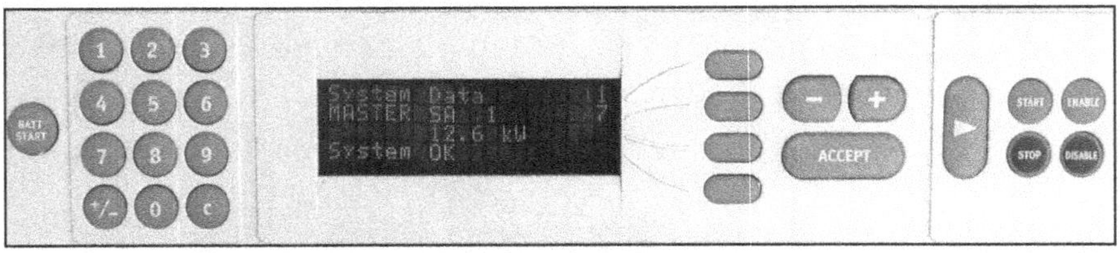

Figure 13.2 Tableau de commande de la turbine Capstone C30 (source : Capstone Turbine Corporation).

La turbine proprement dite est un module compact (figure 13.3) d'environ 30 cm de diamètre.

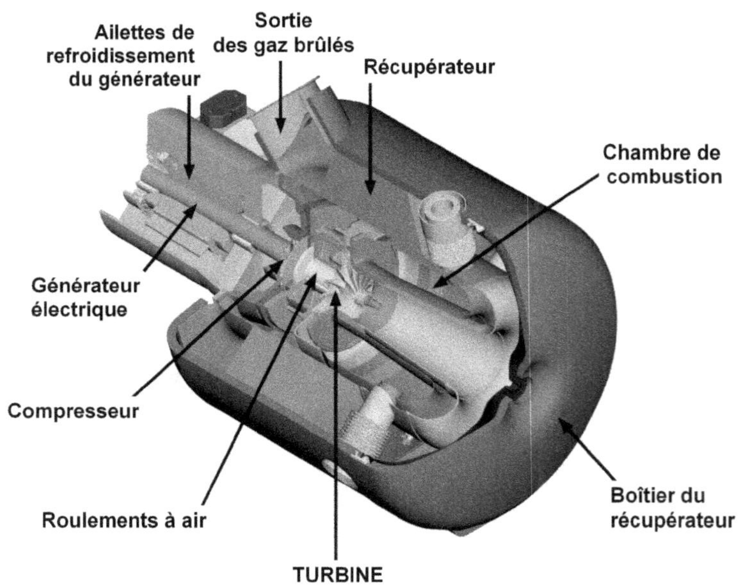

Figure 13.3 Coupe de la turbine utilisée dans l'unité de mini-cogénération Capstone C30 (source : Capstone Turbine Corporation).

Ces unités de mini-cogénération sont souvent utilisées (mais pas nécessairement dans une optique de cogénération, la chaleur n'étant pas toujours ou pas entièrement valorisée) dans des sites industriels ou de traitement des déchets où la production de biogaz sert de combustible. Cependant, elles sont aussi adaptées pour des hôtels, piscines…

À Bosbad, aux Pays-Bas, une piscine qui utilise un modèle C30 avait accumulé en 2011 plus de 20 000 heures de fonctionnement avec un maximum de 12 mois sans interruption. Le rendement global de 96 % a permis un gain de 30 % sur la facture énergétique avec des émissions de NO_x mesurée très faibles (mois de 3 ppm).

À Prüm, en Allemagne, l'hôpital Saint-Joseph utilise une turbine C65 depuis 2006 avec une moyenne de 7 500 heures de fonctionnement par an. Une seconde unité a été installée en 2012 ; elle a été couplée à une unité de refroidissement à absorption pour le rafraîchissement de l'hôpital en été.

13.1.2 Exemple d'application d'unité de mini-cogénération pour l'habitat collectif

La ville de Grenoble, lors de l'aménagement d'une ancienne caserne dans le quartier de Bonne, a décidé d'inclure la mini-cogénération pour alimenter en chaleur et électricité les logements à haute performance énergétique (SEM SAGES étant l'aménageur). La figure 13.4 montre un de ces bâtiments. Ce projet a été lauréat du programme européen CONCERTO-SESAC (*Sustainable Energy System in Advanced Cities*) qui promeut l'efficacité énergétique dans le bâti et a aussi reçu le Grand prix nationale de l'éco-quartier 2009.

Figure 13.4 Bâtiment à haute performance énergétique de la ZAC de Bonne (Opération « Henri IV » avec 28 logements, promoteur : Bruno Blain, architecte/conception : Ateliers LION, exécution : AKTIS Architecture, source : SEM SAGES).

Gaz Électricité de Grenoble (GEG) est le maître d'ouvrage du programme de mini-cogénération et opérateur (exploitation de la chaleur et de l'électricité produites). Neuf unités (figure 13.5) fournies par la société belge COGENGreen SA de puissance variable entre 17 et 70 $kW_{él.}$ chacune ont été installées (une par immeuble).

Figure 13.5 Unité de mini-cogénération COGENGreen (source : Gaz Électricité de Grenoble).

Elles doivent permettre de couvrir 100 % des besoins électriques et 50 % des besoins thermiques (chauffage et eau chaude sanitaire). Elles sont alimentées en gaz naturel. Trois chaudières à condensation et des installations solaires assurent un apport thermique, le solaire restant prioritaire.

Ces unités couvrent pratiquement 100 % des besoins en électricité de 569 logements (soit 1 050 MWh par an) et environ la moitié des besoins thermiques pour le chauffage (production de chaleur estimée : 1 600 MWh par an). Les émissions de CO_2 sont réduites de plus de 115 tonnes par an par rapport à une solution conventionnelle (chaudière et électricité du réseau).

Bilan 2012

Les 9 unités de la ZAC de Bonne ont produit, pendant la saison 2011-2012, 840 MWh d'électricité (équivalant à la consommation annuelle de 200 appartements avec 4 000 kWh chacun) et 1 555 MWh de chaleur.

Des unités fonctionnent sur d'autres sites grenoblois : une unité de cogénération a été installée dans un immeuble neuf sur la ZAC Mistral Ampère en 2008 (Cogengreen 70 $kW_{él.}$) ainsi qu'une unité Cogenco de 140 $kW_{él.}$ dans le cadre d'une rénovation de chaufferie d'immeuble collectif. Une unité de cogénération de 50 $kW_{él.}$ est prévue dans une chaufferie existante, avec mise en place d'un système de test spécifique de pilotage par la gestion de la demande électrique dans le cadre du projet de *Smart Grid* GreenLys.

Le projet GreenLys à Grenoble est basé sur un réseau de fourniture d'électricité par solaire photovoltaïque, cogénération, micro-cogénération. Du côté utilisateurs, 500 habitats et 20 activités tertiaires (caserne de Bonne et Presqu'île) seront équipés de *Smart Meters*.

13.2 Trigénération

Si la cogénération évoque production de chaleur et d'électricité, il ne faut pas oublier de mentionner celle de froid à partir de la chaleur produite (figure 13.6). C'est ce que l'on nomme « **trigénération** » (chaleur + électricité + froid).

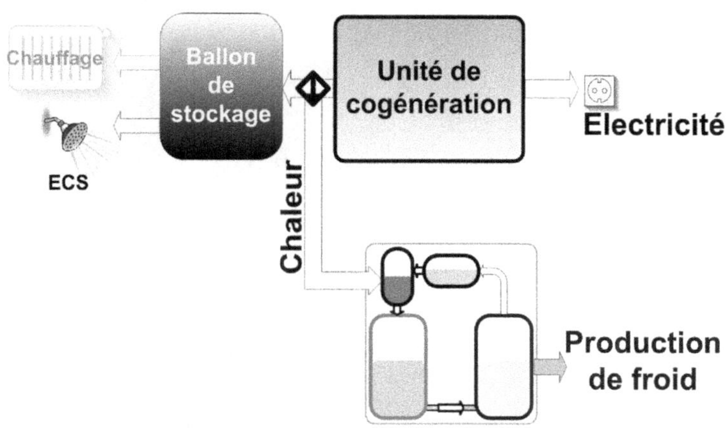

Figure 13.6 Principe de la trigénération.

Cette production de froid peut s'envisager avec l'utilisation d'une unité de micro-cogénération pour laquelle, en été, l'excédent de chaleur sert à la climatisation (figure 13.7). Cette distribution de froid peut se faire sous forme d'air ou de circulation d'eau.

Comment produire du froid ? Il existe plusieurs méthodes : le cycle à compression (c'est le fonctionnement du réfrigérateur, par exemple, donc avec utilisation de l'électricité pour actionner le compresseur), les cycles à absorption ou à adsorption...

Dans le cycle à absorption, un fluide dit frigorigène (souvent un mélange d'eau et d'un second composant comme l'ammoniac, le bromure de lithium) change de phase (passage de liquide à vapeur) grâce à un apport de chaleur. Cette vapeur se condense et absorbe la chaleur extérieure entraînant une baisse de température, baisse qui peut être utilisée pour refroidir de l'air ou de l'eau.

Cette technologie est utilisée dans les climatisations dites solaires où la chaleur est produite par un fluide circulant dans des panneaux. Cependant, ces unités de refroidissement sont aujourd'hui en service dans des installations importantes (plus de 100 installations en Europe en 2008 et une dizaine en France, comme les caves du Groupement Interproducteur Collioure-Banyuls depuis 1991).

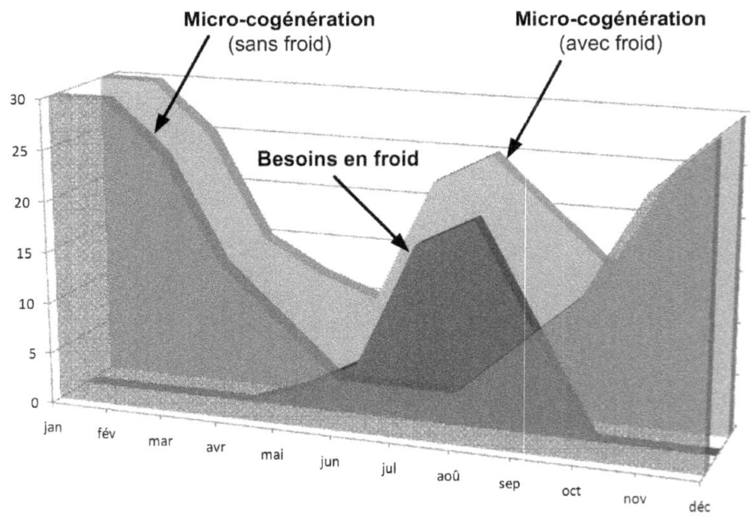

Figure 13.7 Optimisation d'une unité de micro-cogénération par trigénération.

La société allemande Invensor a développé une unité à adsorption de 7 ou 10 kW de la taille d'un congélateur pouvant utiliser entre autres la chaleur issue d'une unité de micro-cogénération (figure 13.8).

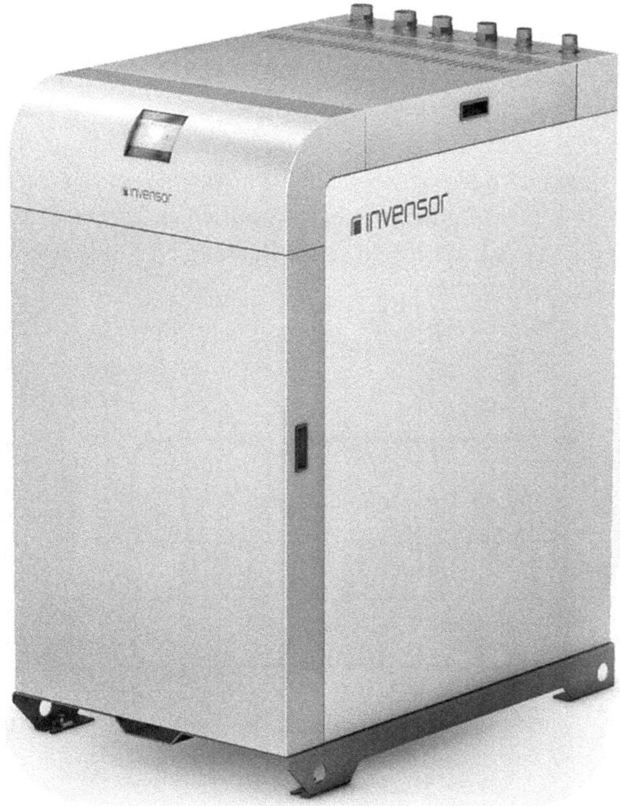

Figure 13.8 Unité de refroidissement de 10 kW (source : Invensor).

D'autres fournisseurs proposent des modèles de faible puissance (5 à 10 kW) adaptés au collectif ou au tertiaire (Sortec – Allemagne).

Cette approche de la trigénération permettrait d'optimiser le fonctionnement des unités de micro-cogénération en été, surtout celles ayant un rapport élevé entre chaleur et électricité produites. Cet excédent de chaleur doit être stocké ou trouver une autre utilisation qui pourrait donc être la production de froid.

13.3 Stockage de l'énergie

13.3.1 Stockage de la chaleur

Si le stockage de la chaleur se fait généralement sous forme d'un ballon pour l'eau chaude sanitaire, il existe cependant d'autres solutions permettant un stockage plus efficace de la chaleur excédentaire produite par une unité de micro-cogénération.

Au lieu de l'eau, on peut utiliser des composants ayant une capacité de stockage plus importante, comme par exemple des huiles synthétiques ou une autre approche qui est le stockage par chaleur latente, actuellement utilisé pour des installations importantes. Dans ce dernier cas, on utilise le changement de phase de ces matériaux (PCM ou *Phase Change Material*) pour stocker la chaleur. Ce sont par exemple des nitrates (KNO_3, $LiNO_3$...) ou des acétates qui passent de l'état solide à l'état liquide lorsqu'ils sont chauffés et stockent la chaleur. Cette chaleur peut être récupérée en faisant passer un fluide (eau) dans un échangeur (figure 13.9).

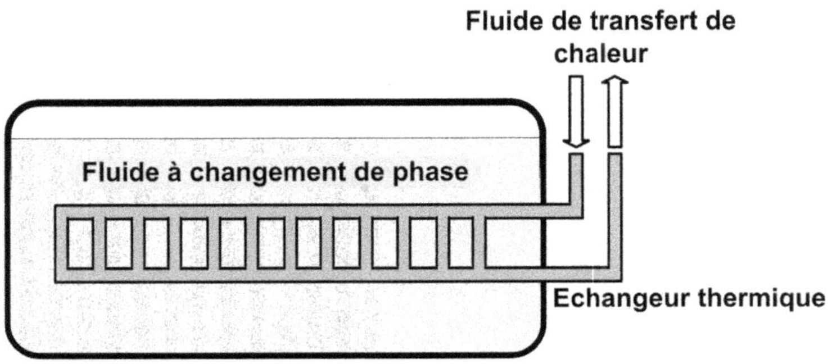

Figure 13.9 Stockage de chaleur par fluide à changement de phase.

Cette technique est utilisée à petite échelle par la société allemande Latherm. L'ensemble (matériau et échangeurs thermiques) est stocké dans un container de 20 ft, soit environ 6 m de long. Le volume de stockage de 17 m^3 permet de stocker environ 2,3 MWh, ce qui permettrait théoriquement de chauffer une école pendant 28 à 36 heures. La chaleur est récupérée chez des unités d'incinération, usines ne l'utilisant pas ou pas entièrement... Elle peut ensuite être utilisée, dans un rayon de 20 km, par des écoles, piscines, halles de sport... Avec une perte de l'ordre de 0,5 % par jour, le container peut être utilisé pendant une longue période.

Pour l'habitat individuel, la société allemande HM Heizkörper a développé une unité de stockage basée sur le même principe mais utilisant des modules (figure 13.10). Chaque cylindre a une capacité de 115 kWh (valeurs 2012) et permet de stocker la chaleur issue d'une source à au moins 85 °C. Une partie de la chaleur (1/3 environ) doit être utilisée à court terme et le reste peut rester stocké plusieurs mois pour être utilisé en hiver par exemple ; la chaleur ainsi stockée dans un cylindre permet de chauffer une maison de 100 m^2 pendant 2 jours environ (consommation de 80 kWh/m^2.an sur 120 jours de chauffage).

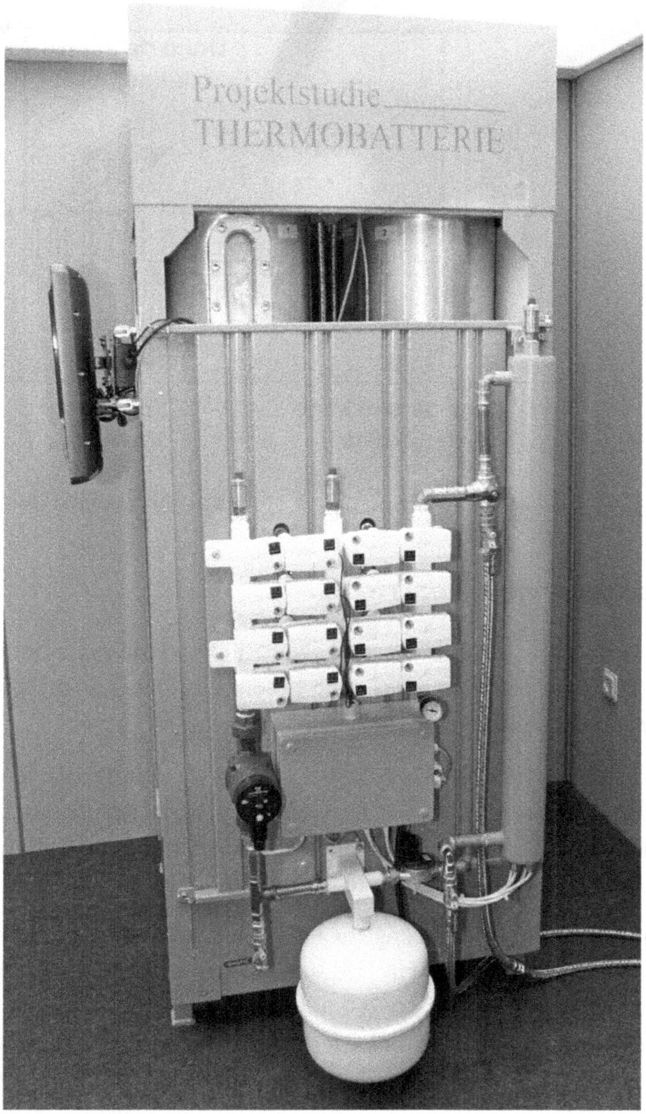

Figure 13.10 Prototype d'un module de stockage de chaleur (photo de l'auteur).

Au niveau bâtiments (maison individuelle, collectif, bureaux...), il est aussi possible de stocker la chaleur en excédent dans le sol. La figure 13.11 illustre une variante possible : la chaleur en excédent issue de l'unité de micro-cogénération (ou d'un système de solaire thermique) est stockée dans le sol par un échangeur. Lorsque cette chaleur doit être récupérée, elle peut l'être sous forme d'air chaud (comme illustré) ou par un fluide circulant dans un échangeur thermique.

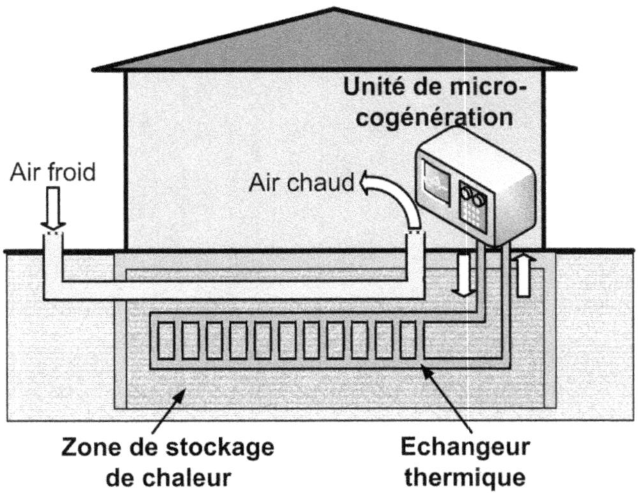

Figure 13.11 Principe de stockage de chaleur dans le sol.

13.3.2 Stockage de l'électricité

La forme la plus courante de stockage de l'électricité est la batterie. Pour un usage domestique ou tertiaire, elles sont encore coûteuses et malgré tout limitées par rapport aux besoins.

La généralisation des véhicules électriques devrait voir le développement de nouvelles technologies de batteries où coûts, capacités de stockage et durée de vie devraient aussi correspondre aux besoins domestiques ou tertiaires et permettre une autonomie plus importante en régime autarcique.

Une autre approche de stockage de l'électricité est liée au développement du marché des véhicules électriques ou hybrides rechargés sur le secteur (*Plug-in Hybrid Electric Vehicle* ou *Vehicle to Grid* – V2G). Lorsqu'ils ne sont pas utilisés et qu'ils sont reliés à un point de recharge, leurs batteries pourraient servir de stockage et de réserve d'électricité.

Les courbes détaillées de consommation électrique montrent que des pics importants et très rapides peuvent se produire lors d'une forte demande instantanée. Comment y répondre sans nécessairement faire appel au secteur ? L'association d'un super-condensateur à l'unité de micro-cogénération pourrait palier à cette limitation.

Un super-condensateur est un condensateur de forte capacité (plusieurs centaines à plusieurs milliers de farads) dont la structure est proche de celle d'une batterie. Il peut stocker dans un court délai une importante quantité d'énergie et la restituer très rapidement si nécessaire. Il peut fournir de plus un courant crête important.

Son utilisation principale est dans le domaine automobile, pour les véhicules électriques : il peut par exemple stocker l'énergie de freinage et fournir un pic d'énergie important lors des démarrages ou des changements de régime. Pour un véhicule électrique standard, les super-condensateurs utilisés peuvent délivrer une puissance de 50 kW pendant 15 secondes. Par rapport à une batterie, le super-condensateur se caractérise par une longue durée de vie, l'absence de maintenance et un nombre important de cycles charge/décharge.

Les coûts sont encore très élevés mais, comme les nouvelles générations de batteries, le développement des véhicules électriques pourrait ouvrir la voie à l'utilisation de super-condensateurs associés à une unité de micro-cogénération.

13.4 Gestion du réseau électrique – « *Smart Grid* »

La notion de « *Smart Grid* » se base sur un suivi (en temps réel ou à de courts intervalles) et un contrôle de la consommation permettant d'adapter la production (volume et/ou moyens à engager) afin d'optimiser l'offre à la demande.

« *Smart Grid* »

Le terme « *smart* » est traduit par « intelligent » ; en anglais, la notion est beaucoup plus large, signifiant aussi bien « astucieux » que « rapide » ou « intelligent ». Actuellement, l'« intelligence » des réseaux est celle de l'informatique de contrôle et de pilotage ainsi que le savoir-faire du ou des opérateurs.

Le terme anglais non traduit sera conservé dans ce chapitre.

Pour les fournisseurs d'énergie, la vision du « *Smart Grid* » est celle d'un système global et de gestion centralisée avec une infrastructure (très) lourde (figure 13.12).

13.4.1 « *Smart Meter* »

Du côté utilisateur, un compteur communicant (« *Smart Meter* ») transmet au(x) fournisseur(s) la consommation pratiquement en temps réel ou du moins à une fréquence courte (toutes les quelques minutes ou dizaines de minutes).

De nombreux pays se sont lancés dans l'évaluation ou l'installation de tels compteurs. En France, il s'agit du modèle Linky. Il devrait aussi théoriquement permettre, au niveau utilisateur, un suivi détaillé de la consommation électrique ou, au niveau fournisseur d'électricité, un pilotage de certains équipements (ou d'une unité de micro-cogénération).

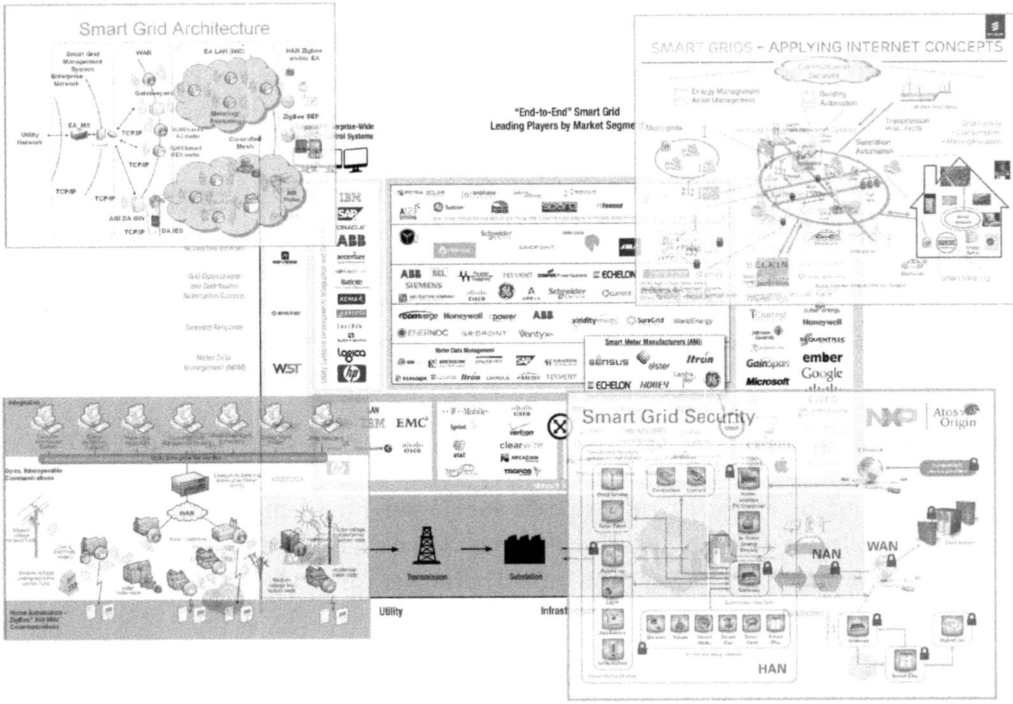

Figure 13.12 Quelques exemples de visions du « *Smart Grid* ».

En cas de forte demande d'électricité, le fournisseur local d'électricité recherche les unités de micro-cogénération fonctionnant à capacité réduite ou ne fonctionnant pas. Il peut alors soit les faire fonctionner à régime maximal, soit les démarrer et, en échange, proposer un prix d'achat incitatif (figure 13.13 – voir aussi le paragraphe 13.6, « Centrales virtuelles »).

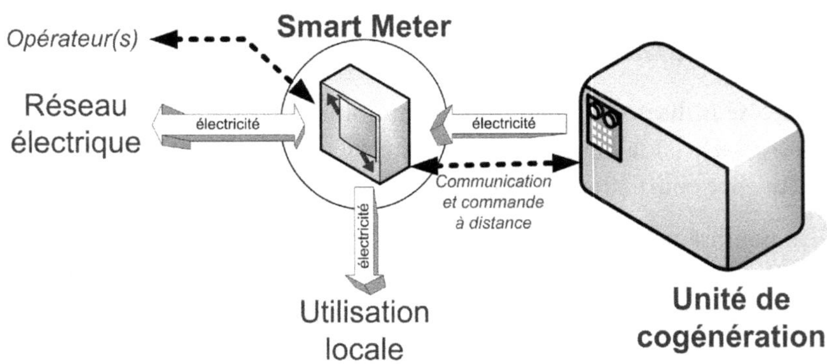

Figure 13.13 « *Smart Meter* » et micro-cogénération.

13.4.2 « *Mini Grid* » – « *Micro Grid* »

Si le concept « *Smart Grid* » recouvre plutôt une gestion globale du réseau (dans une optique de centralisation nationale ou régionale), la nécessité de mieux gérer production et consommation amène à concevoir un réseau local couvrant un département, une commune (« *Mini Grid* ») ou même uniquement un quartier (« *Micro Grid* »).

Par cette approche où la cogénération serait intégrée, les pertes lors du transport d'électricité seraient minimisées et le temps de réaction à une augmentation de la demande serait plus court ; les échanges se feraient de réseau proche en proche.

13.4.3 Faut-il réglementer le fonctionnement des unités de micro-cogénération connectées au reseau électrique ?

Un exemple de gestion de l'électricité produite par les unités de micro-cogénération est donné figure 13.14 où ces unités peuvent être pilotées par un centre pouvant être géré par un fournisseur de gaz ou d'électricité ou une régie municipale ou départementale.

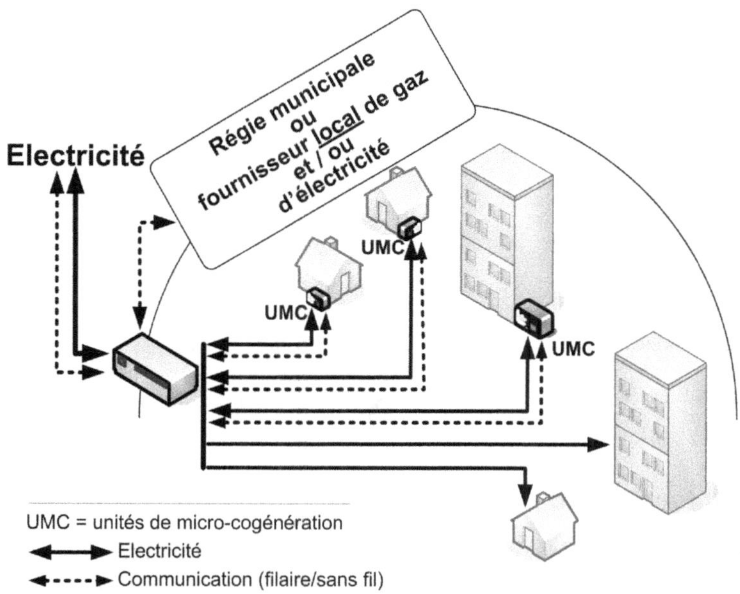

Figure 13.14 Gestion décentralisée intelligente d'unités de micro-cogénération.

En effet, dans le cadre d'une efficacité énergétique optimisée, il serait préférable de favoriser les sources d'énergies renouvelables (éoliennes, solaire...). Lorsque ces sources fournissent assez d'électricité, il n'est pas nécessaire de connecter les unités de cogénération au réseau afin d'éviter une surcharge de celui-ci. Il serait donc judicieux de les déconnecter par l'intermédiaire de « *Smart Meters* » pilotés par les centres de gestion.

13.5 Autonomie et temps de démarrage

13.5.1 Temps de démarrage

Si l'on peut imaginer qu'un moteur à combustion interne démarre très rapidement et atteint un régime stable en quelques dizaines de secondes, il n'en est pas de même des autres technologies (tableau 13.1).

Tableau 13.1 Temps de démarrage de quelques unités de micro-cogénération.

Désignation	Type	Démarrage à froid	Démarrage à chaud
SenerTec Dachs	Moteur CI	45 secondes	45 secondes
Ecowill/Vaillant	Moteur CI	2 minutes	
SenerTec Stirling	Stirling	2 à 3 minutes	
MTT Turbine	Turbine	3 à 5 minutes	30 secondes
Whispergen	Stirling	15 minutes	
Baxi Innotech	PEMFC	45 minutes	15 à 30 minutes
Elcore	HT-PEMFC	< 1 heure	
ClearEdge Power	HT-PEMFC	≈ 3 heures	
Sulzer Hexis	SOFC	Quelques heures	
CFCL BlueGen	SOFC	25 heures	

Moteur Stirling

La stabilisation du moteur Stirling nécessite une température constante de la source chaude et de certains éléments du moteur. Cette phase dure généralement plusieurs minutes.

Pile à combustible PEMFC

Les piles à basse (≈ 60-80 °C) ou haute (≈ 160 °C) température de fonctionnement commercialisées ou en cours d'évaluation requièrent une longue phase de démarrage. Une raison est l'augmentation de la durée de vie du cœur de pile avec une faible rampe de montée en puissance.

Piles à combustible SOFC

Les très hautes températures nécessaires au cœur de pile (600 à 900 °C) nécessitent un temps de démarrage qui se compte en heures : il faut d'abord amener le cœur à ces températures mais aussi le plus lentement possible pour une durée de vie maximale.

13.5.2 Autonomie en cas de coupure de courant

Que se passe-t-il en cas de coupure de courant ? Malheureusement, la plupart des unités de micro-cogénération s'arrêtent tout simplement et, si elles sont arrêtées, elles ne peuvent pas redémarrer. C'est une situation plutôt frustrante : vous disposez d'un équipement qui vous permet de produire de l'électricité chez vous et, lorsque l'alimentation par le réseau n'est plus assurée, vous restez quand même dans le noir (figure 13.15) et aucun appareil électrique ne fonctionne.

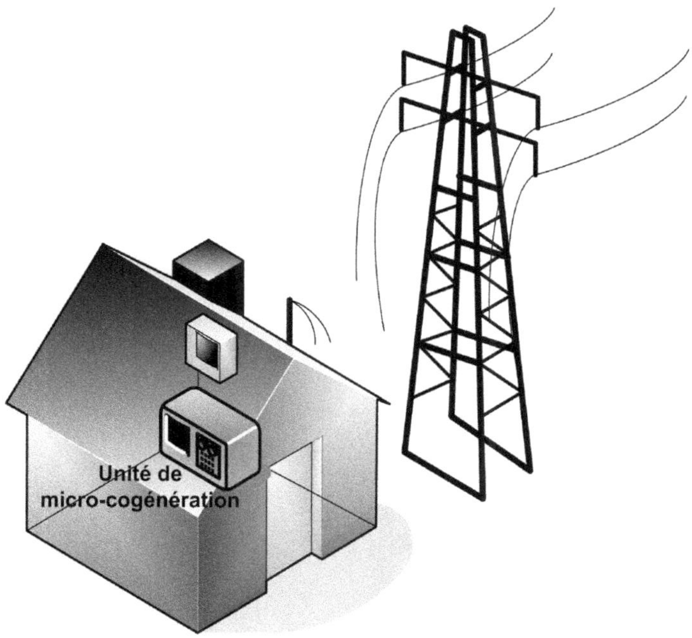

Figure 13.15 Ce qui ne devrait pas arriver avec une unité de micro-cogénération.

Les raisons invoquées par les constructeurs sont reliées à la sécurité (exigences de la réglementation) : en cas de coupure du réseau, il est nécessaire de ne pas y injecter d'électricité (sécurité des équipes d'intervention).

Il serait pourtant possible d'utiliser un disjoncteur automatique qui, en cas de panne du réseau, permette la déconnection au niveau du compteur afin de continuer à alimenter les applications sans injecter d'électricité.

Unités de micro-cogénération fonctionnant en cas de coupure de courant

Malgré tout, certaines unités continuent de fonctionner (tableau 13.2) et se déconnectent du réseau pour continuer à alimenter l'habitat, l'entreprise… Il est alors possible de définir une stratégie interne pour savoir quels équipements sont à alimenter en priorité.

Tableau 13.2 Unités de micro-cogénération fonctionnant en cas de coupure réseau.

Désignation	Type	Puissance électrique	Fonctionnement autonome	Démarrage autonome
Baxi Innotech	PEMFC	1 kW	Oui	Option
ENE-FARM Japon	PEMFC	0,75 kW	Option	Option
ClearEdge Power	HT – PEMFC		Oui	Non
Button Energy Bison	Rankine	0,3 à 2,0 kW	Option	Option
CFCL BlueGen	SOFC		En étude	En étude
Sulzer Hexis	SOFC	1 kW	Oui	Non
MTT Turbine	Turbine		En étude	En étude
Whispergen	Stirling		Non	En étude

13.6 Centrale virtuelle (*Virtual Power Plant* – VPP)

13.6.1 Définition

Le terme « centrale virtuelle », ou « *Virtual Power Plant* », est apparu ces dernières années pour désigner ce que l'on pourrait appeler une approche de gestion plus efficace de l'électricité depuis la production jusqu'à la consommation. « Virtuelle » se rapporte au fait que la production est décentralisée et est faite à plusieurs niveaux (centrales conventionnelles, énergies renouvelables comme solaire photovoltaïque ou éolien, cogénération…).

Il faut cependant relativiser cette notion en rappelant que les opérateurs ont toujours géré de façon virtuelle les centrales qui sont réparties au niveau national ou même européen (figure 13.16).

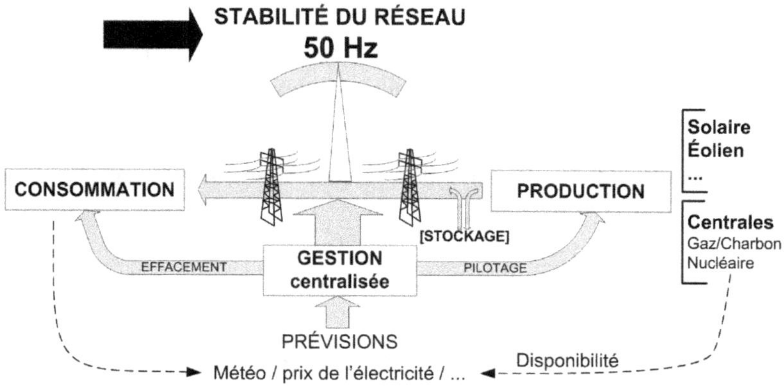

Figure 13.16 Gestion centralisée du réseau.

Nous considérerons les expérimentations de **centrales virtuelles décentralisées**, c'est-à-dire au niveau local (figure 13.17). Cette approche permet de réduire les pertes dues au transport et d'intégrer des petites unités de production (photovoltaïque de quelques $kW_{él.}$, unités de micro-cogénération…).

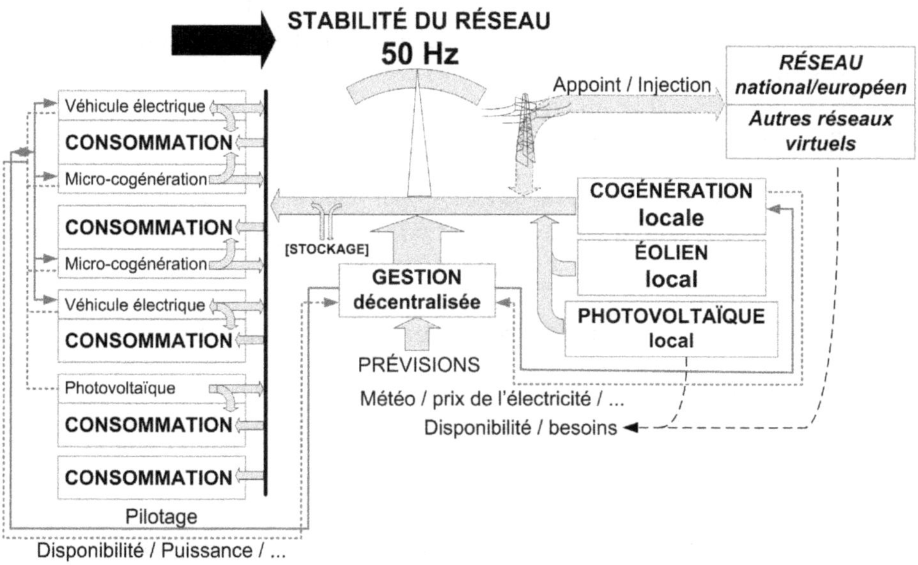

Figure 13.17 Centrale virtuelle locale.

Le gestionnaire local dispose d'une panoplie de moyens de production (unités de cogénération ou de micro-cogénération, parfois éoliennes, parc photovoltaïque...). Il dispose de la possibilité de connaître l'état (arrêté / en fonctionnement) et la production du parc total en temps réel ; il peut aussi piloter ces unités et ainsi maintenir une fourniture stable d'électricité.

Le véhicule électrique peut aussi s'intégrer à une centrale virtuelle soit comme moyen de stockage, soit comme appoint si les batteries sont chargées.

Le gestionnaire local est aussi relié au réseau national et aux centrales virtuelles proches pouvant ainsi fournir de l'électricité en surplus ou y faire appel en cas de besoin.

13.6.2 Avantages

Complémentarité des énergies renouvelables intermittentes

Le solaire photovoltaïque et l'éolien sont tributaires des conditions météorologiques. La production est donc très variable et la stabilisation du réseau nécessite un pilotage de plus en plus sophistiqué (l'Espagne et l'Allemagne arrivent cependant à gérer un très fort pourcentage d'énergies renouvelables – plus de 50 % – sur leur réseau).

Si la production diminue rapidement, par exemple suite à une baisse du vent, le démarrage de centrales à gaz demandant plusieurs dizaines de minutes, une centrale virtuelle basée sur des unités de micro-cogénération pourra lancer leur démarrage ou augmenter leur production en quelques minutes permettant ainsi de combler le manque sur le réseau.

Réactivité au niveau local

Une gestion au niveau local ne gère qu'un relativement faible volume d'énergie. Si la demande locale augmente, la réaction est plus rapide qu'une gestion nationale ou régionale.

Réduction de la charge du réseau de transport

Produire et utiliser localement l'électricité diminue d'autant la charge du réseau. Ceci est d'autant plus important que la demande est forte (réseau en limite de capacité).

Ceci est un point non négligeable à un moment où les gouvernements et les fournisseurs ou distributeurs d'électricité parlent de gros investissements pour augmenter la capacité du réseau de transport, se focalisant toujours sur une gestion centralisée.

13.6.3 Expérimentations

Les pays les plus actifs dans ce domaine sont le Danemark, la Grande-Bretagne et surtout l'Allemagne où la structure décentralisée de l'électricité avec de nombreuses régies locales se prête à ces expérimentations.

Centrale pseudo-virtuelle

Entre 2001 et 2005, une expérimentation dite « centrale virtuelle » a eu lieu avec 31 piles à combustible de type PEMFC de la société Vaillant installée dans plusieurs pays européens. Pourquoi « centrale pseudo-virtuelle » ? Du fait de l'installation des piles à combustible à des distances très éloignées les unes des autres, il n'a pas été possible de simuler l'alimentation d'utilisateurs situés dans la même zone géographique (compensation de production en cas de forte demande ou de faible production conventionnelle). Une centrale virtuelle ne peut s'appréhender que dans un cadre DÉCENTRALISÉ et LOCAL.

Depuis 2004, l'université de Claudthal et la ville de Goslar mènent une étude avec 200 unités de micro-cogénération, des petites centrales hydrauliques ou des groupes électrogènes. La centrale virtuelle a été mise en service mi-2007.

Parmi les projets actuels, les villes de Berlin, Francfort, Aalen et Unna mènent des expérimentations de centrales virtuelles.

À Berlin, c'est le fournisseur d'énergie Vattenfall et, entre autres, la société SenerTec avec ses unités de micro-cogénération Dachs de 5 $kW_{él.}$ qui ont démarré en automne 2011 avec 15 unités. La centrale de gestion (avec des unités de micro-cogénération compatibles avec le standard « *Virtual Heat and Power Ready* – VHP_{ready} ») permettrait de piloter plusieurs milliers d'unités de micro-cogénération.

À Francfort, le fournisseur d'énergie Mainova mène depuis avril 2012, par l'intermédiaire de sa filiale ABGnova, une campagne d'évaluation avec 10 unités de cogénération (SenerTec Dachs...). La société cbb ENGINEERING a développé le logiciel de gestion qui permet le suivi et la programmation des unités de cogénération (figure 13.18).

La régie municipale de la ville d'Aalen s'appuie sur des unités de micro-cogénération de la société EC Power (20 $kW_{él.}$) et aussi sur le logiciel de gestion de cbb ENGINEERING (figure 13.19).

En France, la structure très centralisée : EDF et ses filiales (RTE et ERDF) ont un monopole de fait pour la production et la distribution. Les expérimentations s'orientent plutôt vers les *Smart Grids* (GreenLys à Lyon et Grenoble par exemple ou Premio en région PACA) qui semblent être plutôt une mise en avant du controversé *Smart Meter* Linky. La notion de centrale virtuelle est ainsi diluée dans le réseau national.

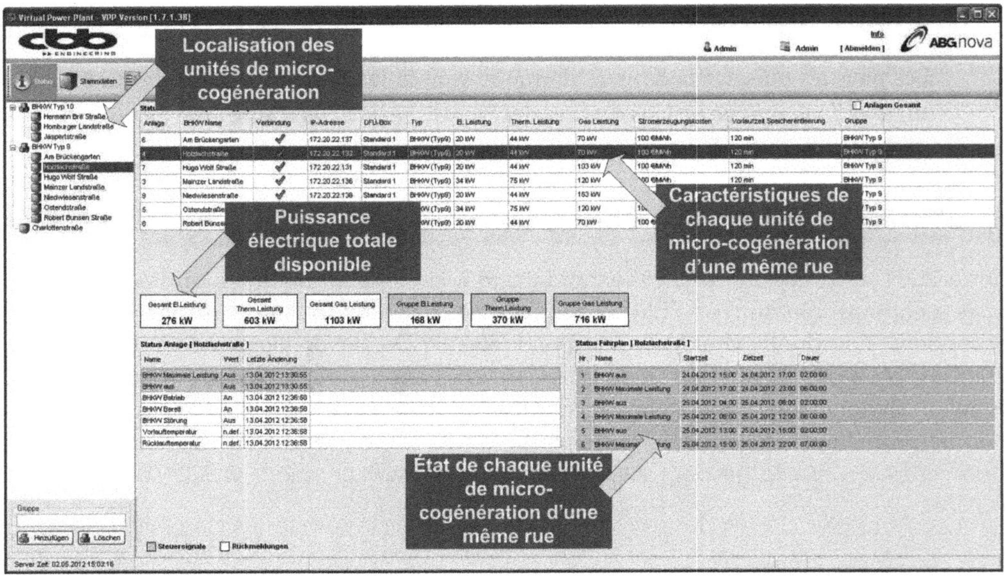

Figure 13.18 Écran de suivi des composants d'une centrale virtuelle (source : cbb ENGINEERING).

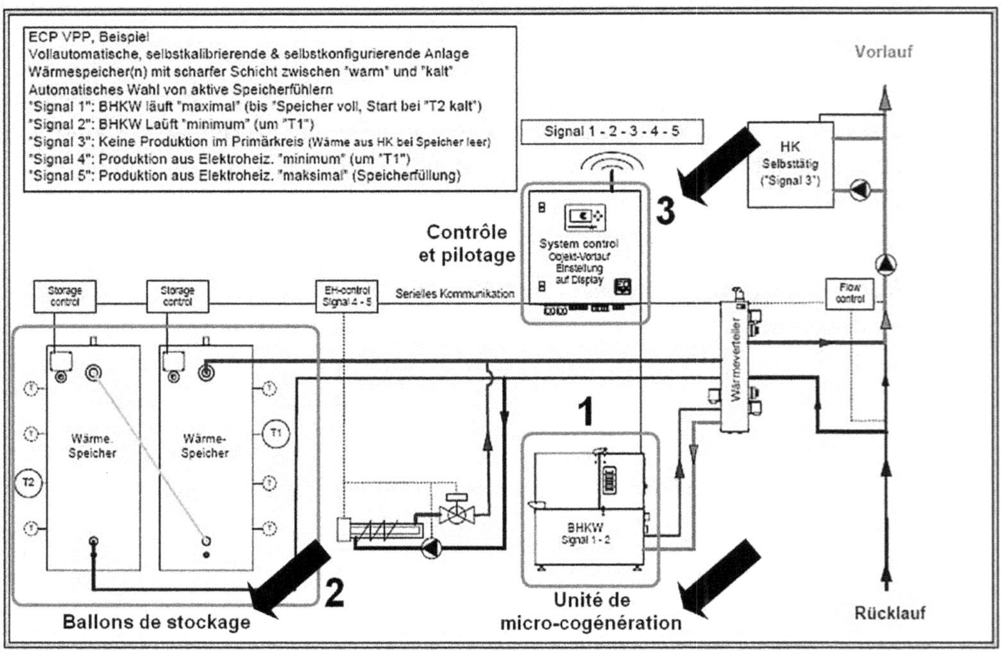

Figure 13.19 Installation d'une unité de micro-cogénération EC Power dans le cadre d'une centrale virtuelle (source : SW Aalen).

Autonomie électrique locale

Une autre possibilité d'une centrale virtuelle serait de pouvoir alimenter en électricité les utilisateurs même en cas de coupure du réseau national. Ce serait envisageable avec un îlotage des consommateurs permettant soit d'isoler les îlots à problèmes en cas de coupure locale, soit de fournir une puissance réduite sans coupure complète. Pour cela, faudrait-il que les unités de cogénération puissent fonctionner de façon autonome, c'est-à-dire même en l'absence d'électricité du réseau, ce qui n'est pas le cas de l'unité de micro-cogénération EC Power par exemple.

13.6.4 Centrales virtuelles locales (« *Local* VPP »)

Les bases d'une centrale virtuelle sont :

- La décentralisation (production, gestion, distribution...).
- Une localisation géographique concentrée.
- Une production maximale locale d'électricité.
- Une ouverture à toutes les formes de production d'électricité, y compris la micro-cogénération.

Ce sont ces conditions qui feront le succès (ou l'échec) des centrales virtuelles, ce qui explique les expérimentations et la volonté affichée en Allemagne par les régies communales.

En 2012, les centrales virtuelles sont encore au niveau expérimentation. De nombreuses améliorations doivent encore être apportées, surtout sur les coûts d'implantation, les stratégies de gestion ainsi que les protocoles de communication avec, par exemple, leur protections contre les accès hostiles.

13.7 Électromobilité

L'essor attendu (du moins si l'on se réfère aux analyses des différentes agences et constructeurs) du véhicule électrique va soumettre le réseau conventionnel à une demande très importante vu la demande pour la charge des batteries, surtout en mode charge rapide (moins d'une heure en général).

13.7.1 Charge de véhicule électrique par une unité de cogénération

Une option est d'utiliser l'unité de micro-cogénération pour recharger les batteries du véhicule. Ceci est particulièrement intéressant en hiver par exemple lorsque les besoins en chaleur sont importants alors que les besoins électriques sont faibles. Orienter la production électrique pour la charge de véhicules électriques devrait réduire la demande en électricité du réseau. De plus, le kW électrique est produit au prix du gaz dont moins cher que celui issu du réseau. La valorisation de la chaleur entraîne un meilleur rendement que l'électricité issue de centrales.

La figure 13.20 montre que, pour charger un véhicule électrique avec 35 unités électriques, la cogénération utilisera 185 unités de gaz avec production de 130 unités de chaleur. Utiliser l'électricité d'une centrale pour avoir les mêmes 35 unités électriques et 130 unités thermiques (fournies par une chaudière) nécessitera un total de 230 unités de gaz.

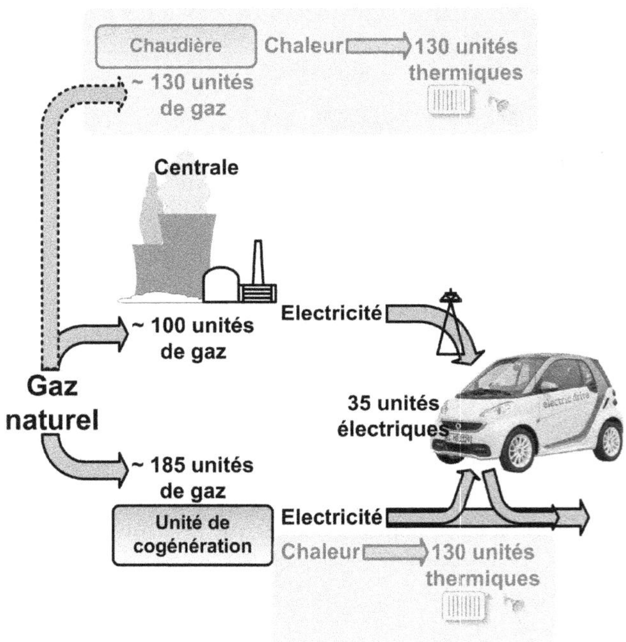

Figure 13.20 Bilan comparatif de charge de batterie de véhicule électrique.

Les modèles les plus adaptés sont ceux de puissance moyenne (plus de 5 $kW_{él.}$). Ils constitueraient une station-service électrique chez soi (figure 13.21).

13.7.2 Complémentarité véhicule électrique / cogénération

Le rapport production d'électricité / production de chaleur n'est pas toujours optimal en fonction des besoins d'une énergie ou de l'autre.

Une option est d'utiliser la batterie du véhicule électrique lorsqu'il n'y a pas besoin de chaleur (ou lorsque le ballon de stockage a atteint sa capacité maximale).

Figure 13.21 Unité de micro-cogénération de 4,7 $kW_{él.}$ comme poste de charge pour véhicule électrique (photo de l'auteur).

Si l'on considère le modèle Nissan Leaf avec sa batterie de 16 kWh complètement chargée et si l'on accepte un taux de décharge de 50 %, il restera 8 kWh de disponible. Cela correspond à une puissance de 1 kW pendant 8 heures ou 300 W (besoins de base moyens) pendant 26 heures déchargeant d'autant l'unité de micro-cogénération (figure 13.22).

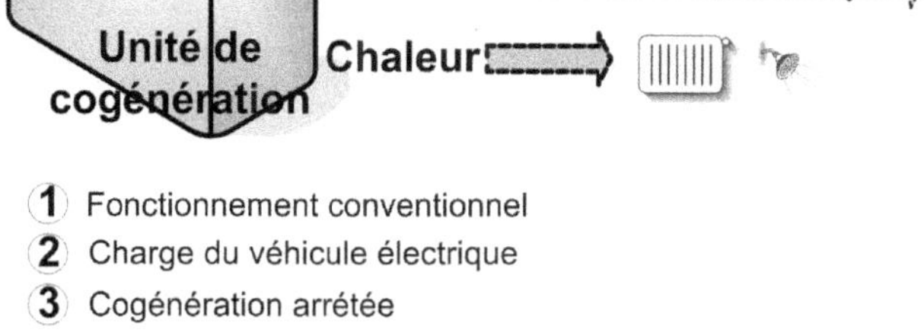

Figure 13.22 Combinaison véhicule électrique / unité de micro-cogénération.

13.8 Gestion et efficacité énergétique

Dans quel cadre utiliser la micro-cogénération le plus efficacement ?

La mettre en œuvre avec les gains potentiels résultants sans rien changer au mode de vie et à l'habitation, surtout ancienne, ne contribue que très partiellement à une amélioration globale de l'efficacité énergétique.

La première approche est de réduire la consommation électrique et thermique, que ce soit par des mesures techniques (isolation des murs et du toit, double ou triple vitrage…) ou des actions personnelles comme régler de façon optimale et individuelle la température de consigne pour le chauffage ou réduire la consommation d'électricité (appareils à faible consommation, réduire les équipements en veille, lampes LED…). Des solutions techniques sont aujourd'hui disponibles et les incitations prévues (crédit d'impôt par exemple).

Pour les constructions neuves, la RT 2012, en vigueur pour tout type d'habitation à partir de janvier 2013, pose le cadre législatif et technique des contraintes à respecter. Pour plus de détails, on consultera les règles édictées.

La micro-cogénération évoquée par la RT 2012

Le calcul d'un paramètre de la RT 2012 (Cepmax) tient en compte la production d'électricité par le bâtiment d'habitation.

Une exigence fixe la contribution des énergies renouvelables au bilan final. La micro-cogénération, tant qu'elle atteint un rendement au moins égal à 90 %, est reconnue comme option.

Une fois l'optimisation atteinte, l'installation d'une unité de micro-cogénération pourra être envisagée en tenant compte de tous les facteurs passés en revue précédemment comme la puissance électrique maximale désirée, le choix du pilotage (favoriser la production électrique ou thermique), le volume du ballon…

De plus, en 2012, un crédit d'impôt de 17 % du montant de l'équipement est octroyé pour l'acquisition d'une chaudière micro-cogénération gaz (26 % du montant de l'équipement en cas de réalisation la même année d'un bouquet de travaux du crédit d'impôt). Un renouvellement serait un signe de soutien gouvernemental.

Conclusion

Le prix de l'électricité ne va aller qu'en croissant (une commission d'enquête sénatoriale en 2012 a estimé l'augmentation à 50 % d'ici à 2020) : investissements pour améliorer les réseaux de transport (maintenance réduite ces dernières années), taxe de soutien à l'électricité d'origine renouvelable (CSPE – Contribution au service public de l'électricité), modernisation et mise aux normes du parc nucléaire en France et consommation globalement croissante, surtout durant les pointes en été (climatisation) et hiver (chauffage électrique). Le « prix » de la chaleur elle-même va augmenter (cours du gaz naturel ou, surtout, du fioul croissant).

Que l'on soit particulier, du secteur tertiaire ou d'une régie communale (piscine, école...), la même question se pose : quelle micro-cogénération favoriser ?
Le meilleur compromis pour l'habitat et les activités tertiaires serait la **couverture des besoins de base** sans surproduction de chaleur, surtout l'été, et un **fonctionnement sur une longue durée** (idéalement sur toute l'année, soit plus de 8 000 heures). Pour l'habitat individuel par exemple, celui-ci est de l'ordre de 300 à 500 W (voir figure 6.54). L'unité de micro-cogénération idéale devrait avoir une telle puissance maximale avec un **bon rendement électrique** (au moins 40 %). Le seul produit répondant aujourd'hui à ces critères est la pile à combustible (voir le paragraphe 4.6). Les unités Stirling (1 $kW_{él.}$), par exemple, sont surdimensionnées pour l'habitat individuel surtout en termes de production de chaleur.
Pour les unités installées dans l'habitat collectif, le secteur public ou tertiaire, les puissances électriques pourraient être comprises entre 5 et 20 $kW_{él.}$. Une telle puissance permet d'apporter un appoint en cas de forte demande et de couvrir les besoins en chaleur. À ce niveau de puissance, le rapport rendement électrique / rendement thermique est favorable.

Pour que la micro-cogénération puisse contribuer à une politique énergétique globale basée sur l'efficacité, il faut cependant qu'elle atteigne une masse critique (en termes d'énergie générée par cette famille de cogénération, donc d'unités installées) pour amorcer le cycle d'économies d'énergie réelles. Cette masse critique dépend aussi bien d'une disponibilité d'équipements variés (où coût, fiabilité, simplicité et flexibilité sont des critères importants) que, au départ, d'une politique incitative vis-à-vis des utilisateurs ou des fabricants d'équipement. Certains pays comme le Japon l'ont reconnu et agissent en conséquence.

En France, la voie est hérissée d'obstacles et, même si la micro-cogénération est mentionnée dans les textes officiels ou de divers organismes, les termes utilisés (« chaudière électrogène », « chaudière à micro-cogénération », « chaudière à production d'électricité »...) montrent une certaine méconnaissance de cette technologie.

Une politique de communication plus ouverte vers le grand public permettrait de prendre conscience des potentialités de la micro-cogénération ou même, déjà, de son existence. À ce jour, la présence dans les médias est pratiquement inexistante.

« Innovation » est aussi un mot clé dans ce secteur : sur le plan industriel, un soutien ciblé et orienté vers une stratégie visant l'industrialisation à grande échelle permettrait de promouvoir le développement de technologies existantes. Là aussi, le Japon a une approche exemplaire.

L'utilisation de la cogénération nécessite aussi une acceptation de la **décentralisation énergétique** en termes de production, de distribution et de gestion. C'est la seule approche qui permettra une sécurité et une efficacité énergétiques en se basant sur des sources énergétiques disponibles localement.

Il ne faut cependant pas pour autant baisser les bras. Pour l'habitat individuel, les solutions existent, même si elles ne sont pas optimales, et les années qui viennent devraient voir apparaître des unités de micro-cogénération répondant mieux aux critères d'efficacité. Pour les unités de plus forte puissance (plus de 5 $kW_{él.}$), le marché offre un choix plus large et les exemples d'installations en Allemagne ou en Grande-Bretagne par exemple montrent que le blocage à leur développement dans d'autres pays est plus d'ordre structurel ou peut-être psychologique (l'association européenne Energy Cities invite les autorités locales à développer une feuille de route pour une transition énergétique).

Globalisation énergétique et action locale

La préface de cet ouvrage, écrite en 2009, reste toujours d'actualité, aussi bien du point de vue stratégie énergétique globale (plus de décentralisation) que de la possibilité d'actions locales au niveau collectif ou individuel ; considérer la micro-cogénération comme une option possible en fait partie.

Cette approche doit faire partie d'un développement soutenable (« *sustainable development* ») des ressources, c'est-à-dire les économiser aujourd'hui et s'éloigner des ressources non renouvelables. Ulf Bossel, descendant de Christian Schönbein qui a découvert l'effet pile à combustible, a développé les notions de « *below-ground* » (« sous-sol ») et « *above-ground* » (« au-dessus du sol »). Seules les ressources au-dessus du sol (soleil, vent, marées, biomasse...) sont renouvelables et c'est donc elles qu'il faut utiliser et gérer avec efficacité. Les autres (sous-sol) comme le pétrole, le gaz naturel, le charbon ou l'uranium ne se renouvellent pas à l'échelle humaine et doivent donc être peu à peu abandonnées si une autre alternative est possible, ce qui est le cas.

ANNEXES

Unités

Énergie

Joule (J)

Kilowatt-heure (kWh)

Gigawatt-heure (GWh) = 1 million de kWh

Térawatt-heure (TWh) = 1 milliard de KWh

Facteurs de conversion

1 joule = 1 newton-mètre (Nm) = 1 watt-seconde (Ws)

1 J = $2{,}78 \times 10^{-7}$ kWh

1 TWh = 0,0861 Mtep

1 calorie (cal) = 4,187 J

1 BTU (*British Thermal Unit*) = 1 055 J

1 J = $9{,}479 \times 10^{-4}$ BTU

1 tep = 11 600 kWh = 42 GJ (42×10^{9} J)

1 MTep = 11,63 TWh

Puissance

Watt (W)

1 W = 1 J/s

Facteurs de conversion

1 watt = 3,414 BTU/h

1 cheval (HP ou *Horse Power*) = 745,7 W

Volume

Nm^3 : mètre cube normal à 0 °C et 1 atm ($1{,}01325 \times 10^{5}$ Pa)

1 US gallon = 3,79 litres

1 baril (*barrel*) = 158,987 litres

Sites Internet, salons et organismes

Salons

Il n'y a pas de salon dédié à la micro-cogénération. Les principaux constructeurs sont cependant présents, au niveau européen, à trois salons :

- Le salon ISH à Francfort (Allemagne), qui a lieu tous les deux ans (2013, 2015...).
- Le salon annuel de Hanovre (Hannover Messe), où une halle est consacrée aux énergies alternatives, piles à combustible et cogénération.
- La rencontre annuelle RENEXPO à Augsburg (Allemagne).

Sites Internet

On pourra consulter les sites des principaux constructeurs (BDR Thermea, SenerTec, Vaillant, WhisperGen...) ainsi que ceux des organismes impliqués dans la micro-cogénération (certains sont mentionnés dans le paragraphe suivant).

Organismes

Au niveau européen, COGEN Europe est une association de promotion de la cogénération. Elle regroupe les associations nationales ainsi que les industriels impliqués dans ce secteur (constructeurs, distributeurs de gaz, compagnies d'électricité, consultants...). Elle représente ces différents acteurs au sein des différents comités de travail de l'Union européenne et de la Commission.

Le relais en France est le Club Cogénération au sein de l'ATEE (Association Technique Énergie Environnement) dont les actions sont multiples :

- Favoriser l'essor de la cogénération vis-à-vis des pouvoirs publics.
- Participer aux différents groupes de travail (textes législatifs en préparation).
- Contribuer aux échanges d'expériences et d'informations entre les membres (la revue « Energie Plus » en est l'organe officiel).
- Diffuser les informations auprès des professionnels.
- Assurer une veille technologique et réglementaire.

COGENchallenge dans le cadre du programme *Intelligent Energy Europe* assure aussi la promotion de la cogénération.

Rhônalpénergie Environnement (RAEE) est, entre autres, un facilitateur dans le cadre de COGEN Europe.

Le site américain COSPP (*Cogeneration & On-Site Power Production*) est aussi consacré à la cogénération.

Non spécifiquement dédié à la promotion de la cogénération, l'association Energy Cities promeut l'efficacité énergétique soutenable au niveau local.

Il existe de nombreux autres organismes qui œuvrent dans des programmes nationaux ou européens ou qui soutiennent les initiatives liées à la micro-cogénération (ADEME, PREBAT...).

L'organisation WADE (*World Alliance for Decentralized Energy*) milite au niveau mondial pour une production décentralisée de l'énergie (DE ou *Decentralized Energy*).

Lexique et abréviations

Lexique français-anglais-allemand

Français	Anglais	Allemand
Chaudière	Boiler	Heizkessel
Cogénération	CHP (Combined Heat and Power)	KWK (Kraft-Wärme-Kopplung)
Combustible	Fuel	Kraftstoff
Essais sur le terrain	Field tests	Feldversuche
Gaz à effet de serre	Greenhouse gases	Treibhausgase
Granulés	Pellets	Pellets
Pile à combustible	Fuel Cell	BSZ (Brennstoffzelle)
Régies municipales	–	Stadtwerke
Réseau de chaleur	District heating	Fernwärme
Unité de cogénération	CHP unit	BHKW (Blockheizkraftwerk)

Abréviations

Terme	Anglais	Français
CHP	Combined Heat and Power	Cogénération
DE	Decentralized Energy	Énergie décentralisée
ECS		Eau chaude sanitaire
GES		Gaz à effet de serre
PCM	Phase Change Material	Matériau à changement de phase
RES	Renewable Energy Sources	Sources d'énergies renouvelables
VPP	Virtual Power Plant	Centrale virtuelle

Bibliographie

La littérature en français concernant directement la micro-cogénération est encore assez limitée. Cependant, de nombreux sites diffusent des documents relatifs à la cogénération ou la micro-cogénération. En français, on pourra consulter, entre autres, les sites suivants (à fin 2012) :

- www.ademe.fr
- www.atee.fr
- www.cogen-challenge.org
- www.cogensud.be
- www.icedd.be
- www.iea.org
- www.raee.org (Rhônalpénergie Environnement)
- www.retscreen.net

AOUN B., *Micro-cogénération pour les bâtiments résidentiels fonctionnant avec des énergies renouvelables*, Thèse École nationale supérieure des Mines de Paris, 2008.

CHEVALIER J.-M., *Les grandes batailles de l'énergie*, Gallimard Folio, 2004.

FOGGIAL G., ROYE D. et WURTZ F., « Optimisation de pilotage d'installation résidentielle de chauffage par micro-cogénération », Conférence IBPSA 2008 (*International Building Performance Simulation Association*, 2008).

THOMAS B., *Mini-Blockheizkraftwerke*, Vogel Buchverlag, 2007.

MINISTÈRE DE L'ÉCONOMIE, DES FINANCES ET DE L'INDUSTRIE, « Rapport sur les installations de cogénération sous obligation d'achat », janvier 2007.

MINISTÈRE DE L'ÉCOLOGIE, DE L'ÉNERGIE, DU DÉVELOPPEMENT DURABLE ET DE LA MER, « Analyse du potentiel national pour l'application de la cogénération à haut rendement ».

Index